"十四五" 时期国家重点出版物出版专项规划项目

本书受国家重点研发计划重点专项课题 "西部典型地域特征绿色建筑工程示范与设计工具" (2017YFC0702405) 资助

西部地域绿色建筑设计研究系列丛书　　　　　　　　　　　　　　丛书总主编：庄惟敏

西部典型地域特征
绿色建筑工程示范

Engineering Demonstration on
Typical Regional Green
Architecture in Western China

|　景　泉　崔海东　王力军　著

中国建筑工业出版社

审图号：桂S（2022）49号
图书在版编目（CIP）数据

西部典型地域特征绿色建筑工程示范 =Engineering Demonstration on Typical Regional Green Architecture in Western China/ 景泉，崔海东，王力军著 . —北京：中国建筑工业出版社，2022.2
（西部地域绿色建筑设计研究系列丛书）
ISBN 978-7-112-26942-6

Ⅰ . ①西… Ⅱ . ①景… ②崔… ③王… Ⅲ . ①生态建筑—建筑工程—西北地区—图集②生态建筑—建筑工程—西南地区—图集 Ⅳ . ① TU201.5-64

中国版本图书馆CIP数据核字（2021）第257102号

审图号：桂S（2022）49号

（审图号二维码）

"西部地域绿色建筑设计研究系列丛书"是科技部"十三五"国家重点研发计划项目"基于多元文化的西部地域绿色建筑模式与技术体系"研究的系列成果，由清华大学、西安建筑科技大学、同济大学、重庆大学、中国建筑设计研究院等16家建筑高校和设计机构共同完成，旨在探索西部地区地域建筑与绿色建筑协同发展的路径，为地域绿色建筑设计提供参考。

本书依托该研发计划项目下的"西部典型地域特征绿色建筑工程示范与设计工具"课题，探讨在绿色建筑"四节一环保"的效益要求基础上，从"文绿一体"的西部地域绿色建筑设计模式与技术体系出发，通过运用现代建筑科技和借鉴传统营造智慧，构建综合考虑自然环境、人文环境和技术经济条件等要素的"在地生长"设计理论体系，通过调研报告、性能模拟、技术措施等研究手段和设计工具，整理获得与地域特征、地域文化和生态理念相适应、融合与衍生的地域性绿色建筑营建策略和方法。本研究通过示范工程，将设计理念、策略、方法等有效运用于实践，并引入"前策划一后评估"工作思路，通过建成竣工后对示范工程的科学评测获取反馈，进而对理论和方法加以验证、修正和优化提升。"在地生长"设计理论的探讨和有关工程项目的实践，为"文绿一体"目标下西部地区典型地域特征绿色建筑设计，提供了富有借鉴意义的示范。

责任编辑：王 惠 陈 桦 许顺法
责任校对：赵 菲

本书受国家重点研发计划重点专项课题"西部典型地域特征绿色建筑工程示范与设计工具"（2017YFC0702405）资助

西部地域绿色建筑设计研究系列丛书 | 丛书总主编：庄惟敏
西部典型地域特征绿色建筑工程示范
Engineering Demonstration on Typical Regional Green Architecture in Western China
景 泉 崔海东 王力军 著
*
中国建筑工业出版社出版、发行（北京海淀三里河路9号）
各地新华书店、建筑书店经销
北京雅盈中佳图文设计公司制版
临西县阅读时光印刷有限公司印刷
*
开本：880毫米×1230毫米 1/16 印张：17¾ 字数：428千字
2022年12月第一版 2022年12月第一次印刷
定价：**168.00**元
ISBN 978-7-112-26942-6
（38754）

本书编委会

著 作 者：景 泉　崔海东　王力军

编委会成员：

理论探讨篇：景 泉　陆诗亮　李静威

　　　　　　贾 濛　谷 梦　李 磊

　　　　　　周 晔　杜书明　刘 赫

乡土调研篇：王力军　吕文杰　徐慧敏

　　　　　　薛 强　陆诗亮　郭 旗

　　　　　　谷 梦　张春雨　崔海东

　　　　　　文 亮　李 腾　党儒天

　　　　　　林 源　喻梦哲　王玉兰

　　　　　　岳岩敏　李元亨　卞 聪

设计工具篇：李翔宇　李 宁　李紫微

　　　　　　徐松月

工程示范篇：景 泉　黎 靓　徐松月

　　　　　　贾 濛　周 晔　刘 赫

　　　　　　崔海东　文 亮　李 腾

　　　　　　党儒天　张少飞　邢 睿

　　　　　　杜书明　陆诗亮　李 磊

　　　　　　郭 旗

效用测评篇：张 鹏　徐 宁　吴 琼

　　　　　　胡晓晖　王曦溪　王迎迎

　　　　　　张 凝

《西部地域绿色建筑设计研究系列丛书》总序

中国西部地域辽阔、气候极端、民族众多、经济发展相对落后，绿色建筑的发展无疑面临着更多的挑战。长久以来，我国绿色建筑设计普遍存在"重绿色技术性能"而"轻文脉空间传承"的问题，一方面，中国传统建筑经千百年的实践积累其中蕴含了丰富的人文要素与理念，其建构理念没有得到充分的挖掘和利用；另一方面，大量具有地域文化特征的公共建筑，其绿色性能往往不高。目前尚未有成熟的地域绿色建筑学相关理论与方法指导，从根本上制约了建筑学领域文化与绿色的融合发展。

近年来，国内建筑学领域正从西部建筑能耗与环境、地区建筑理论等方面尝试创新突破。技术上，发达国家在绿色建筑新材料、构造、部品等方面已形成成熟的技术产业体系，转向零能耗、超低能耗建筑研发；创作实践上，各国也一直在探索融合地域文化与绿色智慧的技术创新。但发达国家的绿色建筑技术造价昂贵，各国建筑模式、技术体系基于不同的气候条件、民族文化，不适配我国西部地区的建设需求，生搬硬套只会造成更高的资源浪费和环境影响，迫切需要研发适宜我国地域条件的绿色建筑设计理论和方法。

基于此，"十三五"国家重点研发计划项目"基于多元文化的西部地域绿色建筑模式与技术体系"（2017YFC0702400）以西部地域建筑文化传承和绿色发展一体协同为宗旨，采取典型地域建筑分类数据采集与数据库分析方法、多学科交叉协同的理论方法、多层次多专业全流程的系统控制方法及建筑文化与绿色性能综合模拟分析方法，变革传统建筑设计原理与方法，建立基于建筑文化传承的西部典型地域绿色建筑模式和技术体系，编制相关设计导则和图集，开展综合技术集成、工程示范和推广应用，通过四年的研究探索，形成了系列研究成果。

本系列丛书即是对该重点专项成果的凝练和总结，丛书由专项项目负责人庄惟敏院士任总主编、专项课题负责人单军教授、雷振东教授、杜春兰教授、周俭教授、景泉院长联合主编；由清华大学、同济大学、西安建筑科技大学、重庆大学、中国建筑设计研究院有限公司等16家高校和设计研究机构共同完成，包括三部专著和四部图集。《基于建筑文化传承的西部地域绿色建筑设计研究》《西部传统地域建筑绿色性能及原理研究》《西部典型地域特征绿色建筑工程示范》三部专著厘清了西部地域绿色建筑发展的背景、特点、现状和目标，梳理了地域建筑学、绿色建筑学的基本理论，探讨了"传统绿色经验现代化"与"现代绿色技术地域化"的可行途径，提出了"文绿一体"的地域绿色建筑设计模式与评价体系，并将其应用于西部典型地域绿色建筑示范工程上，从而通过设计应用优化了西部地域绿色建筑学理论框架。四部图集中，《西部典型传统地域建筑绿色设计原理图集》对西部典型传统地域绿色建筑的设计原理进行了总结性提炼，为建筑师在西部地区进行地域性绿色建筑创作提供指导和参照；《青藏高原地域绿色建筑设计图集》、《西北荒漠区地域绿色建筑设计图集》、《西南多民族聚居区地域绿色建筑设计图集》分别以青藏高原地区、西北荒漠区、西南多民族聚居区为研究范围，凝练各地区传统地域绿色建筑的设计原理，并将其转化为空间模式、材料构造、部品部件的图示化语言，构建"文绿一体"的西部地区绿色建筑技术体系，为西部不同地区的地域性绿色建筑创作提供进一步的技术支撑。

　　本系列丛书作为国内首个针对我国西部地区探索建筑文化与绿色协同发展的研究成果，以期为推进西部地区"文绿一体"的建筑设计研究与实践提供相应的指导价值。

　　本系列丛书在编写过程中得到了西安建筑科技大学刘加平院士、清华大学林波荣教授和黄献明教授级高级建筑师、西北工业大学刘煜教授、西藏大学张筱芳教授、中煤科工集团重庆设计研究院西藏分院谭建魂书记等专家学者的中肯意见和大力协助，中国建筑设计研究院有限公司、中国建筑西北设计研究院有限公司、深圳市华汇设计有限公司、天津华汇工程设计有限公司、重庆市设计院以及陕西畅兴源节能环保科技有限公司等单位为本丛书的编写提供了技术支持和多方指导，中国建筑工业出版社陈桦主任、许顺法编辑、王惠编辑为此付出了大量的心血和努力，在此特表示衷心的感谢！

2021 年 5 月

前　言

　　"十三五"重点研发计划项目"基于多元文化的西部地域绿色建筑模式与技术体系"于2017年启动，由多家院校、设计院共同参与，旨在探讨提炼中国西部地区传统地域文化与绿色技术相结合的建筑学理论与方法，研究建筑设计模式、技术体系、模拟分析技术与平台以及开展工程示范；研究内容根据目标由5个课题组成，分别为基于建筑文化传承的西部地域绿色建筑学理论与方法（课题一，清华大学牵头），青藏高原绿色建筑模式与技术体系（课题二，同济大学牵头），西北荒漠区绿色建筑模式与技术体系（课题三，西安建筑科技大学牵头），西南多民族聚居区绿色建筑模式与技术体系（课题四，重庆大学牵头）以及西部典型地域特征绿色建筑工程示范与设计工具（课题五，中国建筑设计研究院有限公司牵头）。

　　课题系统整理了西部典型文化特征地域绿色建筑的传统营造经验，探究西部地区乡土建筑营造中的绿色技术做法，总结西部地区传统乡土建筑的绿色适应模式。在此基础上根据我国西部地区气候特征及地域特点，针对不同地域文化资源构成的自然与人文环境差异，以改善西部地区人居环境、提高生活质量和降低绿色建筑成本为根本出发点，应用基于建筑文化传承的西部地域绿色建筑学理论与方法，开展西部地域绿色建筑设计全链条系统平台优化研究；运用青藏高原、西北荒漠区与西南多民族聚居区的绿色建筑模式与技术体系，进行西部传统建筑绿色建构技术集成及其通用化研究；并在此基础上通过对生态规划、文化梳理、建筑设计与工程技术手段的集成研究开展青藏高原、西北荒漠区与西南多民族聚居区绿色建筑工程示范，归纳总结能够直接指导实践的设计工具与方法，并对示范工程的建成运行效果进行预评估及最终检测；最终建立适用于西部典型文化特征地域示范工程的西部地域绿色建筑运行效果后评价体系，为基于多元文化的西部地域绿色建筑模式与技术体系研究项目的最终成果推广提供建成项目示范和数据。其中，课题五（课题编号：2017YFC0702405）基于自身的研究目标及其与其他课题的关系，围绕若干示范工程——如西南多民族聚居区的广西南宁国际园林博览会园林艺术馆和青藏高原地区的青海西宁市民中心展开研究，主要分为理论基础与技术体系、民居调研、设计工具、工程示范、检测评价五个部分。

　　课题组由清华大学庄惟敏院士任总主编，将课题研究成果编撰为包括著作和图集的丛书。其中，课题五专著由中国建筑设计研究院有限公司主持编著，专著编撰中得到哈尔滨工业大学、西安建筑科技大学、北京工业大学、国住人居工程顾问有限公司等单位的技术支持和多方指导。

中国西部地区地域广袤，地理环境瑰丽多姿，千百年来各族人民在生产生活中，形成了具有高度地域适应性的建造技术和相应的特色文化传承。本专著基于西部典型地域特征绿色建筑工程示范与设计工具课题项目（课题五），探讨在绿色建筑"四节一环保"的效益基础上，以传统建筑营建智慧和现代建筑科技智慧为指导，构建综合考虑自然环境、人文环境和技术经济等要素的理论体系，通过调研报告、性能模拟、技术措施等设计工具，整理获得与地域特征、地域文化和生态理念相适应、融合与衍生的营建方法，并在当代建筑工程示范中，展现理论和方法的实践运用，最后通过对示范工程的科学评测，验证和提升理论并提出关于其未来发展的思考。

1）研究背景

（1）国家政策引导下西部地区经济的繁荣

自 1999 年中央经济工作会议决定对西部实施大开发的战略以来，随着西部大开发战略的不断深化与落实，西部地区发展迅速。2017 年 1 月国家发展改革委颁布《西部大开发"十三五"规划》，其中明确指出"十三五"期间是实现我国全面小康的关键时期。受制于封闭的地理位置，西部地区整体发展远落后于东部沿海地区，成为全面建成小康社会的重点区域，也是我国提升全国平均发展水平的巨大潜力所在。2019 年恰逢西部大开发战略实施 20 周年，在新时代下西部大开发是缓解经济下行压力的重要战略回旋地，肩负着以撬动"成渝城市群"增长极为代表，服务于"一带一路"国家战略的新使命。西部地区在各方面的发展建设将迎来前所未有的新机遇。

（2）全球化的侵袭与地域性的缺失

20 世纪上半叶，我国经济文化和社会发展落后。一段时期以来，我国学习西方先进技术和文化，推行国家现代化建设，西方现代建筑理念和技术亦传入我国。西方建筑理念的传播和全球化趋势的推进，一方面促进了我国建筑事业的发展，推动了国家的现代化建设，另一方面客观上也加速了我国本土建筑传统的衰落。改革开放以来，中国城市建设取得了瞩目成就，城乡面貌为之一新，但与此同时由于本土关怀的失落，城乡现代建筑丧失了本土建筑的文化性格，造成城市发展"千城一面"的情形。西部地区有着自身独特的历史文脉与风土人情，自然环境的奇特、异域文化的交融与民族文化的丰富，涵育了西部地区独特的本土建筑文化。由于发展缓慢，当地很多地方特色得以保留，在建筑创作中蕴含着极大的潜力。

（3）国家对于中华文化可持续发展的重视

党的十八大报告中指出"文化自信是更基本、更深层、更持久的力量"。为建设社会主义文化强国，增强我国文化软实力，2017年由中共中央办公厅、国务院办公厅印发《关于实施中华优秀传统文化传承发展工程的意见》。意见中明确指出，应充分挖掘历史文化价值，提炼地域文化内涵，将其纳入城市规划、建设中，并鼓励在建筑设计时对传统建筑文化加以创新，以更好地传承传统建筑文化。意见中还强调，加强民族文化的保护、传承。

（4）我国当代建筑创作的反思

一方面，伴随经济增长而兴起的消费文化，过分强调建筑的标志性，出现以怪为美、以异为求的审美趋势。诸多中小城市脱离客观所需，盲目对建筑指标进行规模定位，缺少科学论证及运营策划，留下如造价高昂、维护成本巨大、利用率低等诸多问题。另一方面，建筑实践中出现符号化和肤浅化的倾向，其往往忽视对地域气候、地形地貌条件的思考，甚至不惜以牺牲结构理性与增加经济造价为代价，最终造成画蛇添足的结果，与创作初衷南辕北辙。因此，在这种背景下，亟须建立适应当前的理论系统，引导西部地区绿色建筑创作健康可持续发展。

2）研究意义

我国西部地区经济发展较为落后，城市化进程相对滞后，建设开发潜力较高，通过研究适应当前时代背景与地域特征的建筑创作策略，可有效避免相关创作弊端，提供自然环境适宜、社会文化适宜、技术经济条件适宜的设计引导。

（1）完善建筑地域性创作理论体系。通过对西部地区自然环境、人文环境与经济环境的探析，借由相关案例研究与合理推论，针对各个层面总结适宜性设计方法与原则，从而在建筑地域性创作中架构起完整的理论体系。

（2）有利于西部地区多元文化的传承。西部地区不仅拥有复杂的地形地貌条件、多样的自然气候环境，而且文化历史悠久、人文积淀深厚，形成了丰富多彩的民族文化。通过研究具有西部地区地域特色的绿色建筑创作方法，将西部地区多元的自然文化与人文文化转化为丰富多彩的建筑文化，从而助力于西部地区多元文化的传承，使其在全球化浪潮中保持地域特色，让地方经济文化获得持续生命力。

（3）对西部地区建筑创作提供指导。21世纪之前西部少数民族地区经济发展较为落后，正是由于这种原因，其建筑文化受全球化浪潮影响较小，地域特色较为明显。2000年以来随着西部各项发展战略的颁布与实施，西部地区在建筑创作、城市更新、经济成长、旅游产业振兴方面迎来良好发展机遇，而与此同时地域文化的保护和发展亦会面临挑战，因此亟待开展相关研究，以更好地维护其地区地域风貌，促进西部地区独特地域形象的传承。

3）研究范围

研究范围覆盖陕西、内蒙古、甘肃、青海、宁夏、新疆在内的西北6省（自治区），和四川、贵州、云南、西藏、重庆、广西在内的西南6省（自治区、直辖市）。

4）研究对象

本研究实际范围较为宽泛，研究针对西部12省重要城市典型绿色建筑（文体建筑、居住建筑、办公建筑、教育建筑），涉及建筑的外部景观环境，并适当引入对西部地区特色经济产业的关注以更为全面地论述。

5）研究目的

本研究旨在通过分析当前西部建筑理论与实践最新动态，批判思考当前西部地区建筑创作方向及未来发展趋势。探讨绿色建筑在"四节一环保"的效益基础之上，融入西部地区多元文化属性，并从西部地区传统建筑当中提取文化生态理念与策略，整理获得与地域特征、地域文化和生态理念相适应、融合与衍生的方法，最终实现对自然环境的呼应、人文环境的传承与技术评测的提升，从而构建并实践"文绿一体"的西部地域性绿色建筑设计理论体系（图0-1）。通过系统性归纳西部地区建筑创作的地域特质因素，对气候环境、地形地貌、自然资源、民族文化、经济状况等方面进行探索，结合时代背景以及世界范围内的优秀案例，总结出完整的适用于西部地区建筑发展的设计方法，从而为今后西部地区建筑创作提供一定的指导和借鉴。

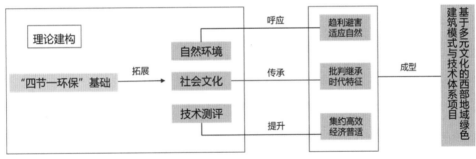

图0-1　理论建构

6）研究方法（表0-1）

课题主要研究方法 表0-1

方法	内容
文献研究法	广泛搜集有关西部地区建筑创作相关文献，并进行分析与分类比较，以此作为理论研究基础
实地调研法	通过对西部地区主要城市的典型建筑外在形式与空间形态进行实地考察，对具有代表性的建筑创作方案进行研究和评述，总结地域创作现状，并找寻存在的主要问题，从而全方位了解当前西部地区建筑发展现状，为今后实践指明关注要点
专家访谈法	在实地调研过程中，分别到各省有关部门找到相关领导进行访谈，了解各省产业发展的相关政策与趋势及各类建筑建设情况。对于优秀建筑案例，同主要设计人员进行构思访谈，从而更加直观地获取西部地区建筑地域创作方法策略
图示图表法	将查阅、总结的相关数据通过专业软件转换为图表，以更为简单直观地展示相关结论及对比情况，使研究结果更为清晰
实例说明法	实例研究以西部地区为主，同时对国内外相关优秀案例进行收集整理，分析案例对地域文化的理解，提炼其地域创作方法，并将其横向对比西部地区，从而更为全面地总结适用西部地区建筑创作的设计理念与手法

7）技术路线

在多元文化背景下，采用典型实例分析方法与计算机生态模拟技术，获得西部传统建筑、现代建筑与环境协调演进的理念和方法，构建设计理论体系。通过调研报告、设计策略、性能模拟等设计工具对示范工程做出实践性工程指导。最终通过示范工程建成后的效果后评估，验证、反馈和提升理论研究（图0-2）。

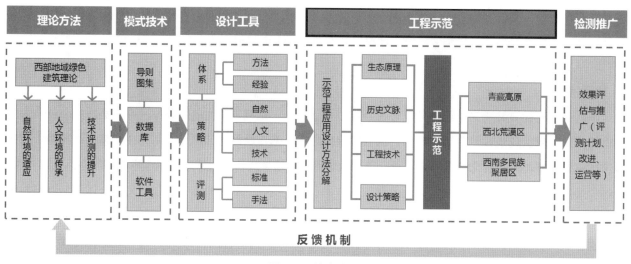

图 0-2　技术路线

8）课题创新点

当今全球环境问题日益突出，绿色建筑受到前所未有的重视，绿色建筑设计方法研究也得到关注。目前绿色建筑设计过于依赖设备技术，而忽视地域自然环境，大量绿色建筑设计孤立于地域环境，对气候、地域及使用人群生活方式的关注较少，缺少对传统地域营造全面系统的深度研究。地域文化传承和绿色技术应用之间的协同性不足、关联性不强，传统地域建筑文化的多样性活力未能充分体现。课题以"文化 + 绿色"的西部地域绿色建筑设计模式与技术体系为基础，依托"在地生长"创作设计理念，这是多元文化视角以乡土聚落与民居的传统生态营建方法为转译原始对象，从西部地区传统建筑当中提取文化生态理念与策略，整理获得与地域特征、地域文化和生态理念相适应、融合与衍生的方法，最终实现对自然环境的呼应、对人文文化的传承和对技术评测的提升，从而构建"文绿一体"的西部地域绿色建筑设计模式，揭示现代绿色建筑与地域文脉之间深层的关联机理。

课题创新点主要可以归纳为以下两个方面：

（1）设计观念和方法创新

课题在充分理解"文绿一体"理论和方法的基础上，对地域人居环境的进行了大量的调查研究和科学的论证，充分挖掘人居环境特征，为设计方法的通用性、普适性奠定了基础。

课题将传统乡土聚落的人居文化作为研究出发点，力图从适应气候和地形特征的传统民居营造中汲取经验和智慧。绿色建筑设计以往就建筑谈建筑，忽视对气候特征、地域特征、居住文化的考量。本课题从基于"文绿一体"的"在地生长"设计理念出发,引导设计师回溯传统居住文化。传统居住文化中因时就势、因地制宜是乡土人居环境的本质,形成的乡土聚落更是人对自然环境回应的物质体现。课题采用主导因子、复合因子影响程度分析以及观察区与对照区对比分析,研究区域性乡土聚落的生态策略,提炼传统生态营造智慧,建构文化生态整合的绿色建筑体系。课题将关注点从城市建筑本身转向传统乡土建筑,并通过现代转译和科技整合,将地域乡土建筑所传承的生态营造智慧应用到示范工程当中。

课题以"西宁市民中心""第十二届中国(南宁)国际园林博览会园林艺术馆"为主要示范工程,"南宁园博园东盟馆""南宁园博园清泉阁""南宁园博园赛歌台""重庆市南川区大观园乡村旅游综合服务示范区""雅安市芦山县飞仙关镇三桥广场"和"重庆两江协同创新区三期房建项目"为辅助示范工程。在示范工程的创作实践过程中,将基于"文绿一体"的"在地生长"创作设计理念,落实为"场—原—境"这一地域性绿色建筑设计具体方法和手段。通过解读"场"——栖居环境,探究"原"——民居营建,将传统生态营建理念创新转化运用到工程示范中,最终实现"境"——地域特征绿色建筑及其山水境界的打造。课题关注建筑"文绿一体"和山水境界的实现,希望通过示范工程,以点带面,让更多"望得见山、看得见水、记得住乡愁"的绿色建筑,屹立在我国西部土地上。

(2)设计整体过程创新

课题的第二个创新点是构建了绿色建筑设计全链条的、可量化辅助决策的整体过程路线。全链条的设计过程是指设计之初首先系统整理西部具有典型地域文化特征的绿色建筑的传统营造经验;其次重点探究传统建筑生态策略的现代化转译与现代绿色建筑技术地域化转译问题;随后通过调研、技术措施、性能模拟形成设计工具;最终构建"设计理论—设计策略—工程示范—效果后评估"的整体设计流程。

可量化辅助决策的设计过程是指课题探究了建设各阶段(包括设计、施工、运营等环节),引入仿真模拟、实验室检测、现场检测、后期评估等多种量化辅助分析技术,以实现对示范品质过程加以控制的效果。以示范项目为实践载体,筛选关键分析指标参数,实现示范项目实施过程的全面跟踪,通过及时调整来避免能源浪费。最终采用示范工程的后评估机制来反馈修正设计理论,实现全链条的方法平台优化。

课题通过调研、策划、设计理论、设计方法、效果评估,围绕生态环境(地域气候、地形特征等)、生产、生活,构建起有逻辑的系统性设计流程。

目 录

■ 理论探讨篇

■ 乡土调研篇

■ 设计工具篇

■ 工程示范篇

■ 效用测评篇

■ 理论探讨篇

第1章

西部地区地域性绿色建筑创作理论探讨

1.1 国内外地域建筑研究概述

1.1.1 国外地域建筑研究现状

"文化的多样性是交流、革新和创作的源泉。"许多国家都发生过维护民族文化传统、反思全球化的文化运动,保护文化的多样性问题已然成为社会各界的关注热点。自18~19世纪的风景画造园运动起,"地方精神"开始觉醒,建筑创作开始倡导吸收地域民族、民俗风格,体现地方文化特色。著名现代主义建筑大师阿尔瓦·阿尔托,是最早用蕴含地域文化的设计方法反思早期现代主义的设计师之一,他成熟期的作品珊纳特赛罗镇中心市政厅将地域文化应用于乡土建筑实践中,探索人情化和民族化的现代建筑设计道路。"二战后",随着城市化与全球化的发展,"新地域主义"随之诞生,它着眼于地域的多元文化,是对全球化趋势的一种反省(表1-1)。

由于经济、科技等方面因素,欧美、日本等发达国家在建筑与多元文化相结合方面的认识较为充分。欧美国家主要代表人物有拉斐尔·莫内欧、阿尔瓦罗·西扎、西萨·佩里等。莫内欧注重地方与历史元素的使用,将建筑归属或融入该地区的传统;阿尔瓦罗·西扎的建筑作品敏锐地对本土文化的表现形式进

"新地域主义"建筑思潮的发展及演变 表1-1

时间	代表人物、思想或标志性事件
1947-1948	路易斯·芒福德:批判"国际式",提出"批判主义"
1954	西格弗里德·吉提翁在《建筑实录》中发表《新地区主义》
1957	詹姆斯·斯特林发表文章《论地区主义与现代建筑》
1959	拉尔夫·厄斯金在CIAM奥特庐会议中认为地域主义不应局限于狭隘的民族主义
1970年代	伯纳德·鲁道夫出版著作《没有建筑师的建筑》
1980年代	诺伯格·舒尔兹提出"新地区主义"的概念
1981	亚历山大·佐内斯和丽安·勒法维首先提出"批判的地域主义"这一概念
1983	肯尼斯·弗兰姆普敦:《批判的地域主义之前景》发表

行探索，表现出对葡萄牙传统文化的现代化演绎；西萨·佩里根据不同的地域环境进行相应的本土化设计。日本在此时期也出现了许多著名的建筑大师如安藤忠雄、丹下健三、矶崎新、黑川纪章等。他们的建筑作品特色鲜明，既具有强烈的时代感，又富有日本文化的特有韵味，被称为现代建筑的日本表现（表1-2）。

国外多元文化背景下的建筑创作　　　　　　　　　　　表1-2

多元文化	传统建筑	日本武士头盔①	佛教寺庙②
建筑实践	代代木体育馆	藤泽体育馆③	圣乔治宫体育馆④
多元文化	白色折伞⑤	民族器皿	周边环境
建筑实践	出云穹顶⑥	约翰内斯堡体育场⑦	索契奥林匹克体育场⑧

① 李洋.日本武士服对现代服饰设计的影响[D].哈尔滨：哈尔滨师范大学硕士学位论文，2013：11.
② India TV Entertainment Desk.From London in 2000 to Indore in 2020，IIFA has come a long way[N/OL].https：//www.indiatvnews.com/entertainment/bollywood/iifa-award-event-india-bhopal-indore-585489，2020-02-03/2020-11-16.
③ 尤艺.槙文彦集群形态理论及其发展研究[D].南京：东南大学硕士学位论文，2016.
④ 谷梦.基于可持续性的西南多元文化地区体育建筑设计研究[D].哈尔滨：哈尔滨工业大学硕士学位论文，2019.
⑤ 张春雨.西北地区体育建筑地域性创作研究[D].哈尔滨：哈尔滨工业大学硕士学位论文，2018.
⑥ 刘晖.现代大跨木结构建造技艺与美学表达研究[D].西安：西安建筑科技大学硕士学位论文，2019.
⑦ 钱辰伟.南非约翰内斯堡足球城体育场[J].城市建筑，2010（11）：39-43.
⑧ 加加林·弗拉基米尔·根纳季耶维奇，舒斌·伊戈尔·鲁比莫维奇，周志波.2014年索契冬奥会的建设特点与赛后发展模式[J].建筑学报，2019（01）：19-23.

为了摆脱通用化、标准化的设计范式，使建筑最终回归民族共同体的情感，并以此重新建立民族精神，第三世界国家也积极进行新地域主义探索。印度建筑师查理斯·柯里亚，深入剖析了地域气候与生活方式对于建筑设计的影响。墨西哥建筑大师路易斯·巴拉干，回到自身传统文化的深层认识中，以获得创作灵感。印度建筑师 B.V. 多西，在印度本土文化中融合了西方思潮，赋予古老的印度文化以现代的诠释。

1.1.2　国内地域建筑研究现状

早在 20 世纪二三十年代，中国建筑学家便开始提取和继承传统建筑文化，并将其应用于建筑设计，以此弘扬民族精神。该阶段的代表作品有南京中山陵、中国银行大厦等。至 20 世纪 90 年代，吴良镛先生提出"广义建筑学"理论，这一倡导被清晰地表达在 1999 年国际建协第 20 届世界建筑师大会上通过的《北京宪章》中，宪章明确提出"注意到文化的多元性，建立全球—地区建筑学"。之后，许多学者相继开展多元文化对建筑创作影响方面的研究（表 1-3）。

张锦秋先生在中国建筑学会 2001 年学术年会上提出："建筑的文化地域性应该是多元、多方位的"。曾坚教授在《多元拓展与互融共生——"广义地域性建筑"的创新手法探析》一文中指出不应将"传统与现代""本土与外来""地域性与国家性"进行对立，应注重多种文化的"多边互补"。王瑛在《建筑趋同与多元的文化分析》一书中辨析地阐述建筑的国际化与本土化，建筑文化的趋同与多元的必然性与合理性。同时，越来越多的建筑师开始在实践工程中进行探索。例如建筑大师贝聿铭致力于将现代建筑艺术与中国传统建筑特色相结合，其代表作品香山饭店、苏州博物馆等，展现了对东方多元的文化意境的憧憬；建筑大师何镜堂认为在知识经济时代，建筑文化也呈现多元化的发展方向，他的作品上海世博会中国馆、钱学森图书馆、大厂民族宫等淋漓尽致地诠释了文化自信与建筑创新的理念（表 1-4）。

1.1.3　当代地域建筑主要思辨

当代地域建筑创作应以既有研究为参照，并结合当前社会意识作出新的发展，从而避免陷入理论情怀、造成形而上的结果。对于地域性创作这一主题具体可从三方面进行阐述：

国内地域建筑主要研究学者及其思想　　　　　　　　　　　　　　表 1-3

人物	主要思想
吴良镛	地区性是客观的存在。主要是地理、经济和社会文化上的概念，反映在形式与风格的变化上，成于中，而形于外
邹德侬	基于特定的自然因素，补充特定人文因素为特色的创作方式
李百浩	强调建筑场所植物的自然属性、环境的客观性、地域特有的文化习俗
郝曙光	地域性是建造的各要素与地域间的依存与对应，更多来自文化自觉，是建筑的根本属性
张彤	地区性建筑以自然、文化与技术为切入点，并融入可持续发展、全球－地区建筑及适宜技术三个核心概念，以此建立开放的、批判的和综合的整体地区建筑观
曾坚	广义地域性理念，摒弃保守的文化观，创造发掘地域文化精华，根据现代生活方式与经济规律创新技术与材料，符合可持续发展
单军	特定地区和既定时间内，与该地区自然、社会环境的动态开放的契合关系，随条件的差异性在表现方式及复杂程度上存在差异
张鹏举	地域建筑伴随人文与科技，表达人文特征并矫正因科技发展而偏离了的人性

国内多元文化背景下建筑创作　　　　　　　　　　　　　　表 1-4

多元文化	竹林	哈达	传统建筑 ①
建筑实践	宝安体育场	内蒙古冬季项目训练中心	凯里市民族体育场 ②
多元文化	蒙古族传统马鞍 ③	雪莲花 ④	周边群山
建筑实践	鄂尔多斯体育场 ⑤	新疆体育馆	承德冰上活动中心

第一，地域建筑应根植环境要素，包含自然环境及城市环境。自然环境即为包括气候、地形、能源等在内的客观因素，城市环境即强调建筑与周边建筑的整体协调；

第二，地域建筑批判性传承地区文化并适度创新；

第三，地域建筑应符合地区范围内的经济发展状况。

① 赵晓梅. 黔东南六洞地区侗寨乡土聚落建筑空间文化表达研究 [D]. 北京：清华大学，2012.
② 伍垠钢. 体育场馆地域性设计策略研究 [D]. 重庆：重庆大学，2013.
③ 旭日纳. 内蒙古地区蒙古族马鞍装饰纹样的研究 [D]. 北京：中央民族大学，2013.
④ 维基百科. 雪莲 [Z/OL]. https：//zh.wikipedia.org/wiki/%E9%9B%AA%E8%8E%B2，2019-10-13/2020-11-16.
⑤ 景泉，徐苏宁，徐元卿. 鄂尔多斯市体育中心——城市视角下基于伦理审美的思考 [J]. 城市建筑，2016（28）：54.

1.2 西部地区绿色建筑发展概述

1.2.1 发展情况

中国西部地区的建设规模及数量在过去的60年间取得重大发展。建设规划思路不断成熟，西部地区建筑由早期单一功能属性开始向集群式、公园化方向发展，与城市的关系更为紧密。经济和技术的发展促进了建设质量的提高，建筑设计手法及运营模式逐步与国际接轨。当然，除上述发展特征外，还应意识到无论是在设计理念、地域文化、人均面积、综合利用、可持续性等方面和东部地区及发达国家相比还存有差距。不过也正是因为如此，西部地区的绿色建筑发展反而有后发优势。

1.2.2 现存问题

（1）模仿建造，地域性缺失。2015年在联合国采纳的可持续发展目标中，文化首次在国际发展议程中被提到，此举被誉为对文化的"空前重视"。地域文化是极其宝贵的资源，它具有无穷的艺术魅力。毋庸置疑的是，建筑对于文化传承具有不可替代的作用，它见证了传统文化发展的历程，同时也承载着延续文化的重任。然而，在快速城市化进程中，建筑设计往往过度追求结构技术与建筑工艺，而忽视了该地区特有的文化特色，导致建筑缺乏地域特色和文化内涵，使建筑最终未能根植本土。文化的差异性是彰显建筑特色的核心，富有特色的建筑能营造出独有的文化氛围，从而提升建筑所承载的内涵与价值。迫于经济发展的滞后，西部地区现代建筑起步较晚，早期的建筑设计以经济、实用为主要目标，更多地体现物尽其用。虽未体现表象层面的地域性，但却是对当地经济水平的适应。而近年来西部地区的建筑设计，出现对地域因素考虑不足和与当地经济发展水平不相适应的情况，具体表现为忽视当地

气候特性和文脉特征，对形式、材料及规模照搬照抄，不仅造成建筑地域性的缺失，而且使建筑难以适应本地气候，造成建筑后期运营成本增加。

（2）定位偏差，能源消耗巨大。资源是维持人类社会不断向前演进的必要因素之一，因而资源也成为可持续发展的核心内容之一。现阶段出现的资源利用不可持续现象，大多来源于对各类非可再生资源的不合理开发和不充分利用。因而，能源利用的可持续问题，关键是对非可再生资源开发利用的合理化和对可再生资源开发利用的全面化，而建筑节能被认为是我国实现2030年节能减排目标的关键抓手。然而由于发展观念的偏差，当前我国城乡建设中大拆大建的现象十分普遍，导致碳排放量增加的同时还带来巨大的资源浪费。在西部地区一些中小城市、县级城市当中，还存在没有充分契合自身发展特点、盲目效仿大城市公共建筑的建造模式，从而造成建筑规模过大、建设成本过高、建筑长期空置的现象，为城市资源及经济造成较大浪费。

（3）缺乏绿色生态性。生态环境是绿色、可持续发展的重要基础，只有具备良好的外部生态环境，才能健康、均衡和全面地推进社会的可持续发展。近年来随着我国城市化进程的加快，全国各大中小城市快速发展，城市规模不断扩张，城市人口急剧膨胀，城市交通拥堵、建设用地紧张、生态环境恶化等"城市病"成为发展中的突出问题。随着外部能源、环境、经济等条件的约束逐步增强，建筑粗放式发展所带来的问题日益凸显，如何应对城市化转型，实现建筑可持续发展是当前亟待开展的重要课题。当代建筑设计应致力于生态环境保护，加强"城市双修"作用，寻找城市健康发展的有益途径。当前，西部地区在建筑的绿色生态方面发展仍较薄弱，诸多大型公建没有采用屋顶天然采光与自然通风，过度依赖人工照明与空调系统，这大大增加了建筑的

运营成本，影响了建筑的可持续性运营利用。因此，建筑的绿色生态性是今后西部地区建筑创作的核心关注重点。

1.3　西部地区绿色建筑创作理论——基于"文绿一体"的"在地生长"

面对当前西部地区绿色建筑发展现状，课题组提出基于"文绿一体"的"在地生长"设计理论框架，系统整理出"场—原—境"的具体设计方法和手段。理论基于现代绿色建筑科技，通过对西部广大地区丰富多彩的民居营造传统的广泛深入调研，从传统民居中汲取有关绿色建筑营造的经验和智慧，融合现代科技，提出适应西部地域的当代绿色建筑创作方法，指导绿色建筑创作实践。

"在地生长"包含了"在地性"（localization）和"过程性"（process）两层含义。

在地性的旨趣，并不仅局限于对"全球化"的再思、对"民族性"的重塑上，更多的是关于地方特性的思考，是在现代化和全球化视野下对"地方性"的反求诸己。在迁流演变的历史长河中，各地域、民族在一代代人与地方环境的不断互动中逐渐形成了独特的地方建筑。设计师应对地方建筑所包含的地方知识和文化传统予以重新思考和挖掘、利用。其中将包含对地方自然、文化和经济等多个维度的理解。

过程性是指对于复杂建筑而言，设计并不是寻求确切方案，设计本身是一个连续发展的过程——一个清晰、严谨、自觉的理性主义创作过程。从建筑设计开始前的场地记忆，建设过程中业主、设计师、施工方对新建筑空间所赋予的内涵，到建设完成后真实使用者对空间的利用，建筑空间意义一直在变化发展中，正如建筑空间所处的世界，本身就在不断运动发展。

"在地生长"设计理论以"在地"和"过程"的视角，从"场"——西部地区的自然地理环境和人文社会环境以及经济技术条件出发，考察和研究西部地区民居营造传统——"原"，从原理、原空间、原材料等多方面，解析传统营造之经验智慧，总结民居生态营造策略，结合现代绿色建筑科技，对传统营造策略进行原型提炼和现代转译，进而提出适应西部地区当代绿色营建的设计理念和设计方法。理论主张运用这些理念和方法，开展建筑创作，最终实现"境"——绿色生态、环保经济、自然天成的西部山水建筑境域氛围的打造。课题组通过示范工程等绿色建筑项目的建设和围绕示范工程建成项目的技术测评，实现对设计理论的实践和完善。

1.3.1　栖居环境为"场"

中国西部地区地域广袤，地理环境多样，生态条件复杂。民居聚落和建筑根植于当地自然环境、生态条件，是对在地气候、地形、地貌、水文、生态等自然条件的适应，在适应过程中探索巧妙利用自然之道，以扬自然条件之长而避其短，通过创造出有利的生存环境，让人们能顺利、健康和长久地在其中生产生活，维持社群的发展和繁荣。与此同时，民居聚落和民居建筑的构筑，也要符合居住人群原有的文化习惯和功能需求，因此人群的初始人文环境亦构成了民居聚落和建筑的外在影响因素。自然环境因素和人文环境因素，一同构成聚落和建筑的"场"。在这个"场"之中，新的居住文化和风俗习惯又随之诞生，随后又成为影响聚落和民居营构的新的人文要素，如此迭代反复，逐渐形成一地一区独特的地域性居住形态和相关的居住文化。中国西部地区千百年来各族人民正是在这一过程之中，形成了具有高度地域适应性的建造技术和相应的特色文化传承。

在绿色建筑研究和设计的过程中，基于对西部广大地区民居聚落的调研，课题组围绕地域传统聚落及生活方式，对乡土聚落、民居建筑所处的自然气候条件、山水地形条件和场地特征因素进行解读和分析，全面展现建筑与自然、建筑与建筑的互动关系，揭示传统民居营建"天人合一""道法自然"的哲学观念和生存智慧，为西部地区现代绿色建筑的构建提供经验借鉴之源。课题组从纷繁复杂的"场"——多种外在环境因素中，提炼出风环境、水环境、光环境等关键因子。围绕这些关键因子，研究民居和聚落对这些因素的适应和利用，以及应对自然环境因素过程中所衍生的风俗、习惯、礼仪、节庆等人文社会文化，从中提取出聚落民居的营建智慧，以便于借由现代转译的方式，使其成为当代西部地域性绿色建筑创作的源泉。

1.3.2 传统营建为"原"

（1）原理

在地生长理论将传统民居文化中回应自然环境因素和人文环境因素以及适应当地经济技术条件的方式方法总结归纳为原理。如对气候因素的回应，其包括聚落和民居分别针对风、水、光等环境因素所采取的风策略、水策略、光策略等适应自然的基本原理和具体方法、举措。这些基本原理和具体方法、举措，体现了中国古人"天人合一""道法自然"的环境适应智慧，其因地制宜、因时就势、顺应自然的做法，是传统营建绿色理念的集中表现。经由现代转译，我们创作了运用现代技术表达传统营建绿色理念的设计实例。

（2）原空间

在地生长理论提出，可通过对聚落规划格局和民居建筑形式的分析，总结出体现传统营建理念的"原空间"。在工业时代技术水平不断发展的大背景下，课题从具有地域特征的乡土民居中提取空间处理经验，依托经济、方便、可操作性强的前沿科技，探讨绿色建筑发展的新模式。

（3）原材料

民居建筑在材料选择上，充分适应地域环境，并常常选用当地材料。一方面挖掘当地资源潜力，降低材料运输成本，另一方面借由对材料的长期观察总结，选取出具有一定特性、满足人们特定需求的用材。民居营造者通过对这些适用材料的合理组合，构建适应当地自然条件和居址场地特征的绿色宜居的传统民居。

1.3.3 山水境界为"境"

在地生长理论提出在绿色建筑的创作中注重与自然环境本底的结合，追求人与自然的和谐统一，以最终形成一种源于自然、高于自然的富有中国传统山水韵味和园林意韵的生境、诗境、画境和意境。生境，是指绿色建筑具有自然之美；诗境，是指绿色建筑具有人文之美；画境，是空间艺术之美；意境，是理想生活之美。

课题组在完整的绿色生态营建设计层面，建构了自然环境因子、人文环境因子和技术因子三者有机结合的绿色技术体系，并使其在绿色建筑建设和山水建筑意境营造中得以运用。

1.4 西部地区绿色建筑创作条件要素——在地性因素

1.4.1 自然地理的复杂性

自然地理特征是传统地域建筑形成的初始条件，人们在不断适应自然、改造自然的生产生活过程中塑造了不同地域建筑表达的不同特征。地形地貌作为影响该地区自然要素（气候、水文等）的空间分布规律的因素之一，制约着建筑的建设发展。我国西部地区幅员辽阔，自然环境差异较大，地形地貌复杂多样，其对建筑的影响情况不一，需要在建筑创作时因地制宜，具体问题具体应对。

1.4.2　社会文化的多元性

建筑是文化的存在，不仅在客观上提供满足人们遮风避雨和各类活动需要的场所，同时更展现着人们在特定文化环境下的生活方式。西北地区民族众多，有汉族、回族、藏族、维吾尔族、蒙古族等民族世居当地，西南地区作为中国少数民族最多的地区，居住着壮族、白族、傣族、水族、佤族、苗族、怒族、门巴族、彝族、土家族等多个少数民族。每种文化下都有着自身独特的建筑样式、生活习俗与审美方式，这成为建筑地域性创作的重要影响因素。

1.4.3　经济发展的滞后性

经济水平能够为地区建筑的发展带来可能与限制，从根基上潜在地决定了建筑的风格样式与工程造价等方面。因此，经济发展水平是一定地区范围内建筑系统中的一个制约因素。西部地区经济发展相对滞后，建筑创作需要充分考虑当地经济发展水平，同时又须具有一定的前瞻性。

1.5　西部地区绿色建筑创作思路方法——在地性设计

1.5.1　形体布局的适应自然

西部地区地域广袤，山地纵横，气候多样，常有极端性自然条件，但同时自然资源较为丰富。在可持续发展背景下，西部地区建筑应积极适应当地自然环境，具体可展开为对气候的适应、对地形的尊重及对自然资源的合理利用。

（1）对气候的适应。西部地区极端气候主要凸显为气候严寒及风沙较多，为更好地适应这些气候因素，需要建筑从整体规划、形态布局、节点构造等方面做出有效回应，通过合理的建筑布局、空间组合与构造技术降低气候因素的不利影响。

（2）对地形的尊重。西部地区山地丘陵纵横，多数城市分布于山地环境之中。在得天独厚的大地景观中，应尊重自然、顺应地势，将人工痕迹做到最小，从而延续地域特征，实现地域性创作表达，同时较小的土方量也有利于降低造价，体现可持续发展。

（3）对自然资源的合理利用。在建筑设计中，可利用适宜技术，使太阳能、风能等清洁能源实现充分转换。相关技术设备必定相应增加建筑成本，但长远来看，相关新技术的采用无论在节能减排的生态效益上，还是建筑运营的经济效益上均是值得倡导的。

1.5.2　建构形态的批判传承

建筑不仅是实现功能用途的物质载体，而且体现着一定地域内特有的社会文化。在时间的长河中，建筑已然成为当地文化传承与演变历程的见证者与承载者。而地方审美同样是受地域文化影响而形成，建筑在很大程度上反映着地域文化特色与地方审美的共性。当代建筑应顺应地域文脉，以满足当地人群审美上的需求并使人们获得情感上的归属与认同。因此在建筑建构形态设计中，应充分考虑地域气候、地形地貌等自然要素与它所孕育出的人文精神，挖掘地域文化深层内涵，赋予当代建筑以情感与个性，和使用者的情感表达、潜意识体验建立联系。

西部地区独特的文化体系下有着各自不同的传统建筑形式，无论是雄浑古拙的汉唐风韵，还是异域风情的民族形式，均是现代建筑创作的重要源泉。然而，民族样式并不是因循守旧的枷锁。地域性的文脉传承应主要从两个维度进行思考——对传统建筑文化创新的纵向维度以及与整个时代文化对话的横向维度，对于西部地区建筑创作，应以"新陈代谢"的眼光来吸纳传统文化，根植本土，感应时代。

1.5.3 空间构成的集约经济

以往建筑建设中往往盲目照搬大城市或国外的建筑规模，造成与所在城市定位相矛盾。高大夸张的建筑形态与内部空间相脱节，同时高昂的造价与后期维护为城市经济带来沉重负担。西部地区多数城市发展较为滞后，加之人口和经济规模有限，大多属于中小城市，因此在相应地区，建筑应以实用为主，应结合自身城市规模与经济现状，合理定位建筑规模，并且适当控制体量，以功能合理实用为前提进行形态设计，追求空间构成的集约经济。

自然环境与经济形态属于建筑存在的客观环境，对其的适应是地域性创作的基本准则，而社会文化则为主观层面，在满足之时往往容易造成造价的提升。因此，当前西部地区经济环境下，应以客观因素为基础，在经济条件允许下进行感性层面的设计策略探索，从而使建筑地域性创作在西部地区健康、可持续发展。

1.6 小结

本章首先回顾地域建筑理论发展历程，确立了适应当前的地域创作价值观，结合西部地区典型建筑形态，调研分析当前西部地区典型建筑的地域创作现状与问题。在此基础之上，对西部地区地域建筑创作特质因素进行分析，从自然地理、社会文化与经济水平三方面展开论述并构建西部地区建筑地域性创作理论模型，提出当代西部地区建筑创作应满足形体布局的适应自然、结构形态的批判创新与空间构成的集约高效。

第 2 章

适应自然环境的西部地区绿色建筑创作研究

2.1 适应气候特征

西方建筑思潮对我国的建筑设计理论发展有着持续且深远的影响。在设计实践中,既需要汲取西方前沿的设计理念、先进的设计工具,也需要结合当地的地缘、水文、气候等实际特征,为被动式技术等绿色生态技术的应用提供基础,以全面增强建筑在节能、环保等方面的性能,提升建筑的绿色性能。传统技术在解决西部地区固有生态问题方面具有简易、可行的优势,现代绿色技术具有经济性、高效率的特点。应将它们协同运用,挖掘传统地域技术潜力,重视现有技术改进,实现多样化、多层次的技术格局。促成传统与现代在新背景下融合的可能性,是建筑可持续设计发展的必然趋势。然而对于经济发展并不充分、相对不均衡的西部地区而言,其应结合自身特点,发展适宜的技术手段,而非单纯追求高、新技术的应用。将技术的应用与西部地区的现实条件和需求相结合,以更好地趋利避害,利用适当建筑手段削弱不利气候的影响,注重对西部地区特有资源的高效利用,从对环境的"被动适应"转变为"主

动利用",构建建筑与西部地区多样自然环境和谐共生的图景。

2.1.1 严寒环境下的适寒性

从中国建筑区划图来看,西部地区多个省市处于严寒地区,不少地区为高原山地地形。虽四季分明,但冬季漫长,昼夜温差较大。寒风、积雪、低温,乃至缺氧、强紫外线等严酷环境需要建筑创作作出针对性设计策略。

(1)规划适寒设计。在建筑规划中,合理的布局方式与形态优化是适应气候最为直接有效的设计方法。西部地区冬季主导风向主要来自西北方向,通过建筑群体的规划布局可实现趋利避害的适寒效果。

(2)单体适寒设计。建筑是技术与艺术的统一体,其形态特征是内部组织结构与外部空间环境相互作用、动态适应的结果。因此,可通过优化空间形体与降低体形系数的方式来助益建筑单体适寒。

(3)设施构造适寒设计。在建筑适寒性设计当中,应注意减少幕墙面积以及合理设置天窗。此外,

适宜技术的应用还可全方面应对因严寒气候导致的使用问题与安全隐患。

针对高寒地区，未来绿色建筑除了在适寒性方面须有所考虑外，还需要在此基础上加强建筑对缺氧、强紫外线辐射等高原条件适应性的研究。

2.1.2 风沙环境下的适应性

近年来沙尘灾害的强度与次数呈现逐年增加的趋势，不仅影响建筑日常室内自然通风，沙尘附着在建筑上还对建筑形象甚至排水功能等产生影响。

（1）形体适风。在适风性设计中，建筑形态应力求简洁紧凑。屋顶造型应避免凹陷，以免风沙雨雪的堆积，为屋面增加负荷。在立面处理上，过多凹凸变化的位置会成为风沙附着之处，为后续的清洁工作带来不便，因此外立面应平整简洁。

（2）滤沙窗体。在西部地区部分现代居住建筑中，已采取了滤沙百叶窗与双层窗结合的构造做法，实现沙尘天气下的安全通风。

（3）风沙挡墙。现阶段，建筑创作中的风沙挡墙设置方式主要有两种：一类是通过种植高大树木，形成建筑的天然屏障。这样既可防风防沙，又能美化环境、保持水土。另一类则是在建筑周围设置墙体。

2.1.3 湿热环境下的适应性

西南地处湿热地区，处于海洋性气候及海洋性过渡气候区域，昼夜温差小，呈现闷热潮湿的气候特征。持续的、较高速度的气流，既可以降低外围护结构内表面的温度，又可以调节体表的汗液蒸发量，增加人体与周围空气的热交换，从而调节体表温度，使人在闷热潮湿的环境下感到舒适。当前建筑研究的重心已由高新技术应用向适宜技术应用理性转移，立足西部地域环境发展被动式技术是西部地区建筑发展的必由之路。针对西部地区，尤其是夏季闷热潮湿的西南地区，注重夏季自然通风降温，同时通过遮阳进行夏季降温，是西南地区必不可少的被动式措施。建筑的遮阳可有效防止太阳辐射过多导致室内过热的现象，能够极大地减少空调的使用，在营造舒适的室内热环境的同时降低能耗。

2.2 适应地形地貌

根植大地的建筑语言是对西部地区独特自然环境的主动应答。在西部地区得天独厚的大地景观环境中，应顺应地势、尊重自然，将人工痕迹做到最小，从而延续地域特征，体现绿色、可持续发展。利用环境、顺应环境、融于环境，都是对西部地区以山地、高原、盆地为主地形的积极回应。地形因素同样是制约建筑形态的主要因素，西部地区地域广袤，地形复杂多变，山地丘陵纵横。特有的地形地貌条件，使其建筑发展既遭遇挑战，也面临机遇，在多元文化背景下进行建筑设计时，需要依据绿色发展的基本原理，来完成富有当地生态文化内涵的在地设计，从而实现人与自然的可持续发展。

2.2.1 利用地形环境

建筑适应自然的过程是建筑地域性的根本基点。在建筑创作中，通过对环境及地形的合理利用与改造，不仅可以适当降低建设投资，还可对环境本身加以整合，从而创造出环境与建筑融合而产生的新的场所感。在地势起伏较大的西部地区，建设用地的山形、地势都是建筑设计最显著的约束条件。尤其公共建筑，体量巨大，其选址布局、消防安全、流线组织、功能分区、景观布置等都与地形、地势有着更为紧密的关系。山体地形虽然对建筑建设提出了挑战，但也为交通、空间立体化发展创造了有利条件，使得立体的交通流线和空间组织成为可能。

2.2.2　合理契入地形

我国建筑建设的热潮正处于当前快速城镇化的背景之下，城市各方面都处于建设阶段，因此用地矛盾尤为突出。在西部地区多山地的地形条件下，为了达到建设目标和实现建筑功能，常常难以避免地会对山体进行开挖，这就容易对生态环境产生较大破坏。可以说山地环境下造成的用地局促，会对建筑设计产生极大影响，如何协调建筑与周围场地环境间的关系，在用地紧张的情况下，实现土地资源的集约高效利用是亟待解决的问题。当建筑基地处于坡地时，合理的接地方式成为建筑与环境融合的策略关键（表 2-1）。

2.2.3　景观整合设计

随着近年来城市交通建设的不断完善和人们出行机动化的快速发展，我国城市的建成环境变化巨大，温室效应和城市热岛效应加剧，城市空气污染和噪声污染问题日渐严重。面对日益凸显的全球性环境污染问题，有必要反思大肆破坏的原有建设模式，积极探索导向绿色、可持续发展的建设新理念。西部地区丰富的生态资源是建筑绿色发展的重要依托。设计师可通过结合自然环境中的植被、水体等地貌景观因素，使建筑与周边环境共融。这样在规划生态环境保护的同时，建筑设计也从中汲取了创作灵感。自然环境中的植被、水体等景观要素具有显著的生态效应，不仅能够提高场地环境美观度，还可净化吸收大气污染，衰减空气中的悬浮微粒，并起到降噪的作用。建筑设计应致力于对自然景观要素的保护，并通过景观环境设计对场地气候环境做出局部"修正"，以有效改善场地微气候，为使用者提供舒适的活动环境。另外，地形、气候、植被、土壤等自然环境要素构成一个城市特有的景观风貌，而城市景观是城市地域文化的重要表达方式，因此，在现代建筑环境设计当中，应充分结合当地自然环境，因地制宜，使单纯的外界环境成为地域文化的景观表现。

2.3　利用地域资源

2.3.1　太阳能技术的应用

西部地区太阳能资源丰富，大部分区域处于全国丰富带及较丰富带。在太阳能利用的具体方式上，可分为主动式利用与被动式利用。被动式太阳能利用，指通过建筑空间的合理布局实现对太阳能的积

地形坡度与建筑设计特征表 [①]   表 2-1

类别	坡度	建筑场地布置及设计特征	适宜接地对策
平坡地	3% 以下	可视为平地，竖向可自由布局	无特殊处理
缓坡地	3%~10%	外部交通可自由布局，不受地形约束	筑填、嵌入、架空等
中坡地	10%~25%	需设置阶梯进行连接，车道不宜垂直等高线布置	可采用跌落式、筑填、嵌入等
陡坡地	25%~50%	场地内路线应与等高线呈较小角度，建筑布局受较大限制	跌落式较为经济
急坡地	50%~100%	道路需沿等高线盘旋而上，建筑接地要做特殊处理	可采用跌落式
崖坡地	100% 以上	交通组织困难，建筑费用较高	不适宜

---

① 张春雨．西北地区体育建筑地域性创作研究 [D]．哈尔滨：哈尔滨工业大学硕士学位论文，2018．

极运用；主动式太阳能利用，主要指光伏建筑一体化设计思想。当前节能减排发展理念的倡导下，绿色可持续建筑理念成为必然趋势。

2.3.2　风能技术的应用

西部地区风能资源同样较为丰富，对风能的合理利用能产生良好的综合效益。建筑利用风能发电的形式可分为两类，一类是风能建筑一体化（BIWE），即将风能发电构件与建筑相结合；另一类则是分离式运用，即通过周边或远程风电机组为建筑运营提供电力。在可持续发展理念的引导下，国际风电市场得到快速发展，年平均增长速度在 30% 以上，建筑风能一体化将是绿色建筑设计的发展趋势。

2.3.3　水资源利用

西部地区建筑应注意考虑排水与水资源利用，推广"可持续排水系统"，坚持"源头分散"和"慢排缓释"，减轻排水系统的压力。运用中水回收系统对雨水进行收集，利用污水处理装置净化污水，实现中水回收利用（图 2-1）；对地面进行"海绵"理念打造，采用生态透水材料，建设渗水坑、植草沟、雨水花园以及进行屋顶绿化等，改善以往无法蓄水的情况，尽可能利用绿地锁住雨水；利用建筑

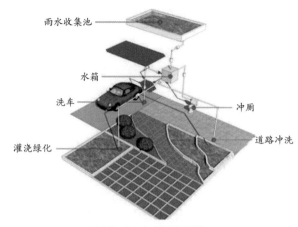

图 2-1　中水回收系统

手段进行防雨，通过合理的建筑设计防止雨水危害，创造一个舒适的环境。

2.4　小结

本章以自然环境为出发点，研究了西部地区建筑在应对气候特征、适应地形条件、利用地域资源等方面的创作方法。在适应气候方面，从规划布局、单体形式与适宜技术方面适应恶劣的气候条件；在适应地形方面，强调对原始地形的利用与契合，并基于具体环境整合外部景观；在资源利用上，积极探索太阳能、风能等西部地区清洁能源在建筑中应用的合理方式，从而实现自然环境下的可持续设计。

第3章

传承多元文化的西部地区绿色建筑创作研究

3.1 建筑形式的文脉传承

  丰富多彩的中华文化是由我国各民族在历史的长河中通过交流、碰撞、融合，发展创造而来，多种不同的民族文化共同构筑和演化出中华文化的多元一体格局。西部地域文化在经历历史流变后，呈现复杂性、多样性的鲜明特征，形成了绚丽多彩的民族文化。西部地区的人文因素、建筑的建构方式，在不同时期有其独特的表征。如果说传统文化是建筑创作创新的源泉，那么这些多元、迥异的特征便是建筑创作的灵魂。在每一个文化发展时期，建筑设计都有其对应的表达，而建筑本身，既是传统文化的承载体，又是传统文化的传承者。故而建筑发展应植根于当地文化，赋予建筑地域特色，为使用者营造出场所感与归属感。

  代代相承的建筑文化源自先人的营建智慧，其伴随时光的流转已然演变成为独特的地域风情。西部地区多样的文化土壤所孕育出的丰富多彩的建筑文化，体现着该地区人们的物质诉求与精神风貌，是该地区多元文化的组成部分。然而如何处理本土化与现代化间的矛盾，平衡传统形式与当代审美间的关系，成为当代建筑设计的重点与难点。在西部地区建筑形式的创作中，地域文脉的传承会通过多种方式来实现，可归纳为三种：民族特色所代表的地域文化、传统民居所代表的生活方式以及传统材料所代表的营造智慧。

3.1.1 地域文化的形式再现

  西部地域的建筑文化既是相对稳定的，又是一个动态发展的过程。传统的建筑文化不应是建筑设计的枷锁，作为民族文化的一部分，其不应与现代化对立起来。这就要求当代建筑在传承建筑文化时应充分发挥自身的能动适应性，拒绝简单照搬国内外已有形式。同时，应注重对传统文化在内涵上的深入挖掘，不应只是进行"形"与"饰"的简单提取或仅在文化的表面形式上进行简单描述，而应挖掘西部地区社会文化的内在构成与演变脉络，叙述以人为本的文化本质，进而对传统文化展开适当创新。既要提炼传统的建筑材料、建造手法中至今仍旧适用的闪光之处，又要分析西部地区建筑传统文化的发展机制和影响因素，提取可应用于建筑设计当中的适用性方法。西部地区地域文化母题丰富，在民族风俗及宗教信仰下发展出了独特的建筑风格、生活习俗与审美观念。除此之外，地域范围内的植被和山川同样也是当地人民心中的自然崇拜对象或文化审美对象，成为这些地区地域建筑形式创作的丰富源泉。

3.1.2　生活方式的情景再现

西部地区是典型的多民族地区，由于各民族生活习惯、宗教信仰、文化背景的不同，西部地区形成了生活方式斑斓多彩的多元面貌。生活方式展现了一个民族的兴趣、爱好、性格和民族意识，反映到建筑上，生活方式直接影响该民族对建筑的审美与认同。建筑的风格、形式、空间、细节、装饰等，已成为生活方式的载体和表达，与各个民族的性格特征相呼应。

生活方式对建筑的影响，集中体现为地区特有的一种对地域文化的理解和再创造。建筑在当代所体现的不仅仅是其适应地区自然、气候与文化特征的"理"的体现；而且同样是人们向往生活的"情"的传达。当代建筑创作当中，同样可充分挖掘传统民族风俗习惯的"情"，从而突破建筑冰冷的"理"性特征，传达出当地的风土人情。

建筑通过关注民族特色，推动城市文脉的延续与人性化服务体验的打造。在建筑运营过程中，可充分发挥传统民族文化的强大生命力与建筑地标的影响传播力，助推自发性、娱乐性活动的开展。设计者和运营者通过完善建筑的功能用途，优化服务品质，丰富建筑的内涵和意义，可有效促进建筑价值的提升。

3.1.3　地方材料的场所构建

建筑整体创作中，除依靠现代技术元素实现大跨度结构外，在建筑局部或者外部景观、小品设计中，

可因地制宜选用地域传统材料，借鉴有关建造手法。地方特色材料是建筑地域性的重要体现方式，可为建筑营造出强烈的场所感与归属感，同时选取当地材料与工艺技术也充分体现着可持续思想。建筑创作者可在利用传统材料的基础上加入现代设计方法，进而创作出新的材料表达方式。在西部地区现代建筑设计中，应以现代的视角挖掘地方传统材料与营造经验，探索传统建构与多种结构体系结合的可能，将其应用于现代建筑的实践当中。

3.2　内部空间的地域表达

3.2.1　民族文化的传承发展

西部地区地域广袤，各地有着自身独特的自然环境和资源，例如沙漠、草原、冰雪、雨林，还有其独特的节日文化、美食文化、体育文化等。少数民族拥有着自身语言、自然崇拜、宗教信仰、服饰舞蹈、礼仪习俗、建筑工艺等文化内容。西部地区应充分将地域文化与建筑文化相结合，在建筑空间设计中尊重少数民族的文化习俗，建筑的设计要做到适宜、适度、适合、适情，让建筑融于城市、融于人民生活。例如苗族人的性格具有善良、淳朴的特点，故而苗家人把任劳任怨、吃苦耐劳的牛视为吉祥物，认为它可以给苗家人的生活带来平安和幸福，在苗族人的各类装饰上均可见到牛的符号。贵阳市奥林匹克中心设计灵感便来源于此，设计方案将两个水牛角形金属板罩棚生动地扣在环形看台上。设计师从苗族的文化理念与精神实质中汲取精华，并将其与当代人的情感诉求与使用需求相结合进而融于创作当中（图3-1）。

3.2.2　兼顾习俗的业态布置

西部地区生活习俗的特殊性主要发展于多元的民族文化的基础之上。西部地区经常性开展的民族

图 3-1　贵阳市奥林匹克中心 ① 及苗族水牛角符号

活动种类繁多，具有鲜明的地域特征，表现出浓郁的民族文化特色，有些体现了民族的生产、生活方式，有些反映了民族的生活环境，有些则折射出民族性格。例如独具魅力的民族传统体育运动，其来源于民间，具有广泛的群众基础，而且对于资金投入与场地规模要求均较低，具有很强的普及推广性。西部地区体育建筑应在功能布置上考虑加设民族体育运动用房，并根据具体地域运动项目的不同，对空间尺度与运动场地进行合理配置。

西部地区多姿多彩的民族传统体育运动项目，不仅是西部各兄弟民族同胞强身健体的传统体育活动，而且在当前全球化浪潮、文化趋同的背景下，更是一种有待于传承与发展的非物质文化遗产。将民族运动项目融入体育建筑设计中，不仅可以激发群众对体育活动的自发参与，助力体育强国建设，同时有利于民族文化和传统民族体育事业的继承和发展。以日本相扑为例。相扑这种类似摔跤的体育活动，起源于中国，秦汉时期称之为角抵，南北朝到南宋时期名为相扑，现被尊为日本"国技"。其虽不是现代奥林匹克运动项目，但常体现于日本现

代体育建筑功能布置中，有关场馆吸引了大量使用人群，场馆空间和设施得到充分利用。

3.2.3　室内空间的人文表现

现代建筑设计讲求内外和衷的审美逻辑，指的是内部空间风格与外部造型特征间的统一性。对于地域性建筑创作来说，即由内而外地表达建筑的地域人文属性。换一种维度来看，对于建筑来讲，可从结构形式与装饰色彩两个层面表达地方人文情怀。在建筑的内部和外部效果上，实现结构原真性与文化地域性的统一。

例如在银川新火车站的设计当中，外部造型充分融合回族文化与汉文化，用线性构成元素将回族拱券形式与汉族绳结意向充分结合，使建筑形成了三大拱为核心、融传统文化与现代风格为一体的大跨建筑形式。在内部空间营造当中，为实现与外立面连续拱的结构逻辑相恰，主结构采用钢筋混凝土拱形结构，中间的核心部分采用钢筋混凝土壳体结构，使得内外形式与结构得到统一，最终内部空间效果实现结构原真性与文化地域性的统一。

---

① 中华人民共和国国家民族事务委员会. 牛角"环抱"贵阳奥林匹克体育中心主体育场 [N/OL]. https：//www.neac.gov.cn/seac/
c100721/201108/1094042.shtml, 2011-08-04/2021-01-18.

再如在鄂尔多斯体育中心室内设计中，延续了
"金马鞍"的创作理念，内部空间同样注重民族特
色。基础材料为涂料和人造地材，以空间塑造为主，
注重降低成本，强化体育建筑特点（图3-2）。在
体育场观众集散大厅设计中，采用红、黄、黑三种
颜色，使室内空间具有民族色彩的神圣感与仪式感。
将立面元素金色巨柱的强大气势延续至室内，深红
色涂料向内伸展，自然引导观众进入看台，黑色石
材的墙面映射金色的柱体与红色的顶面。体育馆的
比赛大厅室内设计，宛如盛大的篝火晚宴，颜色搭
配使其散发着热情，座席采用不同深浅的黄色，屋
顶上方由黄色金属格栅构成传统蒙古包上的穹庐。
以上两处均在色彩的搭配及装饰的适度运用从内部
空间展现出了蒙古族的性情与神韵。

3.3 外部空间的场所营建

建筑外部空间是城市环境与建筑间的过渡区域，
承担着提供活动场所的重要职能，还发挥着展现城市
地域文化的重要作用。因此建筑外部空间的设计，应
注重对地域风俗文化的尊重和挖掘利用。从地域文化

的角度来探讨建筑外部空间设计，不能只作建筑风格、
建筑装饰的表面文章，而应体现出对文化发展脉络的
研究，以及对地域文化原真性的体认。西部地区建筑
布局模式的设计，可由两条地域性创作路径组成：从
地域文脉中溯源、寻找线索，表现地域多元文化；
从传统建筑中较为直接地寻求指引，继承地域文脉。

3.3.1 总图形态的地域特征

建筑在城市中并非独立存在，既有来自周边环
境的具象因素，也有源于城市文脉的抽象因素。因此，
建筑不可避免地成为城市环境与文化的空间界面。
建筑的总图形态是建筑单体与景观布局的综合表现，
可结合城市文脉在总图中传达出地域人文特征。建
筑的布局形态是建筑单体、群体与周围场地的综合
呈现，是建筑内涵最为直观的体现，应结合地域特
征在布局形式中传达出对地域文脉的延续。地域文
脉的表达应该是理性的，而非简单的符号"拼贴"，
应寻找地域文化的本质，回归地域文化的原真内涵，
结合现代建筑设计手法进行创新继承，以此来丰富
地域文化的宝库。

以乌鲁木齐冰上运动中心为例，其传承新疆独

图3-2 鄂尔多斯体育中心 ①

---

① 景泉，徐苏宁，徐元卿. 鄂尔多斯市体育中心——城市视角下基于伦理审美的思考 [J]. 城市建筑，2016（28）：54.

特的地域文脉，总体布局以"丝、路、花、谷"为线索展开。"丝"是飘逸的丝绸，场地布局形成的放射状肌理，生动地描绘出丝缎舞动的神韵——轻盈、柔美；"路"是指建筑间飘逸的平台，象征着蜿蜒的丝绸之路，表现出对历史的回顾；"花"是新疆闻名天下的雪莲花，五个建筑单体犹如含苞怒放的五片花瓣，场地的景观设计也顺应这个关系层层铺陈开来；"谷"是由建筑高低起伏，围合而成，象征着延续连绵的天山形象（图 3-3）。

3.3.2　景观环境的人文表达

地方建造技术及植被特征本身便具有鲜明的地域特征。代代传承的材料及技术源于先人绿色生态的营建理念，这种智慧伴随时间的流传已然演变成为一种文化，而由此产生的空间更成为本地人心灵的感应场所。

景观小品主要包含休憩设施、照明灯具及艺术雕塑品等。作为一种重要的外部景观要素，脱离于建筑而又与整体氛围呼应，在表达场所地域特征层面同样为建筑师提供了设计空间。如果说建筑设计是地域人文表现的主体，那么景观小品作为空间环境的一部分，成为整体空间性格的有利烘托成分。在鄂尔多斯体育

中心外环境设计当中，外部广场的路灯汲取金色元素，形体简洁，与体育场融为一体。广场中心的马头琴主体雕塑更是起到点睛作用，在夕阳映衬中与体育场交相呼应，仿佛让人领略到大漠孤烟、长河落日的边塞风情，强化了整体空间氛围的地域属性。

夜景照明是建筑形象的夜晚表现，恰当的设计同样可以彰显地域风格和渲染场所氛围。作为古重庆城门之一的洪崖洞，在明末清初就是巴渝 12 景之一。层层叠叠、沿江而上的吊脚楼，在当时就是重庆非常有特色的建筑。因年久失修，历史上的洪崖洞已经衰败，现在的洪崖洞是根据巴渝传统的吊脚楼风貌结合现代审美重新创作建成。其依山而建，沿江而立，形式高低错落，用分层筑台、吊脚、层叠等手法创造了一个非常有立体感和层次感的建筑载体，与邻近的江水、跨江大桥和周围的现代建筑相互映衬。洪崖洞照明方式以突出建筑轮廓为主，主要是打亮廊柱的投射灯具和一些勾勒轮廓的灯带相结合，展现其结构美感，在夜晚中传达出地域特性（图 3-4）。

3.3.3　建筑风格的公众认同

建筑的造型风格、外部形象，不仅是城市形象的体现，更是地域文化、地方审美的宣传平台。建筑

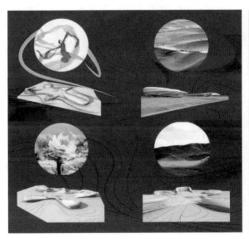

图 3-3　乌鲁木齐冰上运动中心总图形态设计

图 3-4　洪崖洞夜景

风格应具有在地属性，以满足当地人群的审美需求，并使人们在场所中获得情感归属，建立对建筑营造氛围的认同。因此在建筑造型风格设计中，应充分考虑不同地域所孕育出的文化深层特质，赋予建筑文化内涵，使建筑和使用者的情感表达、潜意识体验建立联系。如贵州凯里市民族体育场，其设计方

案深度剖析了苗侗民族的文化精髓，集合了苗族侗族鼓楼与风雨桥、西南民居的建筑造型与结构特征，并结合现代建筑艺术与施工技术，创作出了集地域性与时代性于一体的建筑形象（图 3-5）。

3.4　小结

本章以西部地区人文环境为出发点，研究了西部地区建筑在建筑形式、内部空间及外部环境三方面的创作方法。在建筑形式上，结合传统民居的空间构成、建构方式与地方材料，实现传统生活方式的情景再现与场所构建；在内部空间设计策略方面，结合西部地区民族文化融入多元活动业态，并结合装饰细部构建体现地域特征的内部空间氛围；在外部空间设计中，总结出应在总图布局、景观肌理、建筑风格方面呼应西部地区人文特征，构建地域特色的场所感知。

图 3-5　贵州凯里市民族体育场①

---

① 伍垠钢.体育场馆地域性设计策略研究[D].重庆：重庆大学硕士学位论文，2013.

第4章

匹配经济形态的西部地区绿色建筑创作研究

经济形态包含经济形式及发展水平，其直接决定着包含建筑在内的形态特征，是地区社会存在、发展的基础。西部地区居于内陆，地质条件及气候特征较为恶劣，城市发展水平较低，因此，将建筑创作与当地经济状况及城市发展水平相协调，是西部地区绿色建筑设计的又一主要特征。

4.1 经济适宜的理性发展

4.1.1 建筑体量的合理控制

可持续的城市营造反对郊区蔓延，提倡高效利用土地。建筑在设计时应"读懂土地"，即做到理解项目背景、现行公共政策和土地使用规则，审视场所的局限性和可塑性，确定项目开发强度与土地使用方式。西部地区地形以山地为主，由于山地环境对建筑的规划布局造成制约，在建设时会不可避免地开挖山体，以致易造成生态环境破坏。应避免单一功能区域的低密度蔓延，提倡人性尺度，致力于紧凑、密集型开发，尽量减少山体开挖，注重土方平衡，以最大限度地降低对不可替代的土地资源

造成侵害。绿色集约式建设开发，取决于对建设规模的精准控制。量体裁衣，避免盲目扩大规模造成经济浪费和空间闲置；合理的体量控制有利于节约能耗、实现绿色低碳目标；适度的体量和体形是应对不利气候因素的重要措施。

4.1.2 建筑空间的地下拓展

地下空间的功能拓展则有效地实现了功能集聚与土地资源的高效利用。以往建筑地下空间的使用效率不高，造成土地资源的严重浪费。今后可深入挖掘地下空间发展潜力，使一定面积的土地能容纳更多的功能，围绕多重功能进行综合开发，在充分发挥各自功能优势的同时强化整体功能效益。在进行建筑设计时，可通过增加建筑形体的垂直划分和空间配置，塑造多元功能，激活场地活力，以满足使用者的多样需要。通过多种功能的复合开发，发挥地下空间的潜力。建筑可与多种建筑空间或功能设施复合开发，从而达到土地空间综合效益的提升。建筑与地下空间商业复合开发，可实现空间自身效益扩大化，推动地块商业氛围的营造，实现项目整

体经济效益；建筑与其他建筑物复合开发，可缓解城市地面建筑空间紧缩的问题；建筑与交通系统复合开发，有利于减少城市交通拥挤；建筑与停车、储藏、管线等功能设施复合开发，可缓解城市设施不足的问题。

4.1.3　空间功能的多元利用

在市场经济环境中，建筑应通过对现有使用功能的填入式开发、弹性化应变等方式重新激发其活力，探索未来的多种可能。目前越来越多的建筑呈现出多种功能复合的趋势，通过错时共享，实现一个空间承载多种功能的可能性，从而减少土地浪费与大量建设。公共建筑可综合考虑建筑的功能配比与业态布置，在商业激活的基础上鼓励兼容文化体验、休闲娱乐、体育活动、会议会展等功能，并结合西部地区民族体育文化，拓展民族运动表演市场。通过塑造多元的使用功能，激发场地活力，从而构建高品质休闲生活方式聚集地。

4.2　节约环保的适宜技术

4.2.1　绿色生态的建筑选址位置

西部地区的建筑，应从地区风环境、日照环境、降温与遮阳等方面，寻求有利于西部地区被动式策略应用的建设场地，尽量争取为建筑的使用创造更为有利的局部微气候条件，为建筑能源可持续提供实现的前提。可从建筑全生命周期出发，进行选址位置的探讨，以创造适宜的微气候环境。在前策划过程中，依据建筑的规模定位、布局形式，对建成后场地微气候环境进行预判，并在后评估阶段，针对应用自然通风、自然采光等措施后建筑的能源优化情况进行测算，增强建筑设计的科学性与合理性（表4-1）。

西部地区建筑选址偏好　　　　表4-1

考虑要素	选址位置
自然通风	尽量选择地势高的地区，避免低洼地区； 尽量选择结合了城市绿带、水系、湖泊的场地； 避免选址于高密度城区的下风向； 尽量结合开敞空间以获得不受阻碍的通风渠道； 利用局域山地风
自然采光	尽量选择开阔地带； 尽量避免遮蔽较严重的谷地盆地； 尽量避开山地云雾较多的区域

自然通风是极其重要的除湿、散热手段，组织好夏季和春秋季的自然通风，不仅有利于减少空调使用时间，降低建筑能耗，更可以改善室内的空气质量。在西部山地条件下，风的环境与平地区别较大。由于山体的存在，风在地面附近呈非均质分布，山体周围会形成正压区和负压区，出现局部风速减缓或风速加快的现象，且高大的山体会阻挡山体两侧的气流的交换，使其背阴面、向阳面出现完全不同的气候。西部地区建筑在选址时可利用山体对风的加速作用并尽量回避山地减缓风速的地区，增强自然通风效果。

此外应充分利用自然光照资源。然而在山地多样的地形条件下，由于坡地情况复杂，如坡向和坡度的不同，坡地上不同地点日照时间有很大差异。而山体的遮挡与山地的高湿度造成的云多、雾多等情况，也会对自然采光造成不利影响。西部地区建筑在选址时需充分了解基地特征，尽量选择开阔地带，防止周围山体、树木、建筑的遮挡；尽量避免遮蔽较严重的谷地盆地；尽量避开山地云雾较多的区域，以便争取自然采光。

4.2.2　节能环保的建筑方位布局

气候与建筑间的关系很大程度上取决于建筑方位布局的选取。建筑的朝向在建筑的降温、得热方面扮演着至关重要的角色，对建筑如何高效、适宜地利用太阳能起到决定性作用。在西部地区建筑设计时，应统筹考虑建筑使用对阳光的需求，以便更好地进行日照资源分配。

西部地区由于地形复杂，水体和植被丰富，因而有更多的地形风，常规的风向、风速在不同的地区会出现显著的局域性变化，可充分利用局部风，争取更好的自然通风潜力。对于由单个建筑体组成的集中式单体建筑而言，其争取自然通风需要考虑的要素较为简单。为保证季风通过，上风向区域宜尽量开阔，同时应保证顺应地区主导风向（或山地风风向），且建筑应避免处于风影区内。建筑以组团形式出现时，不同的布局方式对自然通风效果有更大影响且需考虑的因素也更加复杂。对于由 2 个形体组成的并置式布局，当气流通过两个形体之间时，会由于风通道变窄而在间距处产生较强的负压区，即出现"狭缝效应"。在两个建筑形体的侧立面开窗时，"狭缝效应"会引导室内气流从开窗处快速流出，提升室内进出风速度，并同时提升室内的换气效率。但这也会使室内，尤其是对于室内后半部分原本均匀分布的气流产生不均匀性。通过增大两个形体之间的间距，可以抑制负压区的气压从而抑制狭缝效应，减弱室内气流流通的驱动力。对于由多个形体共同组合而成的分散式布局，建筑的体量相对较小，应尽量在平行于主导风向上做到前低后高，同时各建筑尽量避免在垂直主导风向的方向上相互遮挡，并留出足够的间距以改善通风效果，同时各建筑间如果有平台连接，应尽量通透（表 4-2）。

4.2.3　节能减排的室内物理环境

建筑室内物理环境的维持离不开环境调节技术的应用。然而用技术实现来体现社会发展，常常易

争取自然通风的建筑布局方法　　表 4-2

布局方式	建设内容	自然通风考虑要素
集中式单体	单个形体	顺应主导风向 上风向区域满足季风通过 避免处于风影区
并置式布局	2 个形体	合理利用"狭缝效应" 在迎风坡前低后高布置 在背风坡前高后低布置
分散式布局	3 个及以上形体	在迎风坡前低后高布置 在背风坡前高后低布置 留出足够的间距 连接平台尽量通透

与自然环境相对抗，带来能耗巨大的问题。如何在保障室内物理环境需求的基础上实现节能减排，成为建筑可持续运营的现实问题。在这种情况下，回归节能减排的绿色建筑设计理念呼之欲出。随着当前建筑技术的研究重心从高新技术应用向适宜技术应用理性转向，立足西部地域环境，发展被动式技术，以推动可持续发展，是西部地区建筑发展的基本趋势。针对西部地区气候特点，应注重建筑的自然采光与自然通风、遮阳隔热等技术手段的应用，在降低照明、空调能耗的同时营造舒适的室内热环境。

4.3　小结

建筑的投资造价及后期维护使经济因素成为其建造的影响因素。本章以西部地区经济水平为出发点，在建造规模上强调理性定位，并提出应注重功能多元化，以使建筑更加集约高效；在具体设计中，强调还应注重生态采光及通风以节约资源，并应充分利用传统生态材料及选择适宜的技术选型，避免"新奇特"现象背后的无端浪费；此外，在关于经济因素的讨论范畴中，认为应引入西部地区特色旅游产业，以促进传统文化的发扬和拉动地区经济的发展。

第5章

西部地区地域性绿色建筑创作理论应用

在西部大开发、"一带一路"等政策支持的契机下，实现建筑地域适应性的技术革新和特色文化传承的协同发展，是当下西部地区建筑行业发展的重中之重。本书探讨在绿色建筑"四节一环保"的效益基础上，以传统建筑营建智慧和现代建筑科技智慧为指导，构建从"文绿一体"出发，综合考虑自然环境、人文环境和技术经济等要素的"在地生长"设计理论体系，通过调研报告、性能模拟、技术措施等设计工具，整理获得与地域特征、地域文化和生态理念相适应、融合与衍生的营建方法，并在当代建筑工程示范中，展现理论和方法的实践运用，最后通过对示范工程的科学评测，反馈于理论探讨，从而实现对理论和方法的验证、修正、优化与提升。

5.1 "在地生长"理论回应三大要素，指导建筑创作

5.1.1 趋利避害，适应自然

（1）顺应气候特征，遵循建筑环境控制技术的基本原理，合理组织和协调各建筑元素，使建筑具有较强的气候适应和自调节能力。

（2）根植大地，顺应地势，尊重自然，对西部地区以山地、高原、盆地为主的地形予以积极回应。将人工痕迹做到最小，从而延续地域特征，体现可持续发展。

5.1.2 文化传承，多元发展

（1）在体现文化特征上，杜绝玩弄"形"与"饰"，而应从地域的文化理念与精神实质中汲取精华，将其融于创作当中。

（2）以发展的眼光进行文化传承，以"新陈代谢"的眼光来吸纳传统文化，根植本土，感应时代。

5.1.3 可行高效，技术适宜

（1）深入挖掘传统建筑绿色原理，将其与现代技术的工业化、高效性特征相结合，进行传统技术的新提升，实现多样化、多层次的技术格局。

（2）尊重西部经济发展现状，发展适宜技术，避免单纯追求高、新技术；适当引入相应技术策略，注重对西部地区特有资源的高效利用。

5.2 "在地生长"理论指导下的西部地区绿色建筑示范工程实践

课题选取"西宁市民中心""第十二届中国（南宁）国际园林博览会园林艺术馆"为主要示范工程，又择取"南宁园博园东盟馆""南宁园博园清泉阁""南宁园博园赛歌台"和"重庆市南川区大观园乡村旅游综合服务示范区"等为辅助示范工程。在示范工程的创作实践过程中，依托基于"文绿一体"的"在地生长"设计理念，以"场—原—境"为创作思路和设计路径，将传统生态营建理念创新转化运用到工程示范中（图 5-1）。

5.2.1 立足于"场"

课题组在西部地区绿色建筑研究和示范工程设计建设中，首先考察西部地区的聚落和民居。重点选取广西西江流域地区，围绕地域传统聚落及生活方式，对当地聚落、民居所处的自然气候条件、山

水地形条件和场地特征等栖居环境因素进行研究分析，从风环境、水环境、光环境等关键因子着手，研究民居和聚落对这些因素的适应和利用，以及应对自然条件过程中所形成的人文社会文化对人们居住行为的影响。研究所提取的传统营建策略和民居建筑文化，通过现代转译，为当代西部地域性绿色建筑示范项目的建设所借鉴。

5.2.2 探究于"原"

（1）原理

南宁园林艺术馆项目将串联展厅的联系空间、公共休息空间设置在遮阳避雨的屋盖下，从而将大空间的能耗降到最低。同时结合下沉边庭、内街水井、景观圆筒、流线型天幕等空间设计要素，形成气流廊道，共同营造馆内微气候。场地中部切开山体，形成的南北向下沉内街，和分散、聚落化布局的展厅还有顶部天幕一起营造区域微气候，形成局部温差与气压差，

图 5-1　西部地区典型建筑"文绿一体"的解决方案

实现高效的自然通风与气流引导。南宁园林艺术馆依托西南民族地区"聚落"传统建筑特色，其钢筋混凝土地上结构采用分离式结构单体群组，有效控制结构规则性。依托西南民族地区传统建筑"构造"方式，采用树杈形钢结构支撑体系，降低结构跨度、节约钢材。依托西南民族地区典型"阶地"地貌特色，采用随地势起伏的连续型钢结构屋盖体系，合理控制屋盖钢结构体形，降低结构内力，有效控制构材材料用量，提升材料利用效率及可循环利用比例。其通过现代技术和材料，实现传统营建原理的现代转译。

（2）原空间

课题组通过对广西西江流域现有民居建筑形式的分析，提取当地传统聚落和民居的空间营造手法和空间处理经验，结合现代科技，探讨广西地区当代地域性建筑的绿色实现和文化传承。

如运用蚁群算法，将融入地形地貌的原生乡村聚落肌理进行转译。利用软件对广西古村落路网结构进行模拟，找出路网形成的深层次算法和参数选择，再对南宁园博园的路网进行模拟，使其在算法层次上融入地域文化与村落肌理。

南宁园林艺术馆在内部空间组织上适应地形地貌，汲取了传统山地建筑贴山嵌入的理念，利用用地内原有两座小山坡，将建筑一层能耗较大的大空间展厅嵌入山坡中，一方面在外观上隐没了建筑庞大的体量，使其更融入园区自然景观，另一方面通过形成半覆土建筑的方式降低了大空间展厅的能耗。项目在分析西南地区聚落分布方式后，结合地域自然气候条件，模拟地方传统村落空间布局，将原有的展览空间打散，形成小空间，最终形成聚落化的展览空间布置。

在南宁园博会项目中，创作者还将具有南宁特色的桥廊结构、穿斗式构架、层叠的民居屋顶，通过现代转译运用到绿色建筑设计中，进而创作出富有地域特色的创新建筑形式，打造出独特的空间体验。清泉

阁建筑原型来源于广西独特的鼓楼，阁身外围为钢结构支撑全开放的层层金属密檐，形成具有张力、高耸的密檐阁，既满足功能需要，又具有地域文化特色。

（3）原材料

以广西民居建筑为例，其就地取材、因势利导，创造出了极具地域适应性的建筑材料组合模式。当地民居灵活运用砖、泥土、石料等材料作为砌体材料，而用木材搭筑主要承重支撑结构和部分墙面隔断及室外围挡。其中汉族民居将干栏建筑发展为砖木半干栏建筑，或是在汉式砖木住宅的基础上发展出了适应当地气候环境的住宅类型。而壮、侗、苗、瑶等民族则采用了干栏建筑形式，并根据自身的民俗和需求在建筑构造、空间结构等方面加以改进。不同的民居形式，用材情况各不相同。如有的民居采用青砖墙，墙体表面不抹灰，具有防水的性质。自烧红砖底层墙角用条石加固，墙面开窗较少，外墙为泥砖墙。泥土的热容大，墙体成为一种白天吸热、晚上放热的"热接收器"，内表面对室内释放的长波热辐射较低透，具有遮阳、隔热、保温的性能。

在南宁园博园的创作实践中，这些独具地方特色的传统建筑材料，成为设计的重要灵感来源。在材料运用上因地制宜，将本地传统地方材料加以转译，形成石笼、夯土、木色格栅、毛石的外立面材料系统。

5.2.3 复归于"境"

课题组有机整合自然环境因子、人文环境因子和经济技术因子三大条件因素为绿色技术体系，通过绿色建筑示范工程项目实践，探索西部地区地域性绿色建筑的建设和建筑山水意境的营造。如南宁园博园园林艺术馆项目，其通过嵌入山体、织补大地、散落布局、过渡自然、整合环境等呼应自然条件和融入文化要素的设计手法，使设计与环境密切联系，创造出建筑与山水相融的天人合一之境。

■ 乡土调研篇

西部典型地域特征绿色建筑工程的理论研究和实践，在推动我们学习和研发现代绿色建筑科技的同时，也促使我们回望中国自身悠久的建筑历史和深厚的营造传统。面对中国广袤土地上复杂多变的自然地理条件和丰富多样的人文社会环境，中华民族因地制宜，趋利避害，创造和发展了多种具有强适应性和突出特点的地方营造技术和建筑文化。其积累的丰富技术经验和创造的多彩文化习俗，仍然对今天的建筑营造活动有着重要的指导作用。

聚落民居深深根植于大地，尊重自然、传承文化，并具有一定的经济技术适宜性。相对于剧烈变化的城市而言，乡镇村邑常常保存了相对更多甚至更完整的民居营造传统。因此，在回望传统之时，更需要回望民居、回望广大的乡村土地。本次聚落民居调研，课题组广泛走访调查中国西北、西南地区聚落民居，重点选取广西西江流域代表性聚落、民居为研究对象，力图通过深入研究，从中提炼出当地地域民居的生态营造体系、营造策略和相关营造文化，以助力我们进一步认知当地乡土聚落的现象和文化，进而指导当代地区城市生态绿色建筑的发展。

第6章

西部地区地域特色民居概览

西部地区幅员辽阔，气候特征各异，各地地形地貌的独特性以及生产、生活方式的差异性，导致各地对应的建筑形制本身如出一辙、行合趋同，但彼此间却又形形色色、异彩纷呈。四川西部、云南西北部地区的高原山地建筑类型——邛笼建筑文化；以成都平原、滇中盆地为主的温带建筑类型——川滇合院建筑文化；云南、贵州大部分地区、广西部分地区的热带亚热带山地建筑类型——干栏建筑文化；以黄河上游的甘肃东部、陕西北部、宁夏南部等地为主的黄土高原地区建筑类型——窑洞建筑文化；新疆干热干冷气候下形成的民居形式——高台建筑文化，这些是传统建筑与自然环境长期协调演进的结果，蕴含了许多适用于本土的建筑技术方法。西部地区传统建筑技艺丰富，但受限于封闭地理条件，以及历代工匠的口口相传的传承方式，宝贵的营建经验大多未能以书面形式记录。同时，由于现代建造技术对传统营造模式的冲击，使得继承传统技艺的工匠日益减少。因此，如何将传统技艺挖掘转化，使其以新的现代化方式传承发展是亟待解决的关键科学问题。

为充分了解现阶段西部地区典型建筑的发展现状，体验西部地区自然地理、风土人情影响下地域建筑特征，探究西部地区现代建筑绿色设计策略，并初步提出西部地域绿色建筑设计理论，2017年至2019年期间，课题组多次组织实地调研。最终，课题组完成了对广西（南宁、崇左、贺州、百色）、贵州（六盘水、遵义、贵阳、安顺）、云南（楚雄、昭通、昆明、大理、曲靖）、四川（成都）、重庆、新疆（乌鲁木齐）、陕西（西安）、甘肃（兰州、天水）、宁夏（银川）、青海（西宁、玉树）等地的调研工作。

（1）邛笼建筑文化

主要分布于四川西部高原和云南西北地区，由于此地区气候寒冷，为了保暖防风，智慧的羌族人的住房，采取背风、向阳、封闭、降低层高等方法。建筑的朝向、门窗洞口的开口方向，大多避免主导风向的影响，多选择南向或东南向，且开窗洞口较小。建筑背面、东面和西面的墙身不开窗，建筑层高低而层数多，墙壁厚重，如图6-1所示。

（2）川滇合院建筑文化

受中原文化影响而产生，由中原"合院式"建筑演变而来。滇中地区属于高原盆地，海拔高、纬度低，日照强烈，属典型的亚热带山地季风气候，具有潮湿多雨的特点。为使建筑具有良好的遮雨遮阳性能同时防虫，便将建筑建造为两层，天井面积缩小，屋檐出挑更加深远，形成了具有"方形根基、小天井、廊檐、墙厚、双坡顶、二层楼"特点的特色合院建筑文化，如图6-2所示。

（3）干栏建筑文化

普遍存在于云南、贵州、广西等地，该地区气候炎热，潮湿多雨，干栏式建筑正是应对这种气候条件而建。高出地面的架空底架、脊长檐短的屋顶形式，

极大地满足当地防潮、防雨、抗洪的诉求。将门开在山墙面，兼具出入、采光、通风、排烟等诸多功能，解决了该地区通风、降温等问题，如图6-3所示。

（4）窑洞建筑文化

普遍存在于黄河上游的甘肃东部、陕西北部、宁夏南部等地为主的黄土高原地区。窑洞民居多顺应地形地势，随坡就势，最大限度地与"融入"自然环境中，不因过分调整地形而破坏环境造成新的水土流失。大部分空间隐藏于地面以下，周边有深厚的土层使室内温度受外界空气波动影响较小，保证了恒温恒湿的物理环境。四面围合的围护结构形

图6-1 邛笼建筑[①]

图6-2 川滇合院建筑[②]

---

① 黄梓珊．川西民居、邛笼建筑与岭南建筑 [J]．环境教育，2013（7）：23-25.
② 吴樱．巴蜀传统建筑地域特色研究 [D]．重庆：重庆大学硕士学位论文，2007.

图 6-3　干栏式建筑

成了稳定的室内环境气候，如图 6-4 所示。

（5）西北合院建筑文化

合院建筑仍以多种形式，广泛存在于西北地区。以渭河上游的甘肃天水为例，天水民居以北方常见的四合院为主，同时又融入南方民居常见的小天井，并对其进行组合和变形，形成各种不同样式，极具民族特色和地方特色。房屋类型既有土木结构和砖木结构的瓦房，也有许多不同风格的木楼。由于天水当地雨多，屋顶没有采用西北地区常见的平顶，而采用硬山顶、悬山顶和歇山顶等形式（图 6-5）。民居大多坐北朝南，采用小进深、大面宽的做法。较为狭长的天井与开敞的厅堂相连，以便于更好地通风。

（6）庄廓建筑文化

庄廓是青海河湟一带汉藏回等各民族的民居。庄者村庄，俗称庄子；廓即郭，城郭。庄廓实际上是由高大的夯土围墙和厚实的大门组成的四合院，大的庄廓也叫堡子。青海乡间仍保存有不少明清时期的较大庄廓。典型的庄廓院坐北朝南，依南北中轴线呈左右

图 6-4　窑洞建筑[①]

---

① 冯晨阳．生态美学下陕北窑洞民居形态特色研究 [D]．长春：东北师范大学硕士学位论文，2020．

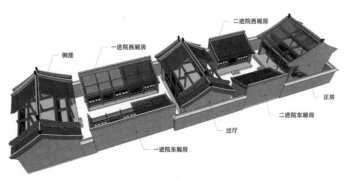

图 6-5　西北合院建筑

对称格局。院落平面呈正方形或长方形，于院落南墙正中辟门。院内四面倚墙建房，中间留出可植花木的庭院。通常北房为正房，亦称上房，面阔五间或三间，单坡平顶，前出廊，土木结构，明间安四扇格子门，次间、梢间各安花格子窗，窗下砌砖雕槛墙。庄廓具有较强的防御性，其屋顶多是平顶。人们可登顶瞭望和御敌，人在屋上行走如履平地。庄廓内向围合，外朴内华，体量简洁，高墙方院，建筑色彩与土地相同，十分具有地方特色（图 6-6）。

（7）高台建筑文化

受新疆喀什地区干热干冷气候的影响，当地形成了高台民居（图 6-7）。该建筑形式采用集中式

图 6-6　庄廓建筑

图 6-7　高台建筑①

① 图左：喀什市人民政府网站. 耿恭祠九龙泉景区 [Z/OL]. http：//www.xjks.gov.cn/2020/09/20/lyjd/3001.html，2020-09-20/2021-06-21. 图右：宋辉，王小东. 新疆喀什高台民居地域营造法则 [J]. 住区研究，2020（4）：79-83.

空间布局，有效降低了热传导率。同时，相对紧密的建筑布局，可以增加室外阴影空间面积，减少水分的蒸发，起到降温的作用。此外，该建筑形式具有内向型空间和高窄型内院，不仅可以降低热量交换，还能增加窄巷下部空气流动速度，有效抵御炎热与风沙。建筑围护结构采用 0.6m 以上的生土作为墙体，可以起到良好的保温作用，有效应对了新疆喀什地区较大的昼夜温差。

先人的营建智慧历经代代传承，已厚重地积淀为一个地方的独特建筑文化，作为地域文化的组成部分，其体现了该地区人们的物质诉求和精神风貌。西部地区地域文化绚丽多姿，地域性建筑文化丰富多彩。如何发掘和利用地域性文化因素，协调本土化与现代化间的矛盾，平衡传统形式与当代审美间

的关系，是当代西部地区建筑设计的重点与难点。

西部地域的建筑文化既是相对稳定的，又是一个动态发展的过程。传统的建筑文化不应成为当代建筑设计的枷锁，民族化与现代化更不应被对立处理。当代建筑设计在传承建筑文化时应充分发挥自身的能动适应性，而非照搬国内外已有形式。同时应注重对传统文化内涵的深入挖掘，不应只是在文化形式上简单模仿，而应挖掘西部地区社会文化构成与演变脉络，叙述以人为本的文化本质，进而在此基础上展开文化创新。既要提炼传统的建筑材料、建造手法中至今仍旧适用的通用经验和智慧，又要分析西部地区建筑传统文化的发展机制和影响因素，研究可应用于当代建筑设计的适用性方法（表 6-1）。

西部地区建筑营造智慧①   表 6-1

环境要素	案例	营造智慧
气温	陇西窑洞	1. 外围护结构：采用厚重的生土墙体。 2. 门窗形式：开窗数量少、面积小。 3. 建筑体型比例：紧凑低伏、围合封闭。 4. 室内取暖系统：锅灶砌在居室内与火炕连通，利用做饭的余势取暖
降水	四川四合院	1. 排水：屋顶为两坡式，设有天井，可以排泄从屋檐倾泻而下的雨水。 2. 防水：屋顶出檐深远，起遮挡阳光辐射，防止雨水冲刷墙面或渗入屋内。利用"冷摊瓦"屋顶透气性能好的特点，较好地解决室内潮湿的问题
风力	青海庄廓院	1. 利用高大的院墙、树木和地形来抵御寒风。 2. 正房侧面加盖一间耳房，坐西向东，起着防风避尘的作用。 3. 选址多采取坐西南向东南方向或坐东北向西南方向。 4. 窗户多朝南向，东、西方向较少开窗
日照	陕北窑洞	1. 院落布局：横向院落，建筑物之间保持较大间距。尽可能的争取太阳辐射。 2. 进深：房间进深较小，太阳的辐射热就更容易提高室内温度。 3. 庭院绿化：体现出重视冬季保温的原则。庭院树木较少，距离建筑较远

要素	案例	营造智慧
自然环境	重庆工学院体育馆	适应地域气候：西部地区气候类型复杂多样，由于重庆地区气候特点，屋顶采用的深远的大飘檐，利用建筑的阴影遮阳降温。通过屋顶与建筑形体的设计来实现自然通风。体育馆的进出风口的方向与山地风的主要方向相一致，大飘檐和不对称形态，增强了自然通风的效果
	银川韩美林艺术馆	协调地形地貌：西部地区地域广袤、地形复杂多变。艺术馆依山就势而建，实现与环境的融合。在继承传统建筑与自然环境之间和谐共融的方法基础上，探索新的建筑布局、建筑形象处理方式，从而延续地域特征，体现绿色生态可持续发展
技术经济	云南师范大学体育馆	发展适宜技术：在体育馆的设计中大力引入天光，并设置大量常开百叶引入自然通风，力图在照明和空调这两大体育场馆能耗大项上降低消耗。体育馆中央穹顶使用 PTFE 玻璃纤维膜，使室内弥漫着柔和的自然光线。折扇屋顶的尽端设置有常开百叶，完全满足日常通风
社会文化	成都兰溪庭	传承多元文化：在空间组织方面是对中国传统江南园林建筑的全新演绎，纵深方向居所与院落的多重组合布表达着传统园林中的空间层次性和多维性，而对山水意向的绵延起伏也由建筑屋顶的高低起伏和变化形象加以表达，同时也对中国传统的坡屋顶文化符号进行隐喻

中央竖向栏：传统建筑 — 现代建筑

① 图左 4：冯晨阳. 生态美学下陕北窑洞民居形态特色研究 [D]. 长春：东北师范大学硕士学位论文，2020. 图右 1：李晋. 体育馆的自然通风设计方法研究 [J]. 昆明理工大学学报（理工版），2008（2）：43-48. 图右 2：北京三磊建筑设计有限公司. 银川韩美林艺术馆 [J]. 城市建筑，2017（4）：62-69. 图右 3：王沐. 云南师范大学呈贡校区一期主体育馆设计 [J]. 城市建筑，2012（14）：106-111.

第 7 章

广西西江流域民居调研研究对象和技术路线

7.1　调研地域背景

7.1.1　自然环境背景

珠江由西向东流经云贵高原、广西盆地、珠江三角洲等复杂的地形地貌区。全长 2320km，是中国境内第三长河流，是中国南方最大河系，是西江、北江、东江和珠江三角洲诸河的总称。

西江（主流 2197km）是珠江水系的主要干流，发源于云南省沾益县马雄山南麓，由北盘江（444km）、都柳江（360km）、柳江（755km）、郁江（1145km）、桂江（438km）和贺江（338km）组成，流经滇、贵、桂、粤四省（区）。[①]

西江流域可分为上游、中游和下游，依次分别为南盘江、红水河两段，黔江、浔江两段，西江段。其中，广西西江流域（中游）水系由红水河、柳江、黔江、郁江和浔江等东西向干流、南北向支流组成，共计 780 余条。除海洋山 - 越城岭东北部及富川县境内的新山贵冲[②]地区属长江流域，十万大山一六万大山一大容山一云开大山一线以南地区的水系独流入海，以及那坡县境内属百都河流域之外，大部分广西地区都属于广西西江流域范围。

流域地处我国亚热带中南部，南部近热带海洋；西北侧紧靠云贵高原边缘，东中部则与两广丘陵连为一体，地势西北高而东南（和南部）低，境内山多平原少，岩溶广布；气候属亚热带季风型，全年气温较高，雨量充沛，夏长冬短；河流众多，径流量大；自然土壤多为红壤类，谷地平地多为水稻土，一般养分不高；植被及植物种属呈热带、亚热带特色；南北之间、东西之间纬度地带性和经度地带性差异明显。

7.1.2　社会文化背景

广西西江流域位于东亚板块与东南亚板块结合的节点，属于国家、民族间的交往中心之一。空间

---

① 陆奎贤 . 珠江水系渔业资源 [M]. 广州：广东科技出版社，1990：1–2.
② 盘承和 . 富川瑶族自治县志 [M]. 南宁：广西人民出版社，1993：第一篇，第六章，第一节地表水 .

层面看,该地区南临北部湾流域(曾是海上丝绸之路的重要港口);东临沿海汉族、西临西南边境少数民族。历史层面看,在远古时期,直立人便在此生存,并且是当时全球人类迁徙的节点之一。[①]在秦汉时期,秦始皇开凿灵渠连通西江与长江水系,该地区至此之后历次成为中原汉族、部分少数民族南下移民的重要通道、聚居地。雷沛鸿(1936)先生从文化交流的角度通过史料考证认为"广西人的祖先中有一部分混合了古代吴越、瓯越、闽越、百粤、骆越,以至马来的人种"。[②]

西江流域文明是中国史前流域文明的代表之一。纵观世界各地的人类文明大都发轫于江河流域,中华文明也不例外。其中西江流域早在远古时期,就独立萌生了岭南地区的百越文明。[③]在农业起源与传播方面,Jerry Bentley 等学者持的观点认为东亚地区农业起源是从长江流域开始的。[④]可是,近年来的考古发掘[⑤]和一些学者的观点[⑥⑦⑧]则认为稻作独立起源于多个百越族群居住的地区(包括广西西江流域)。西江流域地区是中国主要的稻作栽培和生产区域之一,是中国乃至世界上最早出现且至今还在延续("那文化")的稻作文化中心之一。[⑨]

西江流域是广西和岭南地区的主要核心区。从历史沿革角度看,公元前214年,秦始皇征服南越、西瓯,在岭南设象、桂林、南海三郡,该流域境内大部分属桂林郡,还有部分属象郡;公元前111年,汉武帝在岭南设南海、苍梧、郁林、合浦、交趾、九真、日南、珠崖、儋耳9郡,设苍梧广信(今梧州)为交趾刺史部的行政中心;公元862年,唐懿宗分岭南道为东西两道,广西属西道,道节度使设于邕州(今南宁),至此南宁成为广西的首府。公元997年,宋分广南路为广南西路和广南东路,该流域大部分属广南西路,治所置于桂州(今桂林)。广南东路治所置于广州。此为"广西""广东"之名的由来。桂林自此成为广西首府,一直延续至民国。中华人民共和国建国初期,政府设广西省会于南宁,将原广东钦廉专署及其所属合浦、钦县、灵山、防城等四县和北海划归广西管辖。1958年,广西壮族自治区成立。由此可见,该流域范围有史以来便是广西的核心区。此外,岭南的"岭"即长江流域和珠江流域的分水岭及其周围群山。岭南在范围上相当于现今的广西、广东、澳门、香港及海南全境。目前针对岭南地区的研究主要集中在广东地区,常常会忽视该流域民居、聚落所蕴含的岭南建筑文化特征。

① 杰里·本特利,赫伯特·齐格勒.新全球史,公元1000年之前(第五版)(2007)[M].魏凤莲,译.北京:北京大学出版社,2014:5-12.见书中地图1.1《直立人和智人的全球迁徙》.
② 雷沛鸿先生于1938年9月24日,在华中大学发表演讲"广西地方文化的研究一得"。雷沛鸿[民国].僚人家园网转载.广西地方文化的研究一得(节选)——华中大学演讲[Z/OL].http://bbs.rauz.net.cn/rauz-30383-1-1.html,2008-09-24/2019-10-15.
③ 申扶民等.广西西江流域生态文化研究[M].北京:中国社会科学出版社,2015:2-3.
④ 杰里·本特利,赫伯特·齐格勒.新全球史,公元1000年之前(第五版)(2007)[M].魏凤莲,译.北京:北京大学出版社,2014:26-27.
⑤ 何安益等.广西资源县晓锦新石器时代遗址发掘简报[J].考古,2004(3):7-30.
⑥ 李昆声.亚洲稻作文化的起源[A].云南考古学论文集[C].昆明:云南人民出版社,1998:135.
⑦ 游修龄等.中国稻作文化史[M].上海:上海人民出版社,2010:60.
⑧ "从南宁地区贝丘遗址、桂林甑皮岩遗址、柳州大龙潭等洞穴遗址出土的石斧、石锛、蚌刀、石磨盘、石磨棒等生产工具看,早在距今9000多年的新石器时代早期,西瓯骆越的先民就已经开始了稻作农业。"谭乃昌.壮族稻作农业史[M].南宁:广西民族出版社,1997:10.
⑨ 黄剑华.中国稻作文化的起源探析[J].地方文化研究,2016(4):40-57.

7.1.3　乡土聚落的历史演变特征

（1）民族

商周以来，该地区的土著居民被称为"骆越"和"西瓯"，并演化为现今的壮、侗、仫佬、毛南等民族；[1]秦汉至明清时期，大量汉、苗、瑶、回等各族人民通过灵渠—桂湘走廊多次迁徙、栖居于此地，"与越杂处"，与当地土著居民共同开发当地自然资源。而该流域与西南、闽粤地区的民族间又通过西江水系有着频繁的文化交流："原来西南夷繁殖于横岭山脉的南部，而不断地向中国南部和东南部，即由广西以至广东进攻。随之，西南夷与广西居民遂不少有相互混合的机会。""人口的移动路线，常依沿海诸地而流转。在一方面，由苏浙海边南移而至福建，复达广东，再由广东之高、雷、钦、廉而入广西。"[2]

（2）文化

考古发掘表明，该地区是中国乃至世界上最早出现的稻作文化中心之一。先民创造了原始的百越居住文化。根据雷鸿沛（1938）先生的研究，秦汉以后，广西地区曾不同程度、多次地受外来文化的影响，主要有中原文化、高地文化、低地文化（或称海洋文化）。中原文化以儒家文化为主，主要影响了桂北与桂东地区；高地文化分为西南文化和陕晋文化，行动流线主要是沿着西江水系。前者影响了广西的西北部和中部，后者繁衍于广西西北部。低地文化分浙闽文化和异国文化。前者由北向南沿海南移进入广西东南部；后者由南向北扎根于广西西部及西南部。"外来中原文化和高地文化主要影响了平原及丘陵地带，低地文化主要影响了沿海和沿边地区，而在交通不便的偏远山区则更多地保留了壮、侗、瑶、苗等世代相传的少数民族文化传统。"[3]

（3）住居

六七千年前开始出现人工营造的原始住宅。此时的住宅"依树积木而居"，形似鸟巢，又称"窠居"，是现今干栏建筑的雏形。春秋战国以后，地区开始使用铜、铁等金属工具加工建筑构件、建造房屋，使干栏建筑的结构更加复杂、空间更加实用；秦汉至明清时期，大量人口迁入。在民族间的交流与传承过程中，各自的建筑文化又相互渗透。其中汉人将干栏建筑发展为砖木半干栏建筑或是在汉式住宅的基础上发展出了适应当地气候环境的住宅类型。"（汉人）按照中原传统的硬山搁檩式（砖木地居）建造住宅，并且根据南方炎热潮湿的气候特点，将住宅空间加宽抬高，使之通风凉爽。形成具有南方特点的汉式建筑。"[4]部分壮、侗等民族聚落则接受了这种汉式住宅，"（汉式住宅）首先在与汉族相邻的地区流行起来，然后逐步扩大，最后发展成为广西地区分布面最广、数量最多的住宅建筑类型。"而大部分苗、瑶等民族则采用了干栏建筑形式，并根据自身的民俗和需求，在建筑构造、空间、装饰等方面改进，使之形成具有民族特色的风格。

以上历史发展奠定了现今该地区聚落、民居的基本格局。

---

① 熊伟 . 广西传统乡土建筑文化研究 [D]. 广州：华南理工大学博士学位论文，2012：48.
② 雷沛鸿先生于 1938 年 9 月 24 日，在华中大学发表演讲"广西地方文化的研究一得"。雷沛鸿 [民国]. 僚人家园网转载 . 广西地方文化的研究一得（节选）——华中大学演讲 [Z/OL]. http：//bbs.rauz.net.cn/rauz-30383-1-1.html，2008-09-24/2019-10-15.
③ 雷翔 . 广西民居 [M]. 北京：中国建筑工业出版社，2009：5.
④ 覃彩銮 . 广西居住文化 [M]. 南宁：广西人民出版社，1996：48-49.

7.1.4 乡土聚落的宏观分布特征

该地区的乡土聚落空间分布特征可主要从地理、结构、民族三个方面进行说明，现简要梳理归纳如下：

（1）民族

该流域及其周边是多民族聚居地，集中了包括壮、侗、苗、瑶、汉、仫佬、毛南、彝族等12个民族。乡土聚落的文化共性的特征是延续了新石器时代的稻作文化。其中百越地区的民族实行以小家庭为主的聚居模式；而汉族地区则实行儒学礼制和宗族制的大家族聚居。熊伟（2012）从建筑文化视角分析各自聚落区划的特征，[①] 可知该流域干流、主要支流的上游即广西地区的西、北部，主要集中了百越文化的原始聚落，具体为壮族建筑文化亚区（主要）、侗族建筑文化亚区和苗瑶建筑文化亚区。其中，壮族的主要聚居地为南宁、柳州、百色、河池、龙胜等城市和地区。瑶族聚居地分布较广，从桂北的都庞岭、越城岭、大南山、大苗山、九万大山，到桂南十万大山，从桂东的大桂山到桂西的青龙山、金钟山，都有瑶族居住。苗族主要分布在桂北、桂西北和桂西地区，从桂北的资源、龙胜、三江、融水、罗城、环江至桂西北的南丹、隆林、石林、田林，到桂西的那坡，其分布形成一个大弧形，与湖南、贵州的苗族分布区连成一片。侗族主要分布在桂北的三江、融水和龙胜，总体特征是大聚居、小分散的格局。[②] 广西的东部、东北部，主要集中了汉族聚落，可细分为湘赣建筑文化亚区、客家建筑文化亚区和广府建筑文化亚区（图7-1、图7-2）。汉族分布较广，梧州、玉林、桂林、柳州、南宁等地是汉族较为集中的地方。

（2）地理

覃彩銮（1996）将聚落按所处的地形分为三种类型，即高山型、山脚型、平原型。[⑤] 高山型聚落选址在海拔50~1000m山区。主要集中在桂北的龙胜、三江、融水、都安、大化、南丹、天峨、巴马，东

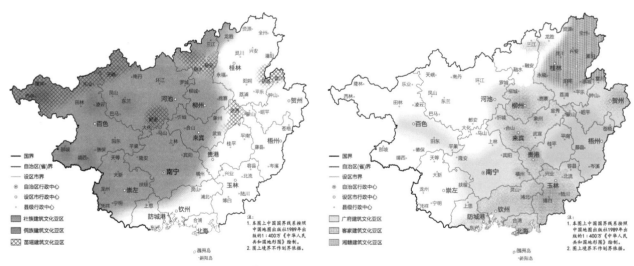

图7-1 广西百越与苗瑶建筑文化区划 [③]　　　　图7-2 广西汉族建筑文化区划 [④]

①③④　熊伟.广西传统乡土建筑文化研究[D].广州：华南理工大学博士学位论文，2012：47-49+77.

②　雷翔.广西民居[M].南宁：广西民族出版社，2005：13-21.

⑤　覃彩銮.广西居住文化[M].南宁：广西人民出版社，1996：13-17.

部的贺县、富川、恭城，西部的西林、田林、隆林、德保、靖西等地区。山脚型的聚落分布最广，选址在山脚下的坡地上，往往背山面水临田地。平原型的聚落分布在山岭的小盆地之中的准平原地带，地势略高于四周的田地。主要集在桂东、桂中、桂南的汉族、壮族地区。

（3）建筑类型

该地区作为传统建筑文化表征的建筑形态可分为两大类，即百越干栏建筑和汉族砖木地居建筑。百越地区的乡土聚落主要采用木构干栏式的建筑形制布局在高山、丘陵、平峒等地区。单体结构上可以分为四种类型，全楼居高脚干栏、半楼居高脚干栏、矮脚干栏、地居式干栏。[①]东部的汉族乡土聚落主要采用砖木地居式的建筑形制，布局在平原、盆地等地区。其他一些乡土聚落的建筑类型都是在此两种形态的基础上发展起来，产生一些各自的建筑类型。如侗族的鼓楼、风雨桥和重檐干栏，苗族的半边楼等，汉族客家民系的围屋，广府民系的骑楼等，再如钟山县龙道村，其民居单体混合了瑶族干栏与汉族砖木天井地居的建筑特征。

7.1.5　乡土聚落的几种类型

7.1.5.1　地理类型

本研究根据覃彩銮（1996，见1.3.2），雷翔（2005）[②]对民居的地形划分，综合海拔数据以及聚落选址的地形特征，按地理类型将涉及的乡土聚落分为两类，即山地型，主要涉及高山、丘陵、平峒三种地理单元；平地型，主要涉及盆地、平原两种地理单元（图7-3）。

高山地形位于海拔约500m以上的中山、高山地区。山体起伏很大，坡度陡峻，沟谷幽深，一般多呈脉状分布。如广西地区的十万大山、大苗山区等等。山地聚落一般选址于山腰、山麓，该类型的聚落如桂北的金竹壮寨，桂西的平流壮寨、那岩壮寨等。

丘陵地形位于海拔约200~500m之间的低山地区，是山地向平原过渡的中间类型，绵延的山丘多为中山、高山的余脉，主要位于主干河流两侧。如西岭、都庞岭、萌渚岭等山体系统的余脉在富川、钟山、八步等县、区形成了海拔约在150~450m之间的丘陵区。聚落一般选址于山腰、山麓缓坡，该类型的聚落如桂东的龙道村、凤岩屯等。

平峒属岩溶地形中的峰林—槽谷岩溶类型，[③]是广西西江流域地区独特的地理类型，其特征是海拔约在100~500m之间，内部石山如林，峰林之间为相对平坦、土层薄厚不均的槽谷或溶蚀洼地，有些地区缺少地表河，地面干旱缺水，被当地人称为弄或峒。平果—隆安，崇州—龙州等地多有分布。聚落一般选址于山麓缓坡，该类型的聚落如桂西南的板梯村、达文屯等。

流域境内总体上地形以山地为主，所以平原与盆地基本上都是从属型，即属更大的山地地形中的构成单位，规模都不太大。与山地类型相比，平地类地形其海拔较低、地势平缓、土层深厚，主要分布于桂东南、桂中及支干流的河谷，海拔约在50~300m之间。该类型的聚落如桂中的黄姚镇、扬美镇，桂西南的白雪屯、中山村，桂东的秀水村、福溪村等。

---

① 覃彩銮. 广西居住文化 [M]. 南宁：广西人民出版社，1996：20-23.
② 雷翔. 广西民居 [M]. 南宁：广西民族出版社，2005：10-13.
③ 廖文新，赵思林. 广西自然地理知识 [M]. 南宁：广西人民出版社，1978：68.

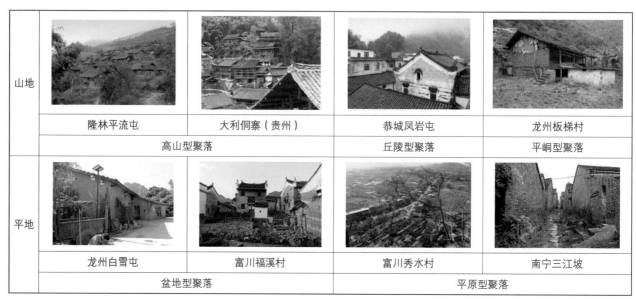

山地	隆林平流屯	大利侗寨（贵州）	恭城凤岩屯	龙州板梯村
	高山型聚落		丘陵型聚落	平峒型聚落
平地	龙州白雪屯	富川福溪村	富川秀水村	南宁三江坡
	盆地型聚落		平原型聚落	

图 7-3　不同地理类型的聚落

7.1.5.2　聚落空间的几种形态

金其铭（1988）[1]根据江苏省的聚落调查将聚落形式分为团聚状、条带状、分散住家三大类，其中又根据聚落密度及规模将团聚分为稀疏、密集型，将条带状分为聚集、散漫型；雷翔（2005）[2]将广西聚落形态分为散点型、单线型、复线型、网络型四类，并将少数民族的自由网络型村寨分为树枝状、交织状、放射状、带状四种。

在近年的研究中，如在谭乐乐（2016）[3]的硕士论文中，将桂林地区的聚落形态分为自由式布局、沿等高线台阶状布局、线型布局、网络型布局、网格式布局、梳式布局六种类型；杜文艺（2016）[4]的硕士论文中，将南宁地区的聚落分为梳式、格网式、放射式、密集式、自由式五类。

本书在综合过往研究分类的基础上，结合自身研究的特点，将本书中出现的聚落形态及特征做概况说明，主要有散点型、组团型、网络型三种，其中网络型又有网格（棋盘）式、梳式、树枝式、放射式4种。

（1）散点型

散点型聚落是基础聚落类型之一，多分布于海拔较高的山腰、山谷等交通不便、资源相对匮乏的地区。其规模较小，人口规模约在几十户，往往由小家族发展或小规模的族群迁移而形成。其往往根据山势、水源、土质等自然因素，松散自由，无明确的边界及轮廓，但是由于彼此还需共享部分自然资源，所以聚落结构不会过于稀疏。聚落要素相对单一，没有形成街或巷的道路，主要甚至唯一的建筑类型是民居。其民居朝向不固定，布局选址受传统中原制度、观念的影响较小。如融水党鸠村的苗族聚落（山地，图7-4①）、龙胜的金江壮寨（山地）等都属典型的散点型聚落。

① 金其铭.农村聚落地理[M].北京：科学出版社，1988：73-77.
② 雷翔.广西民居[M].南宁：广西民族出版社，2005：76-82.
③ 谭乐乐.基于文化地理学的桂林地区传统村落及民居研究[D].广州：华南理工大学硕士学位论文，2016：24-29.
④ 杜文艺.基于文化地理学的南宁地区传统村落及民居研究[D].广州：华南理工大学硕士学位论文，2016：25-28.

（2）组团型

组团型聚落自然发展的逻辑可以分为两类：其一是聚落内部多个散点同时发展，形成多个同等规模的小型组团，多个小型组团再组成聚落；其二是聚落整体开始扩增，直到达到一定的组团规模，又在临近的土地上建设新组团。组团型聚落的特征是民居与民居或与植被，紧凑布局，形成团状。道路无固定模式，可以是简单的复线（多在山地），也可能形成网络（多在平地），道路结构及尺寸与民居间的布局有关，外轮廓近似圆形，如龙州板会屯（平峒，图 7-4 ②）。

（3）网络型

网络型聚落是乡土聚落的高级形态；内部的聚落要素类型丰富、数量较多，且有相对明确的分区，如往往民居分大小、道路分类型、水系分洁污、庙祠分主次、制度分等级。根据此类聚落形态特征又可以将其分为网格式、梳式、树枝式等等类型。网格式聚落的民居有统一固定的朝向，主要道路纵横交错，各民居单体被道路独立划分，如钟山龙道村。梳式聚落中一条主街位于聚落前方与各巷道垂直相接，结构类似呈梳把与梳齿的关系；民居朝主街方向，前后排民居之间间距很小，朝巷道开门，整体上排列规整，布局统一，如富川福溪村，见图 7-4 ④。树枝式聚落内部被一条主要道路贯穿，其余巷道从不同方向分别在不同位置与主路相连接，节点为丁字或十字路口，如昭平黄姚镇，见图 7-4 ③。放射

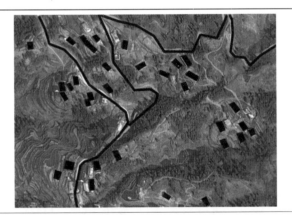

①散点型聚落（融水党鸠村）

②组团型聚落（龙州板会屯）

③树枝式聚落（昭平黄姚镇）

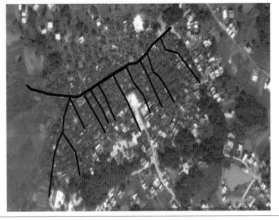

④梳式聚落（富川福溪村）

图 7-4　几种典型的聚落空间形态

型聚落以山体、池塘、鼓楼等自然、人文要素为主的中心，主要街道呈放射状，巷道环绕联系主要街道，如南宁杨美镇（平地，以池塘为中心）。

7.1.6 乡土民居的几种类型

根据上文可知，广西西江流域乡土民居总体上主要有干栏和砖木地居两种类型，其中干栏式集中分布在桂西、北部山地的百越民族聚落，见图7-5；砖木地居式分布在东、南部的汉族聚落，[1] 桂东北为湘赣民居文化区，桂东、桂中为客家（少数）、广府民居文化区，桂东南为客家民居文化区，见图7-6。由于民族间的交流互动，也存在客家围屋等集居民居类型，此外还衍生出一些次生或汉化干栏类型，如钟山龙道村的汉化干栏天井式民居（受瑶族民居影响）、桂中西部的夯土泥砖干栏民居（壮族）[2] 等。本书研究涉及的乡土民居主要有干栏、"一明两暗"、天井、从厝4种民居类型。

（1）干栏式

在本研究中，将干栏分为横长方形（进深小于面宽）、纵长方形（进深大于面宽）[5] 两类。其中横长方形干栏，多分布在桂西北、桂北、桂中部山区，如西林那岩屯、隆林平流屯（图7-7①），其中平流屯的平面为面宽5开间且两侧另出披厦，进深4开间；底层架空饲养牲畜，二层居住层的功能为"前堂后室"[6]，即靠近主入口的前堂大空间包含了堂屋、火塘等功能，并设有可通过爬梯登临的三层储藏阁楼，后室被划分为多个小隔间，作卧室、储藏使用。

纵长方形多分布在西南地区的平峒、丘陵地区。如板梯村民居，面阔3开间，进深5开间；底层架空不足一人高，二层居住层的平面为前堂后室[7]（如那坡达文屯民居）或前一明两暗后厅（如龙州那桷

图7-5 广西壮族干栏建筑类型分区[3]　　　　　　图7-6 广西汉族地居建筑类型分区[4]

---

①④ 熊伟，谢小英，赵冶．广西传统汉族民居分类及区划初探[J]．华中建筑，2011，29（12）：179-185.

②③⑦ 赵冶，熊伟，谢小英．广西壮族人居建筑文化分区[J]．华中建筑，2012（5）：146-152.

⑤ 参考刘敦桢先生对长方形民居单体的分类：刘敦桢．中国住宅概说[M]．北京：建筑工程出版社，1957：25-33.

⑥ 陆琦，赵冶．广西壮族传统干栏民居差异性研究[J]．古建园林技术，2012（1）：37-40+49+70.

屯民居，图 7-7 ②），卧室上方有局部三层的阁楼；山墙为大叉手满枋跑马瓜式，枋与枋之间的空隙较大，替代窗户采光通风。

（2）"一明两暗"

"一明两暗"特点是中间为厅（明房），内设祖堂，两侧为卧室（暗房），是民居的基本类型，即"一幢'一明两暗'的三开间建筑，亦即宅院式当中的正房"。[①]"在岭南早期的乡村民居，对外只开门，不开窗。对内院或天井开敞的厅和只对厅开一门的房形成了'光厅暗房'的物理环境。这种暗房满足了'日出而作，日落而息'的传统社会乡村生活的基本要求"，[②] 见图 7-7 ③。

单独一幢式的民居，需要安排诸多的居住与生活功能，因此在"一明两暗"基础上扩增功能。其中一类民居设置二层，即在祖堂隔板后设楼梯间或在各房间设梯井（如黄姚镇民居）靠爬梯上下，二层设过厅、卧室、走廊、晒台等功能，形成民居单体（下文称为"三间一幢"，图 7-7 ④）；另一类在"一明两暗"后部

增设厨房、餐厅，形成纵长方形"前一明两暗后厅型"单体，如龙州白雪屯民居（图 7-7 ⑤）。

（3）天井式

天井式民居"因院落小与房屋檐高相对比，类似井口，故又称之为天井"[③]；是西江流域乡土民居的主要类型之一；往往由"三间一幢"单体为核心，在本研究中主要有三种类型。A 型：主体前部两侧伸出两厢房并用墙体围合形成三合天井[④]（贺州祉洞村的三间两廊民居，见图 7-7 ⑥）；B 型：由左右厢房连接上下座单体组成四合天井[⑤]（如富川秀水村民居，见图 7-7 ⑦）；C 型直接由上下座单体两侧围合围墙组成。

（4）从厝

从厝式民居中部多是以祖堂为核心的天井式建筑群，左右或前后另设围绕中心建筑群的居住、辅助用房，形成主次分明的集居住宅形态，见图 7-7 ⑧，如贺州祉洞村民居。客家围屋的建筑核心周围往往也有多重从厝。

①横长方形"前堂后室"干栏（平流屯民居）

②纵长方形干栏（板梯村那桧屯民居）

图 7-7　几种乡土民居形制

① 杜文艺. 基于文化地理学的南宁地区传统村落及民居研究 [D]. 广州：华南理工大学硕士学位论文，2016：31.
② 汤国华. 岭南湿热气候与传统建筑 [M]. 北京：中国建筑工业出版社，2005：49.
③ 孙大章. 中国民居研究 [M]. 北京：中国建筑工业出版社，2004：64-79.
④ 根据谭乐乐的文献综述，湘赣"堂厢式"民居与广府"三间两廊"平面形制几乎一致，都属于三合天井。谭乐乐. 基于文化地理学的桂林地区传统村落及民居研究 [D]. 广州：华南理工大学硕士学位论文，2016：31-32.
⑤ 郭谦. 湘赣民系民居建筑与文化研究 [D]. 广州：华南理工大学博士学位论文，2002：144-172.

③"一明两暗"(三江坡民居)	④三间一幢(凤岩屯民居)

⑤白雪屯民居的山墙面	⑥三合天井(祉洞村三间两廊民居)

⑦秀水村四合天井式民居	⑧从厝(祉洞村民居)

图 7-7 几种乡土民居形制(续)

7.2 研究范围与对象

7.2.1 相关概念解析

（1）关于对象

①民居，在《汉语大词典》中有两种解释：一是指百姓居住之所；二是指民家、民房。刘敦桢、傅熹年[1]等先生的著作中都取用了"住宅"之名，其中傅先生又将住宅分为城、乡两类。此外包括孙大章先生等的民居研究也都偏向居住建筑之意。所以，在本研究中，民居一词亦仅表示平民的住宅。乡土民居是乡土建筑的一部分。[2]

②聚落，是在一定地域内发生社会活动和社会关系、有特定的生活方式、且有共同成员的人群所组成的相对独立的地域社会，[3]可分为城镇和乡村两大类（图 7-8）。此外，从生态学角度看，聚落又是一个融合了自然、人工、社会等要素的空间环境

---

① 傅熹年. 中国古代建筑史·第二卷 [M]. 北京：中国建筑工业出版社，2009：156-161+462-472.
② 乡土建筑是与其周边乡土环境息息相关的一个整体系统，"乡土建筑系统的整体，包含着至少十几个子系统。居住建筑只是其中的一个子系统。"陈志华. 乡土建筑的价值和保护 [J]. 建筑师，1997（78）：56.
③ 余英. 中国东南系建筑区系类型研究 [M]. 北京：中国建筑工业出版社，2001：116.

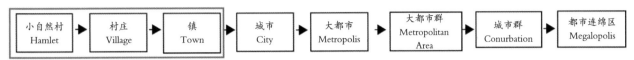

图 7-8　聚落发展演变图

系统，[①] 组成的要素包括民居、公共建筑如祠 / 庙、公共设施如排水系统以及生态环境如风水林、风水池等等。

③乡土建筑、聚落，在拉普普特（Rapoport，1969）的著作中乡土对应英文 Vernacular[②]，有本土的、本地人使用之意，源于地域性的农耕文明，与各种农人文化相关。[③] Ronald Brunskill（1971）将乡土建筑（聚落）定义为"由未受过设计等专业训练的业余人士所建造的建筑（聚落），其建造过程往

往遵循本地化的一系列惯例或习俗。"[④⑤] 此外，从 Rapoport 将民间盖房传统分成"原始性（Primitive）"和"风土性（Vernacular）"[⑥] 两个部分，风土性建筑可分为"前工业化时代"和"现代"两个时期。[⑦] 在中国，自帝制时期延续下来的或之后沿用该传统营造体系建造的本土乡村建筑（聚落），可以称作是"前工业化时代（Pre-industrial）"的乡土建筑（聚落），见图 7-9。[⑧] 本书乡土聚落、民居的研究主要聚焦在这一类型。

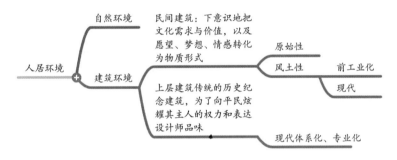

图 7-9　拉普普特对人居环境的分类

---

① 李晓峰 . 多维视野中的中国乡土建筑研究 [D]. 南京：东南大学博士学位论文，2004：164.

② 源自拉丁语 vernaculus，意为土生土长的。

③ 从"乡村、土俗"的字面意思出发认为"乡土指的是在某一特定时期，针对某一特定国度的，远离其文化经济中心，滞后于当地一般生产力水准，偏离当时的潮流文化趋势的一种风格现象和文化特征。"石克辉，胡雪松 . 乡土精神与人类社会的持续发展 [J]. 华中建筑，2000（2）：10-11.

④ "建筑（聚落）的使用功能往往对其形态起到决定性的作用，而美学等的考虑则往往居于极不重要的地位。本地材料的使用十分普遍，而外来的材料往往只有在极其特殊的情况下才会被使用。"钱云，等 . 国外乡土聚落形态研究进展及对中国的启示 [J]. 住区，2012（2）：38-44.

⑤ 1999 年 ICOMOS 大会通过的《关于乡土建筑遗产的宪章》中，对乡土建筑定义基本上沿用了 Ronald Brunskill（1971）的定义："乡土建筑是社区自己建造房屋的一种传统的和自然的方式。"并对建筑的乡土性提出相应的确定标准：1. 某一社区共有的一种建造方式；2. 一种可识别的、与环境适应的地方或区域特征；3. 风格、形式和外观一致，或者使用传统上建立的建筑型制；4. 非正式流传下来的用于设计和施工的传统专业技术；5. 一种对功能、社会和环境约束的有效回应；6. 一种对传统的建造体系和工艺的有效应用。国际古迹遗址理事会 . 关于乡土建筑遗产的宪章 [Z]. 国际古迹遗址理事会第十二届全体大会，墨西哥墨西哥城：1999-10-17~24.

⑥ 由于"书中未强调社会意识形态造成的城乡差距"，常青先生将 Vernacular 汉译为"风土"。阿摩司·拉普卜特 [美]. 宅形与文化（1969）[M]. 北京：中国建筑工业出版社，2007：X.

⑦ 阿摩司·拉普卜特 [美]. 宅形与文化（1969）[M]. 北京：中国建筑工业出版社，2007：1-7.

⑧ 保罗·奥利佛在其著作中罗列了乡土建筑的几个特征：本土的（indigenous）、匿名的（anonymous）、自发的（spontaneous）、民间的（folk）、传统的（traditional）、乡村的（rural）等。李晓峰 . 多维视野中的中国乡土建筑研究 [D]. 南京：东南大学博士学位论文，2004：10-11.

（2）关于视角

①自然环境，环绕着生物的空间中可以直接、间接影响到生物生存、生产的一切自然形成的物质、能量的总体。构成自然环境的物质种类很多，主要有空气、水、其他物种、土壤、岩石矿物、太阳辐射等。[1] 在本书中，对自然环境的研究主要聚焦在气候、地理、植被（生物）等方面。

②适应性，最早出自达尔文（Darwin，1859）的进化论，用于解释生物种群的进化与生存环境的关系。Lawrence Henderson（1913）[2] 进一步发展了达尔文的适应性观点，体现了有机体与环境之间的双向互动性和存在的整体协调关系。现今属生态学概念，用于解释指生物体与环境表现相适合的现象，是生物机体按照外界条件的变化调整自身行为、活动的某些特征，以达到与外界环境协调配合的能力。

本课题中将"适应性"概念借用于人类聚落，认为从生态角度看，人类聚落属复合系统，具有自我调适以适应外部环境的机能。

（3）关于结论

①营造，"营"有筹划、管理、建设之意。区别于今天所说的建筑设计、建造，它不是一个个体的自由创作，而是一种群体的制度性、规范性的安排，是一种集体意志的表达，同时也是技艺的一种表现形式。[3]

②文化概念源自拉丁文 colo，colere，cultum 等词，有栽培、驯养、照管等意思，概括起来就是，通过人工劳作，将自然界的野生动植物加以驯化和培养，使之成为符合人类需要的品种。直至今日，"culture"一词仍然有人对自然的照料和驯化的意思。费孝通（1947）先生将文化定义为依赖象征体系和个人的记忆而维持着的社会共同经验。[4] 在 Rapoport 的著作中将文化定义为一个社会的观念、制度和习俗性活动的总和。[5] 覃彩銮（1996）将居住文化分为三个层次：住宅建筑形态和建造方法；居住习俗，即居住者的行为方式和意识观念；居住文化的外延。[6] 在本书中，文化指的是人与自然环境相适应的过程中，形成的固有观念、制度和习俗。

7.2.2 广西西江流域范围

流域位于广西壮族自治区境内，范围为北纬 $21°35'\sim26°10'$，东经 $106°26'\sim112°04'$，流域面积为 20.24 万 km^2，约占广西总面积的 85.7%。[7] 河网水系及范围见图 7-10。本研究根据西江水系的分布特征，研究范围具体包括柳州、来宾、贺州（富川县境内的新山贵冲属长江流域）[8]、南宁（示范工程所在地）、贵港、梧州、崇左、河池、百色（除那坡县）、桂林（除灌阳、全州、资源、兴安县）10 个市行政区。下文中如无特殊说明，西江流域都特指广西西江流域。

---

① 定义来源于百度百科词条《自然环境》。定义被中国科学技术协会审核。

② Wikipedia.Lawrence Joseph Henderson[DB/OL]. https：//en.wikipedia.org/wiki/Lawrence_Joseph_Henderson，2021-03-13/2021-05-28.

③ 刘拓 . 丛书序 . 张欣 . 苗族吊脚楼传统营造技艺 [M]. 合肥：安徽科学技术出版社，2013：4.

④ 费孝通 . 乡土中国（1947）[M]. 北京：人民出版社，2008：19.

⑤ 阿摩司·拉普卜特 [美]. 宅形与文化（1969）[M]. 北京：中国建筑工业出版社，2007：1-7.

⑥ 覃彩銮 . 广西居住文化 [M]. 南宁：广西人民出版社，1996：1.

⑦ 广西地情网 . 广西最大的水系——西江水系 [DB/OL]. http://www.gxdfz.org.cn/flbg/gxzhizui/zr/201612/t20161227_35351.html，2009-03-20/2019-10-15.

⑧ 盘承和 . 富川瑶族自治县志 [M]. 南宁：广西人民出版社，1993：第一篇，第六章，第一节地表水 .

图 7-10　广西西江流域水系图[①]

7.2.3　研究对象

　　根据《关于开展传统村落调查的通知》[②]中对传统村落的定义"传统村落是指村落形成较早，拥有较丰富的传统资源，具有一定历史、文化、科学、艺术、社会、经济价值，应予以保护的村落。"可知，名录中的传统村落是地方乡土聚落的代表。

　　研究主要以《中国传统村落名录》（以下简称《名录》，截至 2017 年 12 月，共 4 批）中属广西西江流域范围内的乡土聚落为研究对象，此外还以相关文献

中提及的部分乡土聚落作为补充。由于研究的视点跨度较大，所以研究对象分为两个大类和三个层次，两个大类即基础研究对象和重点研究对象，三个层次即由代表性乡土聚落组成的乡土聚落群（宏观），典型性乡土聚落（中观）、乡土民居单体（微观）（见表 7-1）。

　　（1）基础研究对象是代表性乡土聚落，完全来源于《名录》，共 129 个，在明确的边界范围内具有代表总体的普遍性。在广西西江流域宏观视野下，根据其分布与主要自然环境因子的相关性（第 3 章探讨），

研究对象的层级　　　　　　　　　　　　　　　　　　　　　　表 7-1

视点	研究对象	属性	数量	分布	作用	来源和依据
宏观	乡土聚落群	基础研究对象	129 个	广西西江流域	聚落类型区划	以环境适应性的要求，主要来自《中国传统村落名录》
中观	乡土聚落单体	重点研究对象（分观察组与对照组）	10 个	各环境因子类型区域	提炼生态营造体系与文化	
微观	乡土建筑单体		若干			

---

① 图为改绘，底图来自《广西西江流域生态文化研究》。申扶民等 . 广西西江流域生态文化研究 [M]. 北京：中国社会科学出版社，2015.

② 中华人民共和国住房和城乡建设部 . 住房和城乡建设部、文化部、国家文物局、财政部关于开展传统村落调查的通知 [EB/OL]. http：//www.gov.cn/zwgk/2012-04/24/content_2121340.htm，2012-04-24 /2021-05-28.

筛选出其环境分别在风、降水、日照3个主导因子影响下的富川、昭平、龙州县，为观察组所在区域；分别对应选取附近3个主导因子影响较弱的八步、江南区、钟山、隆林县为对照组所在区域（其中，日照组又分干栏聚落与地居聚落两类），共7个研究子区域。

（2）重点研究对象是典型乡土聚落，属个案研究范畴，用以解释聚落对某一特定环境因子回应的现象；[1] 主要是《名录》中涉及且在7个子区域中的乡土聚落，同时根据对观察区域研究的需要，以相关文献提及的部分乡土聚落作为补充。其中观察组分别为罗旭屯（昭平，山地，降水强）和黄姚镇（昭平，盆地，降水强，非《名录》中聚落）；岔山村（富川，山地，风强，非《名录》中聚落）和福溪村（富

川，盆地，风强）；白雪屯（龙州，盆地，日照强）和板梯村（龙州，山地，日照强，非《名录》中聚落）。对照组分别为龙道村（钟山，山地，降水弱，风弱），祉洞村（八步区，盆地，降水弱，风弱），三江坡（江南区，盆地，日照弱），平流屯（隆林，山地，日照弱），共10个。重点研究对象见表7-2。

7.3　研究内容

研究内容主要可以分为四个部分：

（1）背景及技术路线·发现问题并设计解决方案

依据课题背景，并在对乡村发展、城市生态问

研究子区域中的重点研究对象　　　　　　　表7-2

| 序号 | 环境单因子控制区 | | | 地形 | 代表聚落 | 性质 | 聚落照片 | 聚落航片 | 地形环境 | 聚落区位 |
	因子	属性	区域							
1	降水	强	昭平	山地	罗旭屯	观察组				
2				盆地	黄姚镇					
3		弱	钟山	山地	龙道村	对照组				
4			八步区	盆地	祉洞村					

---

[1] "在农村聚落地理研究中，还需根据研究项目的不同目的要求，选择不同类型的聚落作为典型，进行深入调查，解剖其特性与存在问题，从典型中总结出普遍规律来。"金其铭. 农村聚落地理 [M]. 北京：科学出版社，1988：41.

序号	环境单因子控制区			地形	代表聚落	性质	聚落照片	聚落航片	地形环境	聚落区位
	因子	属性	区域							
5	风	强	富川县	山地	岔山村	观察组			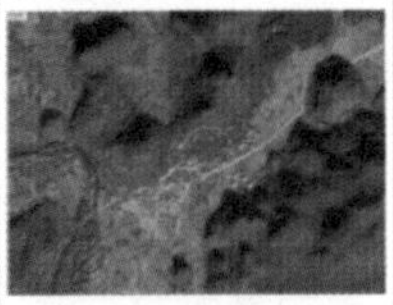	
6				盆地	福溪村			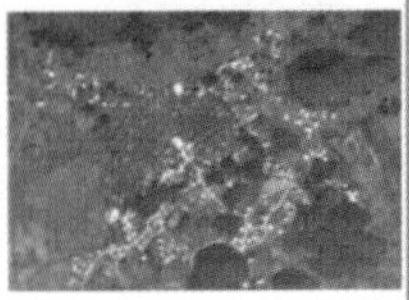		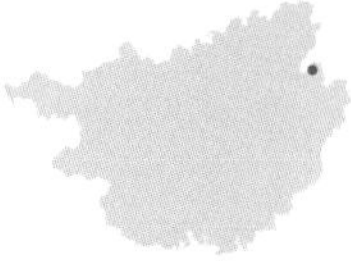
3		弱	钟山县	山地	龙道村	对照组	同 3			
4			八步区	盆地	祉洞村		同 4			
7	日照	强	龙州县	山地	板梯村	观察组		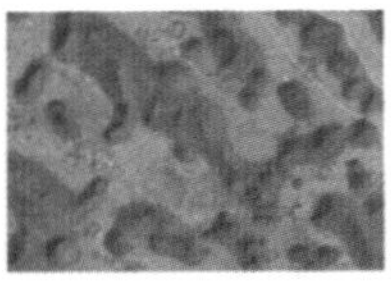		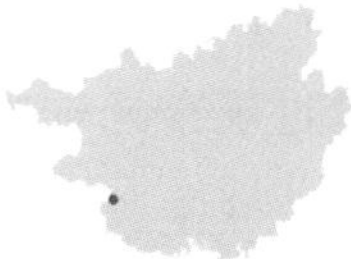
8				盆地	白雪屯			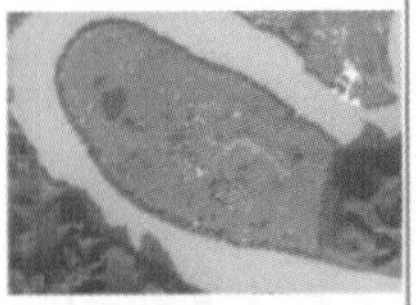	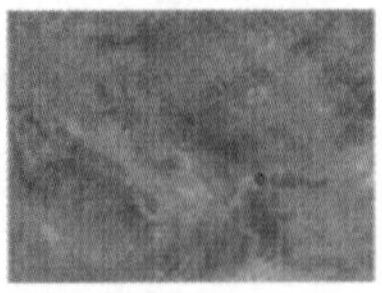	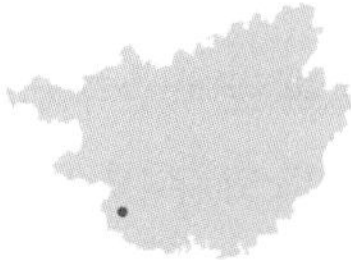
9		弱	隆林县	山地	平流屯	对照组	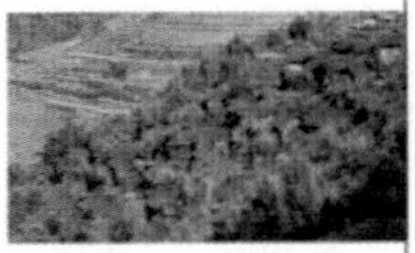	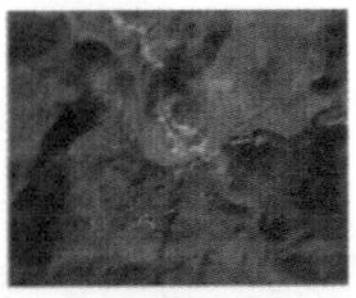	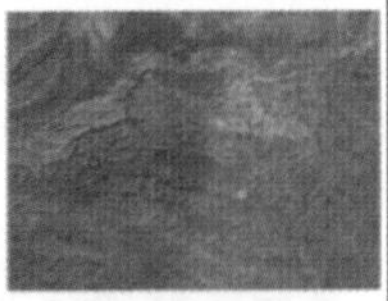	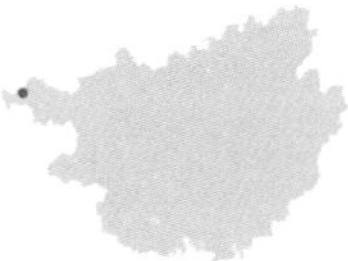
10			江南区	盆地	三江坡			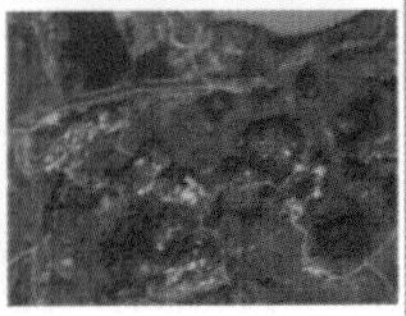	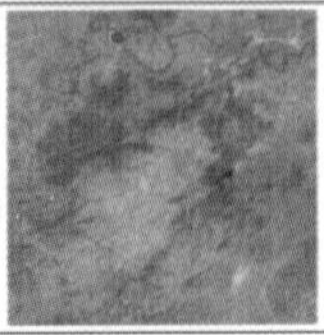	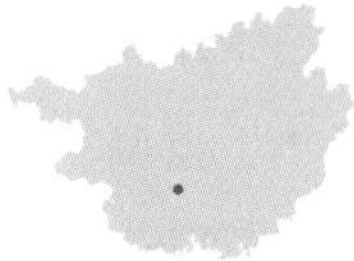

注：黄姚镇、岔山村、板梯村暂不属于《中国传统村落名录》

题的关注和相关文献综述基础上对广西西江流域乡土聚落进行生态性的研究，一方面以生态视角的研究丰富了目前该区域乡土聚落的相关研究，另一方面从中提取的生态理念、策略、措施可指导当代地区城市的生态示范工程。在对相关研究进行梳理的基础上，提出了以人类学研究框架、多学科方法达到生态学目的的研究策略，并说明了研究的意义、制定了可行的技术路线。

（2）案例筛选·宏观自然环境背景下的乡土聚落空间分布特征

我们首先通过选取《中国传统村落名录》中属于该流域范围的乡土聚落，通过谷歌地图确定每一个聚落所在的位置，绘制广西西江流域乡土聚落分布图。其次选取主要的自然环境因素，如气候因素、地理因素中的具体因子，通过文献资料以及地图的形式明确这些环境因子的宏观分布特征。最后通过环境因子分布图逐一与乡土聚落分布图的叠加及统计分析,明确与聚落分布有较强相关性的环境因子,如水流、土壤、日照、风、降水等,并绘制主要相关环境因子作用下的乡土聚落类型及其区划,[1] 主要可以分为两类,即气候主导因子影响区和气候复合因子影响区。在此基础上选择典型乡土聚落。[2][3]

(3)案例分析·乡土聚落的生态营造体系和文化

首先,我们将各气候区分为观察区和对照区。其次,通过对各个观察区和对照区中乡土聚落的分析,梳理其共性,选择典型乡土聚落做个案研究。[4]通过观察区与对照区中同地理类型的典型乡土聚落对气候主导因子回应办法的比较,归纳总结各个气候主导因子影响区域内的典型乡土聚落在选址布局、功能空间、构造材料等方面如何有效、明确地对该主导因子回应,提炼出生态理念、策略、措施。并通过分析人们在营造、使用、维护过程中产生的特有的风俗、禁忌、观念等内容,总结生态文化。

(4)结论

本书提取各主导因子区域中聚落和民居的主要生态策略及文化以应用于示范工程当中,并通过定量热工监测、性能模拟的方式证明传统生态策略与示范工程设计施工的关联性。

7.4 研究方法

(1)文献资料研究法

文献资料研究法是基础且普遍使用的研究方法。通过阅读相关文献,包括人类学、建筑学理论、自然气候、地理等方面的著作,以及各种期刊上的相关文献、相关研究成果和相关学位论文等,进行分析比对,在总结与提炼的基础上选择性地吸收,为本课题的开展与论证提供有力证据。

在本课题中,文献资料研究基本上贯穿始终,首先明确了研究对象、背景和意义,选择了研究方法,建立了研究框架。其次,各种环境因素如气候、地理、生物等的分布资料,以及乡土聚落的历史、形态、空间、文化等等方面的资料的搜集,为研究过程中的进一步论证起到了重要的指导和推进作用。

(2)地图法

地图法是人文地理学[5]传统方法,也是最基本的研究方法之一。在本研究中,首先,一方面需要收集包含有各种自然环境因子分布信息的自然地理地图,一方面绘制乡土聚落分布的人文地理地图,通过对其叠加、量算、统计,分析要素间的关系。其次,在中观和微观层面也需要利用绘制地图的方式表明聚落的形态、结构关系等。[6]

---

① 即划分调查区内调查目的所要求的不同类型。金其铭. 农村聚落地理 [M]. 北京:科学出版社,1988:42.
② "农村聚落作为人文地理学研究的组成要素之一,它经常被作为结果来加以认识,而自然要素则被作为这个结果的成因。"金其铭. 农村聚落地理 [M]. 北京:科学出版社,1988:20.
③ "把区域性作为地理学的基本特性和地理学存在的基础,指出区域间的差异和找出地域分异规律,而且不能局限于农村聚落本身这个孤立的点,还应该把农村聚落同它周围相联系的广阔地区作为一个统一整体去研究。"金其铭. 农村聚落地理 [M]. 北京:科学出版社,1988:23.
④ "选择的典型要聚落代表性:典型调查既适用于选择不同聚落,也适用于选择一个区域(一个县、一个乡)作为典型。"金其铭. 农村聚落地理 [M]. 北京:科学出版社,1988:42.
⑤ "人文地理着重研究地球表面的人类活动或人与环境的关系所形成的现象的分布与变化,它以人地关系论点作为理论基础的核心。"金其铭. 农村聚落地理 [M]. 北京:科学出版社,1988:18.
⑥ "从地图上可以清晰地反映出农村聚落的空间分布状况,直观地表示农村聚落的地域差异和现状特征,以及它与其他有关因素之间的相互联系。"金其铭. 农村聚落地理 [M]. 北京:科学出版社,1988:45.

（3）区划法

区划法属地理学方法，是指为了一定目的，根据特定条件，对某些特定的地域进行空间上的划界，其宗旨在于通过区划了解各种文化和自然现象的区域组合与差异以及发展规律。地理学通常把过大的区域划分为许多小区域以加深对区域特性的认知。[①] 在本研究中，在通过地图法叠加得到自然环境因子与乡土聚落分布的相关性之后，需要总结并绘制由相关环境因子作用下的乡土聚落类型及其区划。该区划是研究各个典型乡土聚落的基础。

（4）田野调查法

田野调查法是基础的人类学研究方法。研究需要对区划内代表性乡土聚落的自然环境、建筑环境以及人文环境进行实地调查、现场勘察测绘，通过拍照记录、绘制简图、发放问卷和重点访谈等形式去获得第一手资料。根据查阅资料可知，目前大部分的聚落相关研究并没有展开，所以通过对典型乡土聚落的田野调查获取一手资料是本研究关键且重要的部分。

（5）个案研究法

历史人类学通过对居民生活、行为的调查，对典型乡土聚落个案各个方面的记录研究，尝试解读个案之间的差别和共性，并以此阐释区域特定自然环境因子对聚落影响的机制。在个案中，共性通过个性存在，并通过个性表现出来。在本研究中，首先筛选出现象具有普遍性、特征最突出[②]的典型乡土聚落，其次通过对各主导因子区域内的典型聚落个案进行各个层面的解读，并适当将解读对象范围扩大至周边聚落，寻找差异和共性，提炼每个区域内特有的回应环境因子的营造策略和生态文化。

（6）定性分析法为主

定性研究也称作"质的研究""一般采用归纳的方法"，由于研究对象的复杂性，定性研究更适合于复杂性社会问题的探索，同时也由于研究精力有限，采用非定量研究，可有效利用资源、提高研究效率。在本研究中，首先在资料收集、方法、理论框架上主要借鉴人类学；其次通过田野观察和参与收集资料，对乡村进行实地考察和体验；最后在提炼生态营造策略和文化的分析过程中，也主要采用了定性的分析方法而不是靠检测、计算、模拟获得精确数据。

定量分析主要在两处使用。一是在确定聚落区划之前利用气象、地理等环境数据以及谷歌地图精确的乡土聚落定位；二是在田野调查过程中测绘得到一手数据并将其应用在建模、绘制平面底图中。

（7）比较分析法

在本研究中主要是比较典型乡土聚落即观察组与对照组分别在相同影响因子不同强度的条件下的差异与共性，得出聚落对各种气候因子的回应理念、策略、措施。

（8）归纳分析法

在文献资料、田野调查等信息收集并加以分析的基础上，首先需要就若干个代表性聚落在选址布局、功能空间、构造材料等方面对回应自然因子的理念、策略、措施进行归纳；其次还要对当地风俗、禁忌、观念加以甄别，归纳出特定的地区生态文化。

7.5 研究框架

研究以多学科的综合研究方法和相关研究成果，

① 李晓峰. 乡土建筑—跨学科研究理论与方法 [M]. 北京：中国建筑工业出版社，2005：133.
② 王宁. 代表性还是典型性？——个案的属性与个案研究方法的逻辑基础 [J]. 社会学研究，2002（5）：123–125.

解决生态学问题。首先要明确宏观区域内影响乡土聚落的主导环境因子并制定相应的聚落类型区划；其次，将研究对象即代表性乡土聚落分为观察组和对照组。通过比较各个观察组和对照组对不同强度相同气候主导因子的回应办法，归纳总结各个气候主导因子影响区域内的代表性乡土聚落在选址布局、功能空间、构造材料等方面如何有效、明确地对该主导因子进行回应，提炼出生态理念、策略、措施，并通过分析人们在营造、使用、维护过程中产生的特有的风俗、禁忌、观念等内容，总结生态文化。将从各主导因子区域中提炼的主要生态策略及文化应用于示范工程当中，并通过定量热工监测、性能模拟的方式证明传统生态策略与示范工程设计施工的关联性（图7-11）。

图7-11 技术路线图

第8章

广西西江流域民居调研案例选择

8.1　广西西江流域的代表性乡土聚落

动态演进的乡土聚落蕴含着丰富的历史信息和文化景观,[①] 是地方农耕文明留下的遗产,也是一代代住民生产、生活历程的物质记录,其使用与保护同时进行。2012 年,住房和城乡建设部、文化和旅游部、国家文物局、财政部联合成立了专家委员会,以促进传统聚落的保护和发展为目标,以建筑环境、建筑风貌、村落选址未有大的变动,具有独特民俗民风,虽经历久远年代,但至今仍为人们服务的村落为筛选原则,在全国范围内选取了 3000 多个聚落(截至 2017 年 11 月,共四批),编入《中国传统村落名录》加以保护。

本书研究选取《名录》中属广西西江流域内的村落即流域的代表性乡土聚落作为宏观层面的基础研究对象。《名录》中,属于广西西江流域地区的

乡土聚落共计 129 个,约占广西聚落数量的 80%,与实际流域占地面积比值相当。

首先根据代表性聚落的选址,将其一一落于地图上,得到聚落分布图(图 8-1),再通过网络收集相关信息,制作《广西西江流域代表性乡土聚落概况表》,进一步得到聚落地理类型图、聚落气候类型图[②]、聚落民族类型图、民居构造类型图(图 8-2~图 8-5)。可知,代表性聚落空间分布呈现东多西少、北多南少的特点;拥有包括汉、壮、侗、苗、瑶等多民族聚落类型。现状的汉族聚落主要保留明清时期的乡土建筑;在百越民族的聚落中,尤其是部分的壮、瑶族聚落已经汉化,其民居也采用汉式砖木地居形制,而桂北、桂西北等地的壮、侗民族世居聚落依然保持着自身的文化特色,至今仍采用传统的营造技艺建造木构干栏民居。

[①] "农村聚落,无论是它的形态、结构,还是它的规模、性质,都不是一成不变,它总是处于不断的演化和发展之中。"金其铭. 农村聚落地理 [M]. 北京:科学出版社,1988:23.

[②] 气候区划引用自《广西气候区划》。况雪源,苏志,涂方旭. 广西气候区划 [J]. 广西科学,2007,3(14):278-283.

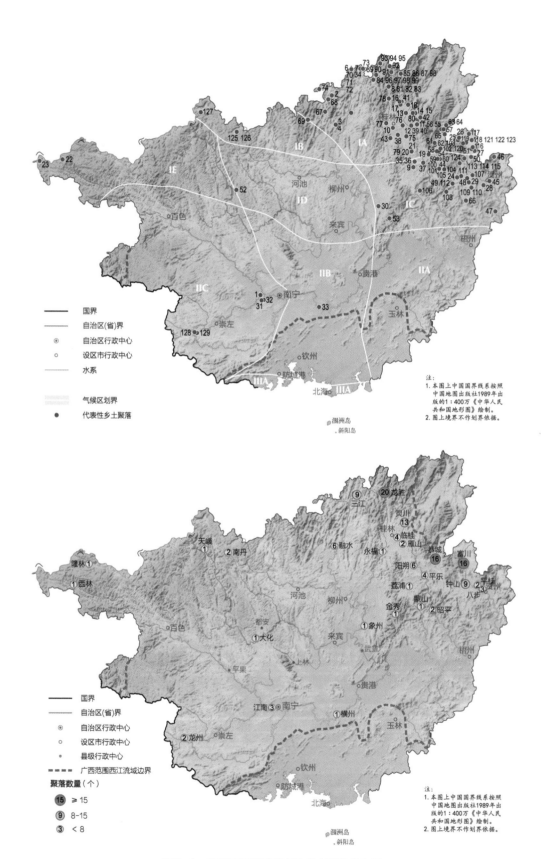

图 8-1　广西西江流域代表性乡土聚落分布图

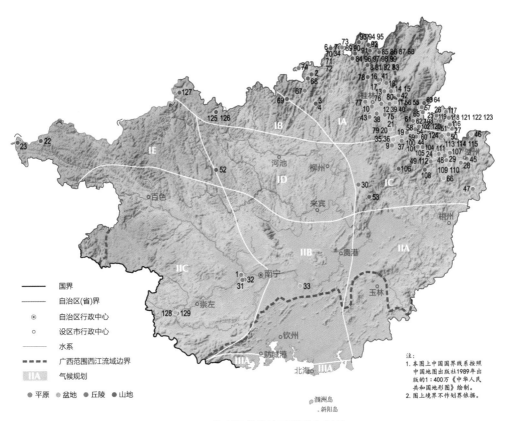

图 8-2　代表聚落的地理类型分布图

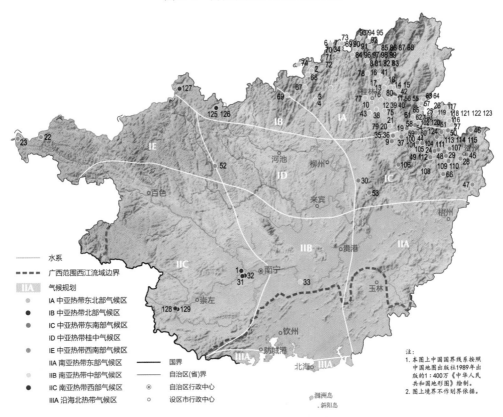

图 8-3　代表聚落的气候类型分布图

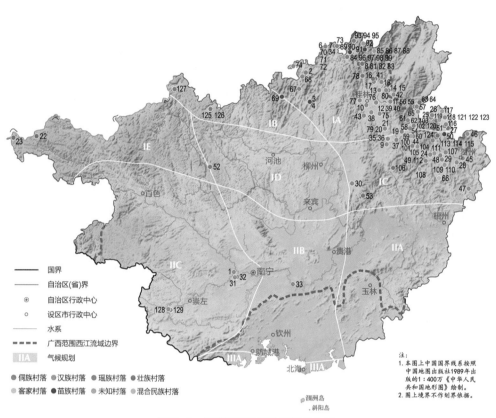

图 8-4　代表聚落的民族类型分布图

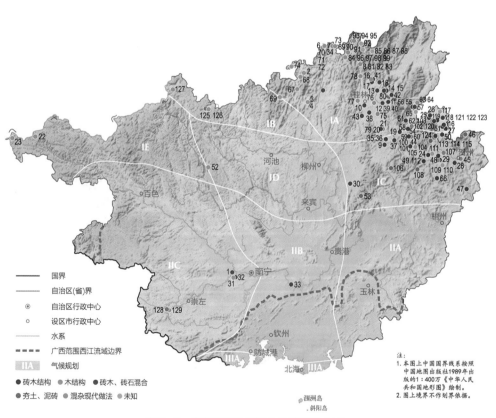

图 8-5　代表聚落的民居构造类型分布图

8.2　代表聚落分布与自然环境因子的关系

8.2.1　地理条件

区域地形属云贵高原向东南沿海的过渡地带，地处两广丘陵西部，南临北部湾海面，具有山地多、溶岩多等独特地形地貌特点，是一个西北高、东南低的倾斜盆地。

（1）山脉

广西地区山地丘陵面积共占土地面积的 71.23%。[①] 总体上看，其周边主要分布四组山脉，即桂东北边缘山脉、桂南边缘山脉、桂西北边缘山脉、桂北边缘山脉；中部分布由东北—西南走向的架桥岭、大瑶山，和西北—东南走向的都阳山、大明山组成弧形山脉。[②]

（2）平原

流域范围内的平原可分为溶蚀平原和冲积平原。溶蚀平原以柳州为中心的桂中平原为代表；冲积平原面积狭小且零星分布，约占总面积的 14%，[③] 主要分布于沿河一带，如右江平原、郁江平原、浔江平原和南流江平原等。

将流域地形及山脉结构分布图与代表性乡土聚落空间分布图叠加，得到地形—代表聚落分布关系图，见图 8-6。可知，总体上，桂湘走廊的河谷、盆地、丘陵是代表聚落的主要集中区。山地聚落主要集中在桂北的大苗山、十里大南山山区。

（3）岩溶

岩溶地貌，亦称喀斯特地貌，由石灰岩经过溶解侵蚀形成。岩溶地貌地区往往石多土少，易旱易涝，不利于发展传统农耕。据统计，广西地区裸露的岩溶面积占土地面积的 30.05%（其余地区为土山地貌）。根据水文条件及形态结构，可将岩溶地貌分为桂西北地区的峰丛洼地、桂东南地区的峰林谷地和残峰平原三种类型。

其中峰丛圆洼地地区缺少地表河同时地下水埋藏较深，且可作为耕地的圆洼地布局分散，土层较薄；峰林谷地地区多数已经有地表河系且地下水埋深较浅，有的地区地势平坦土层深厚；残峰平原地表河系发达，土地集中，往往已经发育出较厚、肥沃的土层。

将流域地貌分布图与代表性乡土聚落空间分布图叠加，得到地貌—代表聚落分布关系图，见图 8-7。可知，代表聚落较少分布于峰丛圆洼地。

（4）水系

该流域丰富的降水除少量蒸发以外，主要通过地表径流和地下暗河流入江河。受地形的影响，水系从西北流向东南，其干流横贯其间，支流则分布两侧，形成以梧州为总出口的树枝状水系。其中，桂江上游和柳江中上游是广西的多雨区域，所以两支流的相对流量（即每平方米地面流出的水量）最丰富。[④]

将流域主要水系分布图与代表性乡土聚落空间分布图叠加，得到水系—代表聚落分布关系图，见图 8-8。可知，代表聚落多集中在柳江、漓江、贺江流域中上游。

（5）土壤与植被

地区土壤的成土过程主要是土壤富铝化过程和生物富集过程，是地质大循环和生物小循环长期矛盾作用的结果（图 8-10）。

广西地区的土壤表现出明显的水平（纬度）地

---

① 广西壮族自治区气候中心. 广西气候 [M]. 北京：气象出版社，2007：1-2.
② 廖文新，赵思林. 广西自然地理知识 [M]. 南宁：广西人民出版社，1978：6-15.
③ 熊伟. 广西传统乡土建筑文化研究 [D]. 广州：华南理工大学博士学位论文，2012：18.
④ 廖文新，赵思林. 广西自然地理知识 [M]. 南宁：广西人民出版社，1978：68.

带性差异和垂直（海拔）地带性差异。水平地带性土壤分布，从南至北分为3个区域，分别为地处北纬22°线以南的沿海地区，土壤类型主要为砖红壤；地处北纬22°~22°30′之间的南亚热带地区，主要为赤红壤；地处北纬23°30′一线附近以北的亚热带季风气候地区，主要为红壤。此外，桂北山区散点分布着黄壤；桂西北山区集中分布高山草甸土；岩溶地区有石灰岩土、复钙红黏土、硅质白粉土；部分河道周围有新积土和水成土。此外桂东北桂湘走廊一带、桂中的贵港周边是水稻土的主要集中区，另外桂西山区也有分布。水稻土的形成与地区住民长期种植水稻有关。

土壤水平地带性差异划分出的三个区域构成了垂直地带性差异的三个基带。山地在各自基带土壤上随着山体海拔的升高，分别形成了三种不同的垂直地带谱，即砖红壤（砖红壤—山地砖红壤）—山地赤红壤—山地红壤—山地黄壤—山地草甸土；赤红壤（赤红壤—山地赤红壤）—山地红壤—山地黄红壤（过渡类型）—山地黄壤—山地漂白黄壤—山地漂白黄壤和表潜黄壤；红壤（红壤—山地红壤）—山地黄红壤—山地黄壤—山地漂白黄壤—山地准黄壤。[1]

砖红壤地区气候高温多雨，干湿季节明显。原生植被为热带雨林或季雨林，目前以次生及人工植被为主，次生植被包括蕨类、藤类、油桐等；人工植被主要为橡胶树，主要作物为甘蔗、胡椒、茴香、菠萝等。

赤红壤地区的气候特征在高温炎热的半湿润及湿润之间。原生植被为季风常绿阔叶林，目前演替为灌丛草地，有的地区已变为材林、南亚热带作物林，如松、杉、龙眼、荔枝、甘蔗等。

红壤地区受季风气候控制，体现为高温多雨、湿热同季、干湿季节交替的特点。原生植物主要以栲、栎等种属及山茶科的木荷为主，山地有针叶阔叶混交林，目前演替为人工栽培的杉、竹、油茶、油桐经济林木，主要作物有茶叶、柑橘等。该土壤类型地处水热条件优越的地区，植物生长量大，生物积累快，适于多种林木、果树和农作物发展。

黄红壤属山地垂直带谱中的一种类型（位于海拔400~900m的山地区域，气候温凉，气温低于红壤高于黄壤地区，湿度则反之），属于红壤和黄壤之间的过渡类型。该地区的自然植被为常绿阔叶林及针叶阔叶混交林，多以松、杉、竹及草本灌木（药材等）为主。表土有机质含量高，是适宜多种树木生长的土壤。

黄壤是山地垂直带谱中的另一类型（位于海拔800~1400m的山地区域，地区云雾多、光照少、湿度大），分布于桂西北、桂东北、桂中等的山地。该地区树种丰富，灌木、草本植物种类多样，如栲、槠、栎、樟、松、竹等。[2]

将流域土壤类型分布图与代表性乡土聚落空间分布图叠加，得到土壤类型-代表聚落分布关系图，见图8-9。可知，高山草甸土壤区内代表聚落分布较少，代表聚落分布较多的地区土壤以红壤类型为主，同时也是水稻土的集中区。

8.2.2 气候条件

较全国而言，该地区属低纬地区，热量和降水都比较丰富，夏季炎热多雨，冬季温暖干燥，年平均气温在20℃上下。地区气候受地理环境和大气环

① 陈作雄.论广西土壤的垂直地带性分布规律[J].广西师范学院学报（自然科学版），2003，20（1）：66-72.
② 周清湘等.广西土壤[M].南宁：广西科学技术出版社，1994：68-148.

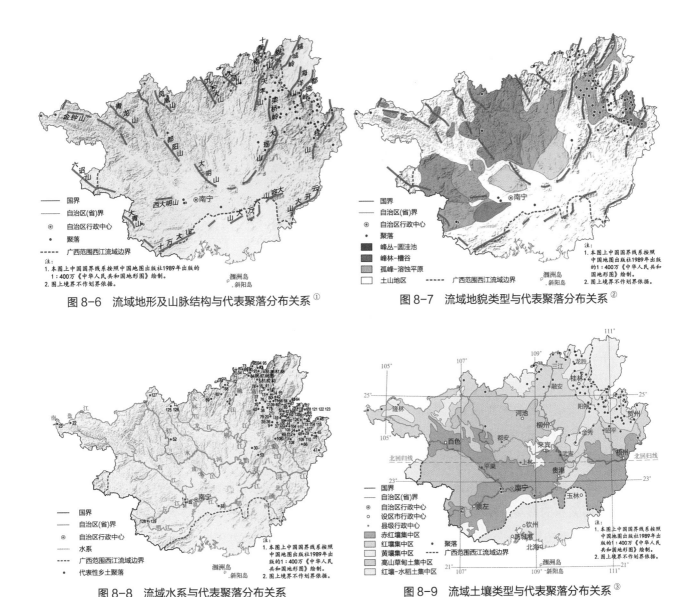

图 8-6　流域地形及山脉结构与代表聚落分布关系[①]

图 8-7　流域地貌类型与代表聚落分布关系[②]

图 8-8　流域水系与代表聚落分布关系

图 8-9　流域土壤类型与代表聚落分布关系[③]

流等因素的影响总体上呈现的特点如下：

（1）从地域空间上看，南北气候差异主要体现在温度方面，东西气候差异主要体现在降水方面。北部夏热冬冷、四季分明；南部夏长冬短。东部的降水量多于西部，且以桂东南为代表，东部地区雨季早于西部。

（2）从垂直空间（海拔）上看，气温随着海拔增高而降低，海拔每升高 100m 气温约降低 0.6℃。

（3）局部地区在特殊地形作用下产生特殊气候。

①受云贵高原阻滞南下冷空气的影响，桂西地区在同海拔、纬度条件下气温高于东部。

②受山形布局对气流引导作用的影响，桂湘走

① 改绘自《广西自然地理知识》中的《广西地形及山脉结构图》。廖文新，赵思林. 广西自然地理知识 [M]. 南宁：广西人民出版社，1978：9.
② 改绘自《广西自然地理知识》中的《广西岩溶分布图》。廖文新，赵思林. 广西自然地理知识 [M]. 南宁：广西人民出版社，1978：18.
③ 图片改绘自《广西壮族自治区土壤分布图》。周清湘等. 广西土壤 [M]. 南宁：广西科学技术出版社，1994：68-148.

| 云南，赤红壤 | 云南，红壤 | 广西，黄壤 |
| 广东，水稻土 | 吉林，新积土 | 云南，石灰岩土 |

图 8-10　部分土壤的样本 [1]

廊是冷空气入侵该地区的主要通道；九洲江谷地和西江谷地则是暖湿气流过境的通道。

③受区域内地形以及北部湾海洋综合因素的影响，区域内降水在时空分布上不均衡。

④受云雨累积的影响，各地区到达地面的太阳热辐射量和时间存在差异。

8.2.2.1　降水

空间方面，存在两个多雨区和三个少雨区。十万大山南侧的东兴至钦州一带，以大瑶山东侧的昭平为中心的金秀、象山一带，以越城岭至元宝山东南侧的永福为中心的兴安、灵川、桂林、临桂、融安、融水等地，年降水量多达 1900mm 及以上。以宣武为中心的黔江河谷，以宁明为中心的右江河谷至邕宁一带和以田阳为中心的右江河谷及其上游一带，年降水量只有 1080~1800mm。[2]

降水的时空分布不均，流域境内干湿季分明，各个地区也有所区别。根据相关分析，桂东北、桂北山区、大瑶山区、大明山区等地，湿润期几乎长达全年，适宜杉木、毛竹等喜湿喜阴的竹木生长，也适宜家畜的体内代谢和增重；桂东、桂南地区 10~12 月为半湿润，有利秋收、犁田晒冬和甘蔗糖分积累。在大明山以西的桂西地区，和鹿寨、象州、来宾、武宜、贵县等地，每年约有 4~6 个月属干旱或半干旱时期，是广西旱作或水旱轮作的主要地区。[3]

将流域年降水量分布图与代表性乡土聚落空间分布图叠加，得到年降雨量—代表聚落分布关系图，见图 8-11。可知，代表聚落分布较多的地区年降雨量在 1500~1700mm 之间。

---

① 图片拍摄自"土生土长—生土建筑实践京港双城展"。土生土长—生土建筑实践京港双城展 [Z]. 北京：北京建筑大学，2017-09-16~2017-11-06.
② 广西壮族自治区气候中心广西气候 [M]. 北京：气象出版社，2007：25-31.
③ 农业气候区划协作组 . 广西农业气候资源分析与利用 [M]. 北京：气象出版社，1988：22-34.

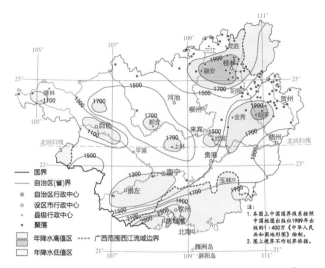

图 8-11　流域年降水量（mm）与代表聚落分布关系①

图 8-12　流域年太阳总辐射量（MJ/m²）与代表聚落分布关系③

8.2.2.2　光照

该地区的太阳热辐射和日照时数的特点是南部多、西部少；河谷平原多、山区少；背风坡多、迎风坡少。区域内存在三个低值区和三个高值区。位于都阳山南侧（迎风坡）的都安、大瑶山中部的金秀、桂北边缘山区，年太阳总辐射不足 4000MJ/m²，年日照时数在 1400 小时以下。② 位于右江河谷的百色、崇左、南宁、梧州等地区年太阳辐射均大于 4600MJ/m²，年日照时数约为 1800 小时。

广西太阳辐射的年振幅（最大月值与最小月值之差）为 5~9kcal/cm²，最大月辐射量是最小月的 2~3 倍。年振幅最大是桂林、柳州等地，最小是百色、南宁等地。

将流域年太阳总辐射量图、日照时数图分别与代表性乡土聚落空间分布图叠加，得到年太阳总辐射量—代表聚落分布关系图、年日照时数—代表聚

图 8-13　流域年日照时数（H）与代表聚落分布关系④

落分布关系图，见图 8-12、图 8-13。

可知，位于左江河谷的上思地区在以上两个指标中都属于高值区，是日照的高值区。代表聚落分布普遍处于年日照总辐射量 4000~4200MJ/m² 之间，年日照时数在 1500~1600 小时之间的地区。

① 图片改绘自：广西壮族自治区气候中心 . 广西气候 [M]. 北京：气象出版社，2007：26.
② 广西壮族自治区气候中心 . 广西气候 [M]. 北京：气象出版社，2007：6-8.
③ 图片改绘自：广西壮族自治区气候中心 . 广西气候 [M]. 北京：气象出版社，2007：7.
④ 图片改绘自：广西壮族自治区气候中心 . 广西气候 [M]. 北京：气象出版社，2007：19.

8.2.2.3　热量

由于纬度和海拔的差异，山区和平原的温差较大。桂北、大瑶山、乐业三个地区的年平均气温最低，为 17~18℃（最冷月为一月，月平均气温是 8~9℃；最热月为八月，月平均气温是 24~27℃）；其余地区普遍在 19~21℃（最冷月为一月，月平均气温是 10~12℃；最热月为八月，月平均气温是 28℃）。

左、右江河谷和南宁盆地一年中有 20~44 天日均温度大于 35℃的极热天气，导致"长夏无冬"；桂北、大瑶山、乐业、南丹等地区的极热天气不多于 20 天，大瑶山和乐业甚至不存在极热天气，夏季持续期缩短至 4 个月左右，冬季持续期相应增加 2~3 个月，有利于发展喜凉林木、果树、药材、牧草和食草性畜等。

将流域年平均气温图、极端天气日数图分别与代表性乡土聚落空间分布图叠加，得到年平均气温—代表聚落分布关系图、极端天气日数—代表聚落分布关系图，见图 8-14、图 8-15。可知代表性聚落分布多集中在年均气温在 18~20℃之间的地区，年平均日气温 ≥ 35℃日数多在 20 天左右。

8.2.2.4　风向与风速

风受地理环境的影响明显，其分布特征是在地形开阔的地方，风力较丰富；反之较少。其中，以十万大山—大明山—大苗山一线和云开大山—大容山一线之间所夹的范围为该区域冬季风南下、夏季风北上的主要通道，该区域年平均风速在 2~3m/s。[3][4]富川、桂湘走廊等地是风能资源最为优越的地区，桂西山区风能资源相对较少，部分地区（如崇左）年平均风速不足 1m/s。

地区风向受地形影响很大，同时也随季节变化。总体上，地区风向冬半年盛行偏北及偏东风；夏半年盛行偏南风，多数为东南风。[5]盛行风向频率在 10%~25% 之间。

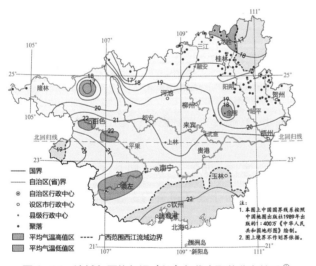

图 8-14　流域年平均气温（℃）与代表聚落分布关系 [1]

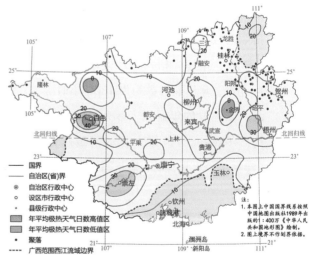

图 8-15　流域年平均日气温 ≥ 35℃日数与代表聚落分布关系 [2]

① 图片改绘自：广西壮族自治区气候中心.广西气候 [M].北京：气象出版社，2007：21.
② 图片改绘自：农业气候区划协作组.广西农业气候资源分析与利用 [M].北京：气象出版社，1988：15 页.
③ 地方志编纂委员会.广西通志·地理志 [M].南宁：广西人民出版社，1996：141.
④ 农业气候区划协作组.广西农业气候资源分析与利用 [M].北京：气象出版社，1988：37-38.
⑤ 赵瑞卿等.广西气候区划 [M].广州：中国科学院华南热带生物资源综合考察队，1963：33-37.

将流域年有效风速频率分布与代表性乡土聚落空间分布叠加，得到年有效风速频率 – 聚落分布关系图，见图 8-16。可知，代表聚落普遍分布在年有效风速频率 10% 以上的地区。

8.2.3 自然灾害

流域内的主要自然灾害有旱灾、暴雨、洪涝（及其次生灾害如山崩泥石流等）、大风、雷暴、寒露风、寒冻害、地震等等，此外还有蝗灾等虫灾。其中旱灾、暴雨、洪涝、大风是地区主要的自然灾害，现就对其逐一说明。

8.2.3.1 旱灾

干旱按发生季节划分，有春旱、夏旱、秋旱和冬旱。冬旱对农作物的影响较小，夏旱发生的几率较小。而春旱和秋旱分别影响春种计划和作物收成，且发生几率较高。

春旱的地域差异明显，特征是发生频率由桂西南至桂东南逐渐减小。秋旱的地域分布与春旱相反，即发生频率桂东高于桂西，桂北高于桂南。具体而言有 3 个高值区：①以全州、兴安为中心的桂东北秋旱区；②以柳州及其附近的桂中秋旱区；③以扶绥为中心的桂南秋旱区。

将流域旱作春旱频率（%）分布（水稻春旱频率与其类似，但是大部分地区发生频率更高）、秋旱频率分布与代表性乡土聚落空间分布叠加，得到旱作春旱频率 – 代表聚落分布关系图、秋旱频率 – 代表聚落分布关系图，见图 8-17、图 8-18。可知，代表聚落分布较多的地区春旱发生频率小于 20%，秋旱发生频率大于 80%。

8.2.3.2 暴雨与洪涝

造成洪涝灾害的重要原因是暴雨。就该区域来看，主要存在 4 个暴雨集中区：①桂北多暴雨区；②桂东多暴雨区；③桂西多暴雨区；④桂中（来宾）多暴雨区。

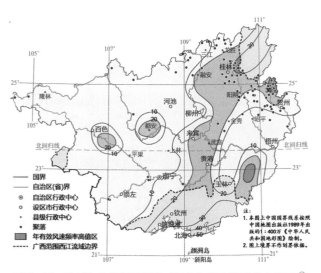

图 8-16 流域年有效风速频率（%）与代表聚落分布关系[①]

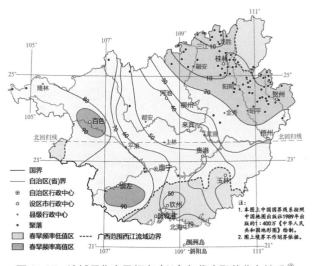

图 8-17 流域旱作春旱频率（%）与代表聚落分布关系[②]

---

① 图片改绘自：农业气候区划协作组 . 广西农业气候资源分析与利用 [M]. 北京：气象出版社，1988：37.
② 图片改绘自：广西壮族自治区气候中心 . 广西气候 [M]. 北京：气象出版社，2007：33.

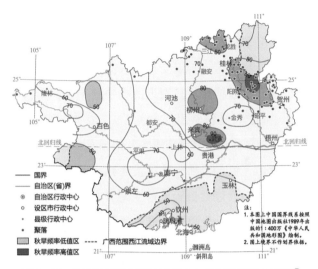

图8-18 西江流域秋旱频率（%）与代表聚落分布关系[1]

每年4~9月是该地区发生洪涝灾害的集中时期。洪涝灾害发生的几率全区总体上都比较高。几率在80%以上主要集中在3个区，①融安、融水、永福等地；②巴马、都安等地；③左江河谷（崇左）等地，堪称该地区的洪涝中心。

将流域最大暴雨量（mm）分布图、流域洪涝频率（%）分布图与代表性乡土聚落空间分布叠加，得到流域最大暴雨量 – 代表聚落分布关系图、流域洪涝频率（%）–聚落分布关系图，见图8-19、图8-20。可知，大部分代表聚落分布的地区最大暴雨量在200~300mm之间，洪涝发生的频率小于60%。

8.2.3.3 大风

一日中出现瞬时风速大于17m/s（≥8级）即统计为大风日。该地区大风可以分为三种类型：一是冬、春季强冷空气南下的大风；二是台风环流产生的大风；三是春、夏季热对流产生的短时雷雨大风。全区各地都有大风天气，其中南部和以桂林为中心的桂湘走廊分别是夏、秋季台风侵袭的地区和冬季冷空气南下的主要通道，是大风天气的主要集中区。

该地区大风的月际变化大体呈现"双峰型"，即每年4、7月达到大风的峰值，12月降到最低值。但各地的变化特征不完全相同，桂北（桂林）地区最高值出现在4月，最低值出现在9月，月际变化

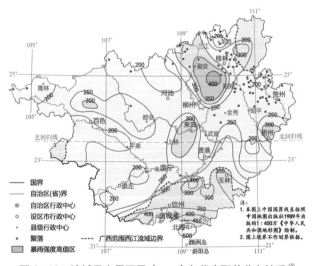

图8-19 流域最大暴雨量（mm）与代表聚落分布关系[2]

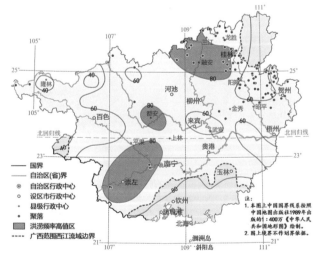

图8-20 流域洪涝频率（%）与代表聚落分布关系[3]

[1] 图片改绘自：广西壮族自治区气候中心. 广西气候 [M]. 北京：气象出版社，2007：37.
[2] 图片改绘自：广西壮族自治区气候中心. 广西气候 [M]. 北京：气象出版社，2007：44.
[3] 图片改绘自：广西壮族自治区气候中心. 广西气候 [M]. 北京：气象出版社，2007：45.

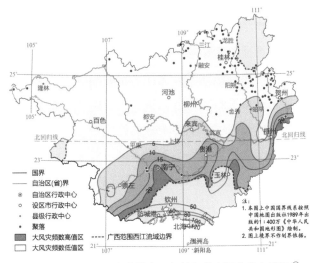

图 8-21　流域台风灾害性大风频数与代表聚落分布关系[1]

振幅小；桂中（柳州、河池地区）变化与全区相似；桂西（百色地区）与桂北相似，但振幅较大，最低值出现在 12 月；桂南（南宁）地区"双峰"不明显，最高值出现在且集中在 7、8 月。

将周惠文等（2007）根据 1960~1999 年台风、大风资料绘制的《广西台风灾害性大风频数等值线分布图》[2] 与代表性乡土聚落空间分布叠加，得到流域台风灾害性大风频数—聚落分布关系图，见图 8-21。可知，大部分代表聚落分布的地区大风灾害发生的频数小于 5 次（1960~1999 年）。

8.3　代表乡土聚落分布特征

根据图 8-6~ 图 8-9 可知，代表聚落多集中在的地形平缓、土层较厚、水系丰富的地区，较少集中在峰丛圆洼地等极端地理环境区。

根据图 8-15、图 8-19、图 8-20、图 8-21 可知，代表聚落较少分布在极热、暴雨、洪涝、大风等主要的自然灾害发生频率较高的地区。

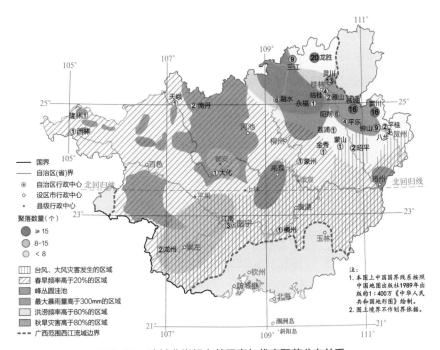

图 8-22　流域非常规自然因素与代表聚落分布关系

---

① 图片改绘自《广西台风灾害性大风的气候特征》。周惠文，陈冰廉，苏兆达等. 广西台风灾害性大风的气候特征 [J]. 灾害学，2007，22（1）：14.
② 周惠文，陈冰廉，苏兆达等. 广西台风灾害性大风的气候特征 [J]. 灾害学，2007，22（1）：13-17.

根据图 8-17~ 图 8-18 可知，代表聚落集中在春旱发生频率较小、秋旱发生频率高的地区，原因可以推断是由于人为的措施较难避免春旱，但可以通过建立完善的水利灌溉系统[①]、更改作物品种在一定程度上避免秋旱。

综合可知，代表性聚落在宏观分布上较少分布于极端地理、气候区域，在自然环境适应性视角下代表聚落具有常规的普遍性（图 8-22）。

此外，代表聚落分布与日照辐射量、降雨量、风力、气温之间相关性较强（图 8-10~ 图 8-16，气温与日照辐射量的分布规律相似），下文将主要针对日照、风力、降雨做进一步的研究。

8.4 主要气候因子影响下的乡土聚落类型区划

区划是地理学的研究方法，根据特定条件对特定地域进行空间上的划界。宗旨在于通过区划了解各种文化和自然现象的区域组合与差异以及发展规律。"地理学的最终目的在于认识区域的特性。而对于区域特性的认识，往往是通过把过大的区域划分为许多小区域的方式进行的。"[②③]

研究通过上节各环境因子与代表聚落分布的叠加关系，筛选出相关性强的气候因子，并根据气候因子绘制主要气候因子影响下的聚落类型区划（图 8-23），以探寻聚落对各主导气候因子回应的策略。具体步骤是①绘制《区划》明确聚落分区，主要有主导气候因子影响区（含高值区）和复合因子影响区、"空白区"三类；②初步识别主导气候

因子影响区域中聚落的共性；③从主导气候因子高值区中选择典型聚落（观察组）进行个案分析。由于聚落可能兼受地区文化等因素的影响，表现出非自然因素直接影响的文化特性，所以再从典型聚落周边受主导气候因子影响较弱的区域（对照区）中选择典型聚落（对照组），一强一弱进行比较，识别提炼出聚落对各主导气候因子回应的策略。

8.4.1 各区域的环境特征

《区划》中，主要有受风、雨、日照（太阳辐射）气候因子影响的三个气候主导因子影响区及其综合影响的复合区。

其中，主导风力因子影响区的气候特征是年有效风速频率大于 20%，年太阳总辐射量小于 4600MJ/m²，年降雨量小于 1700mm，主要集中于桂湘走廊、十万大山—大明山—大苗山一线和云开大山—大容山一线之间所夹的范围；主导降雨因子影响区的气候特征是年降雨量大于 1700mm，年太阳总辐射量小于 4600MJ/m²，年有效风速频率小于 20%，主要集中在昭平—蒙山—金秀一带和上林等地；主导日照因子影响区的气候特征是年太阳总辐射量大于 4600MJ/m²，年降雨量大于 1700mm，年有效风速频率小于 20%，主要集中在东部的梧州、右江河谷的百色、崇左市东南部的上思等地。

在风力影响区中，年有效风速频率大于 30% 为风力因子高值区，集中在富川县境内；在降雨影响区中，年降雨量大于 1900mm 的为降雨因子高值区，集中在昭平县境内；在日照影响区中，年太阳总辐

① 蒋江生.漓江流域古村落研究 [D]. 杭州：浙江工业大学硕士学位论文，2013：48-53.
② 李晓峰.乡土建筑－跨学科研究理论与方法 [M]. 北京：中国建筑工业出版社，2005：133-142.
③ "农村聚落的地域分异现象是一种客观存在，不同地区农村的房屋结构形式、村落形态都有明显差异，存在各种不同的农村聚落类型。"
   金其铭.农村聚落地理 [M]. 北京：科学出版社，1988：7.

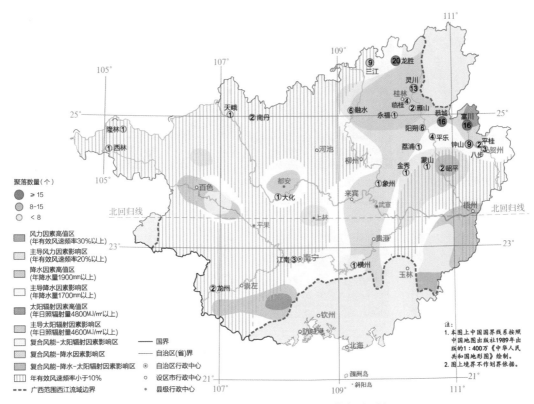

图 8-23　主要气候因子影响下的聚落类型区划

射量大于 4800MJ/m² 为太阳辐射高值区，集中在上思县境内（由于上思境内无代表聚落分布，下文将以同纬度的龙州县作为替代进行研究）。

另外，还有复合因子影响区，主要有风力—降水，风力—太阳辐射，风力—降水—太阳辐射三类。风力—降水复合区即年有效风速频率大于 20%、年降雨量 1700mm 以上，年太阳辐射量小于 4600MJ/m² 的区域，主要集中在都安、桂林等地；风力—日照复合区即年有效风速频率大于 20%、年太阳辐射量大于 4600MJ/m²、年降雨量小于 1700mm 的区域，主要集中在右江河谷的田阳县、邕江流域的横县、北流江流域的容县等地；风力—降水—日照复合区即年有效风速频率大于 20%、年太阳辐射量大于 4600MJ/m²、年降雨量大于 1700mm 的区域，位于北流市南部的平政镇周边。

桂西北、中北部地区年有效风速频率小于

20%、年太阳辐射量小于 4600MJ/m²、年降雨量小于 1700mm 的区域（"空白区"），比如桂中北部的柳江流域、河池周边的岩溶地区等等。

8.4.2　各主导气候因子高值区的代表聚落特征

8.4.2.1　主导风力因子高值区

通过对主导风力高值区域内代表聚落的初步观察，可以发现聚落形态多为梳型结构，即民居组团被多条相对平行的巷道划分成规整小片区，巷道连接前方主街，街巷基本为垂直关系；民居则多为硬山砖木地居。桂林市灌阳县属长江流域范围，与西江流域的富川县一样主要受主导风力影响且属于年有效风速频率大于 30% 的地区（高值区），两区域内的代表聚落表现出如上的相似性（图 8-24~图 8-27）。

金钟山
南宁
自治区行政中心
风力高值区
1 灌阳县(长江流域)
2 富川县
广西范围西江流域边界
涠洲岛
斜阳岛

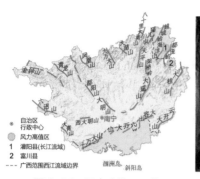

图 8-24　风力高值区区位

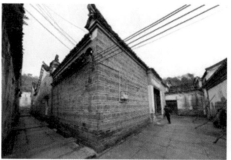

图 8-25　灌阳县月岭村民居 ①

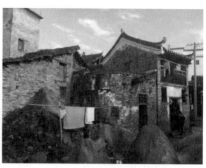

图 8-26　富川县福溪村民居

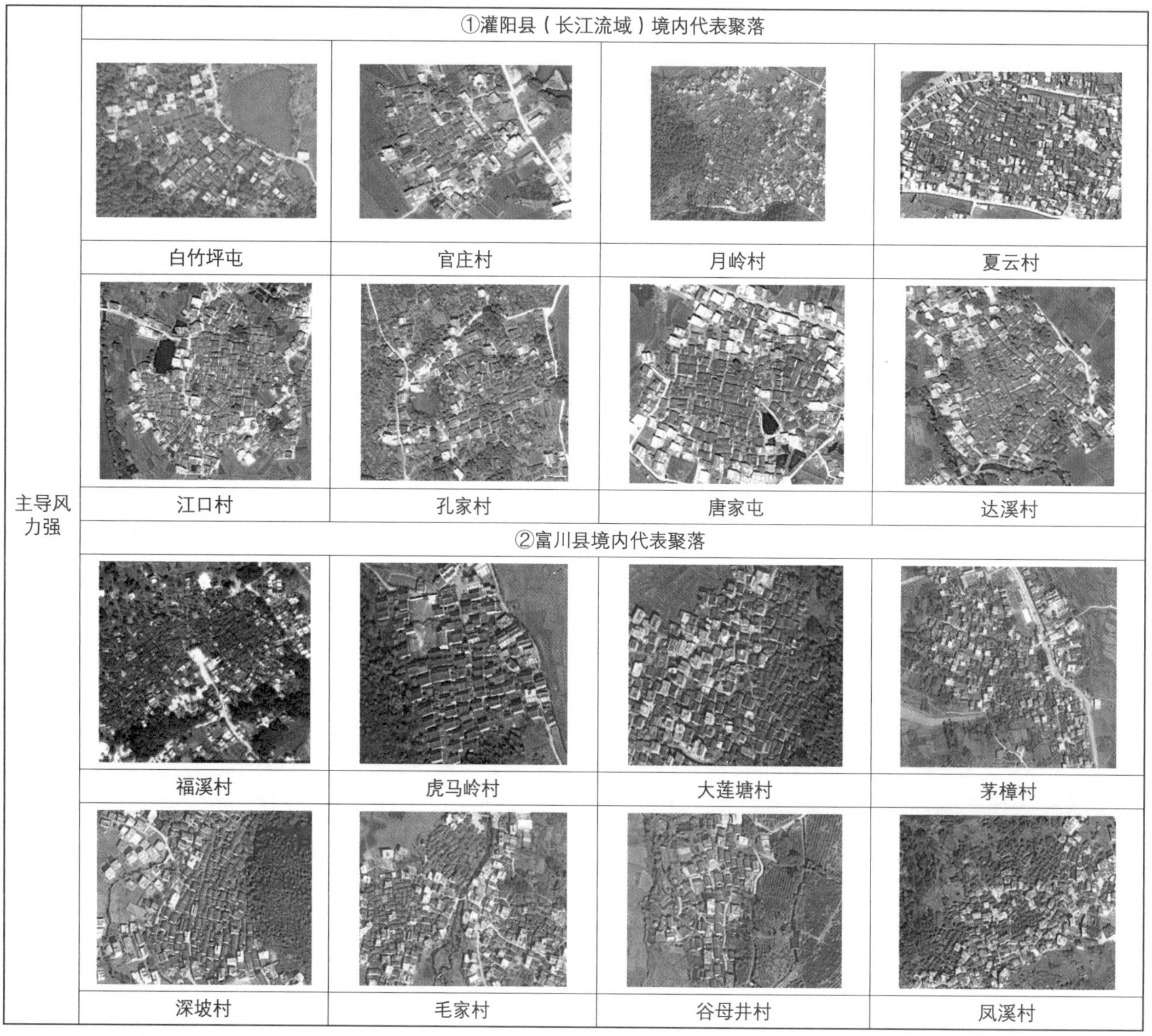
主导风力强
①灌阳县（长江流域）境内代表聚落
白竹坪屯
官庄村
月岭村
夏云村
江口村
孔家村
唐家屯
达溪村
②富川县境内代表聚落
福溪村
虎马岭村
大莲塘村
茅樟村
深坡村
毛家村
谷母井村
凤溪村

图 8-27　风力高值区代表聚落的线型形态 ②

① 广西桂林灌阳县人民政府门户网站．探访桂北古民居，走进灌阳文市镇 [Z/OL]. http://www.guanyang.gov.cn/xwzx/gyyw/201904/t20190421_1110399.html，2017-07-12/2019-10-15.

② 谷歌地球．卫星地图 [DB/CD]. https：//www.google.com/earth，2019-10-15.

8.4.2.2　主导降水因子高值区

通过对主导降水高值区域及其周边代表聚落的观察，可以知道处于区域中的代表性聚落较少，多集中在影响区周边及风力—降水复合区。区域及周边（昭平、金秀、蒙山县）代表性聚落以山地型为主，形态为散点型，即民居单体分散布局；民居则多为悬山泥砖地居。此外，同属于主导降水影响区的上林、凌云县无代表性聚落分布，其中通过对上林县的调研发现也有悬山泥砖地居形式的民居分布，如上林县鸣鼓寨（暂不属于《中国传统村落名录》）（图 8-28、图 8-29）。

①降水影响区区位	②昭平县罗旭屯民居	
③蒙山县六坪村民居[1]	④金秀县下古陈村民居[2]	⑤上林县鸣鼓寨民居

图 8-28　降水影响区区位及代表民居

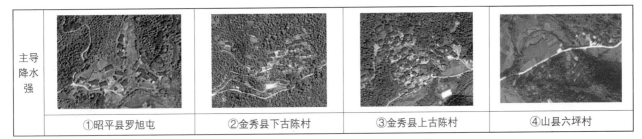

主导降水强	①昭平县罗旭屯	②金秀县下古陈村	③金秀县上古陈村	④山县六坪村

图 8-29　降水影响区代表聚落的散点形态[3]

---

① 中国传统村落数字博物馆 . 六坪村传统建筑 [Z/OL]. http://main.dmctv.com.cn/villages/45042320101/Buildings.html，2019-10-15.

② 广西村落文化资源库 . 村落全景图 [Z/OL]. http://cunluo.meiligx.com/#!/home/picList/2966/1/20，2019-10-15.

③ 谷歌地球 . 卫星地图 [DB/CD]. https：//www.google.com/earth，2019-10-15.

8.4.2.3 主导日照因子高值区

通过对主导日照高值区域的观察，可以知道处于区域及其周边代表性聚落较少。附近龙州县境内代表性聚落以平地型为主，形态为组团型，民居单体集中紧凑布局；民居则多为悬山泥砖地居（带檐廊）。此外，同属于主导日照影响区的梧州市岑溪等地无代表性聚落分布，但是也有组团型聚落、泥砖民居分布（图8-30、图8-31）。

8.4.3 主导气候因子高值区（观察区）及其对照区

根据上一节可知，各个气候因子影响的高值区及其周边区域的代表聚落都在一定程度上表现出各自的特征，为了了解更多特征及其原因，需要进一步的研究分析。

根据《区划》可知，高值区域内主导气候因子的强度大于周边的区域，是典型的研究区域（观察

| ①日照影响区区位 | ②龙州县白雪屯民居 | ③岑溪市七块田屯民居[1] |

图8-30 日照影响区区位及代表民居

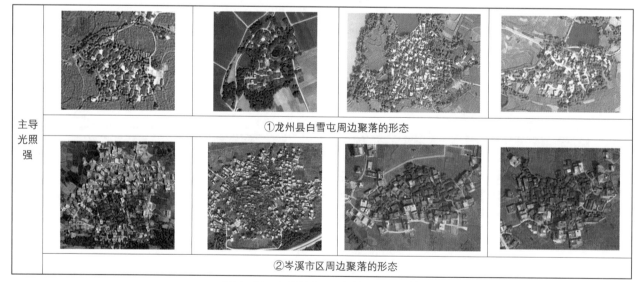

| 主导光照强 | ①龙州县白雪屯周边聚落的形态 |
| | ②岑溪市区周边聚落的形态 |

图8-31 光照影响区聚落的组团形态[2]

[1] 广西文化和旅游厅.城事 – 遇见"七块田"，复得返自然 [Z/OL]. http://mp.weixin.qq.com/s/mxVC2d2p4nv9rLk3xpOirQ，2018-01-25/2019-10-15.

[2] 谷歌地球.卫星地图 [DB/CD]. https：//www.google.com/earth，2019-10-15.

区）。由于地区聚落的特征还受其他非自然因素的影响，所以需要通过比较研究识别出聚落在回应气候因子方面的特征，即选择高值区周边受主导气候因子影响较弱、同时其他气候因子特征差异较小的区域作为对照区。并分别将各观察区与对照区两两一组编为风力组、降水组、日照组，此为进一步研究的基础（表 8-1、图 8-32）。

三个高值区分别为以昭平为中心的降水高值区、以上思为中心的日照高值区、以富川为中心的风力高值区。其中由于上思无代表聚落的分布，选取其

附近同纬度的龙州县作为日照观察区。

根据《区划》可知，昭平县东部的钟山县及贺州八步区其日照、风力条件与昭平类似，但年降雨量小于昭平，是降水高值区（观察区）的对照区。同理可知，钟山、八步同时也是风力高值区（观察区）的对照区。

由于区域日照辐射量变化比率较小且周边无代表聚落分布，所以研究从垂直方向（纬度变化）上扩大地理范围寻找对照区；此外龙州县位于左江上游、广西盆地的边缘，具有山地（峒）、平地（河谷阶地）

各气候因子的观察区与对照区　　　　　　　　　　　　　　　　　　表 8-1

组别	地点	属性	年降水量（mm）	年有效风速频率（%）	年太阳辐射量（MJ/m²）
风力	富川	观察区	1700 以下	30 以上	小于 4600
	八步\钟山	对照区		20 以下	
降水	昭平	观察区	1700 以上	20 以下	小于 4600
	八步\钟山	对照区	1700 以下		
日照	龙州	观察区	1700 以下	20 以下	4600 左右
	江南区	平地对照区			小于 4600
	隆林	山地对照区			

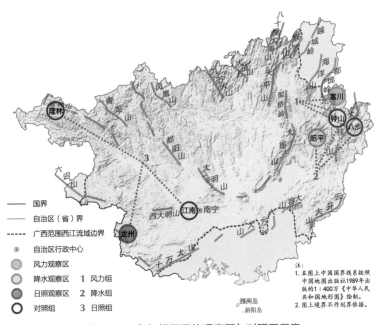

图 8-32 各气候因子的观察区与对照区示意

两种典型的地理类型，为了减小因扩大地理范围造成研究误差，所以将对照区分为山地型对照区（隆林）、平地型（南宁市江南区）对照区两类。

8.5 小结

本章节通过从《中国传统村落名录》中选取属广西西江流域乡土聚落作为宏观的基础研究对象（代表聚落），共 129 个。

通过其与地理、气候、灾害各因子分布图的叠加可知，代表性聚落在宏观分布上较少分布于极端地理气候区域，在自然环境适应性视角下代表聚落具有常规的普遍性。

另外，通过气候因子与聚落分布的叠加，可知代表聚落宏观分布与日照、风力、降水三个气候因子分布具有相关性，据此绘制《主要气候因子影响下的聚落类型区划》，主要分为主导气候因子影响区、复合气候因子影响区、"空白区"三类，各影响区中都有一个高值区。

通过对《区划》内各主导因子气候高值区及其周边区域代表聚落初步观察，可以发现，风力高值区的代表聚落形态主要为梳式，民居为硬山砖木地居；降雨高值区的聚落主要为散点型，民居为泥砖悬山地居；日照高值区的聚落主要为组团型，民居为泥砖悬山地居（带檐廊）。

由于地区聚落的特征还受其他非自然因素的影响，所以需要通过比较研究识别出聚落对气候因子回应的特征，即将各气候因子的高值区作为典型的研究区域（观察区），同时选择高值区周边受主导气候因子影响较弱且其他气候因子特征差异较小的区域作为对照，分别为：①风力组：观察区富川县，对照区钟山县、八步区；②降雨组：观察区昭平县，对照区钟山县、八步区；③日照组：观察区龙州县，山地对照区隆林县，平地对照区江南区。

下文将根据各观察区、对照区的情况做进一步的研究。首先由于地理特征对聚落选址布局、民居功能构造也会造成很大的影响，所以将高值区、对照区中的聚落分为山地、平地两类分别进行研究。

进一步地，需要从各高值区、对照区中筛选出典型的（具有高值区聚落、民居的共性特征）山地、平地类聚落进行个案研究（典型聚落，通过对其研究，了解聚落对某一特定现象的认识），分别用以解释聚落在回应各个气候因子方面的特征。

此外，由于代表性聚落分布不均，日照高值区中缺少代表性聚落，所以选择附近同纬度的龙州作为观察区；另外由于代表性聚落在各观察区中地理类型不全，如降水高值区中缺少平地型代表聚落、日照高值区中缺少山地型聚落，所以还通过文献查找、实地调研的方式找出更多的聚落样本补充作为典型聚落做个案研究。

第 9 章

乡土聚落对风力的回应

9.1 风力组的观察区、对照区概况

风力组的研究范围由风力观察区（富川，风力高值区）、风力对照区（钟山、八步）组成，见图9-1。

富川是风力高值区，[①]且受日照、降水等其他气候因子的影响较其他区域小，是研究聚落对风力主导因子回应特征的典型区域；位于贺江上游，介于北纬24° 37′ 至 25° 09′，东经110° 05′ 至 111° 29′ 之间，南、西南邻贺州八步区、钟山县。

对照区的钟山位于贺江上游，介于北纬22° 16′ 至 24° 46′，东经110° 58′ 至 111° 25′ 之间；八步区位于贺江中游，介于北纬23° 48′ 至24° 47′，东经111° 29′ 至 112° 03′ 之间。

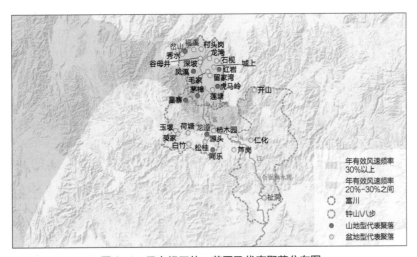

图9-1 风力组区位、范围及代表聚落分布图

---

① "因县境地处都庞岭和萌渚岭余脉的峡槽之间，形成南北风口要道，瞬间最大风速可达 28 米每秒，素有'大风走廊'之称。"盘承和.富川瑶族自治县志 [M]. 南宁：广西人民出版社，1993：概述.

9.1.1 气候概况

9.1.1.1 观察区（富川）的风力特征 [1]

①境内白沙、麦岭镇分别为南北向风的风口；②风向主要为偏北风和偏南风，其中西北方向至东北方向的年平均频率达52%，最多年达55.3%；东南东方向至西南西方向的年平均频率为28.8%，东风的频率年平均为0.2%；③历年平均风速为2.9m/s，年均最大风速为3.2m/s，年均最小风速为2.6m/s。月均最大风速是2月，平均3.3m/s，最小风速是8月，平均2.3m/s；④风速最大是东南偏南风，平均风速为4.7m/s；瞬时最大风速为28m/s。

9.1.1.2 对照区（钟山、八步）的风力特征 [2][3]

（1）钟山县：①境内城厢乡龟石、望高乡松木圩为东北风向的风口；②地区9~次年3月盛行西北、北风，风向频率为34.8%、49.2%；6~8月盛行东南、南风，风向频率为26.2%、34.3%；③历年平均风速为2.3m/s，10~3月平均风速较大，为2.5~2.7m/s；6~8月最小，为1.5~1.7m/s；④瞬时最大风速为28m/s。

（2）八步区：①年平均风速为1.8m/s，各月平均在1.5~2.0m/s之间；②春秋冬季的风向多为西北风，夏季多东风；③大风往往出现在4~9月份的夏季热对流雷雨天气时，时间短暂。

气候特征详见表9-1。

9.1.2 地理概况

9.1.2.1 观察区（富川）

富川境内地处都庞岭和萌渚岭余脉峡谷之间，

风力组观察区、对照区气候详表 表9-1

风						
风力组	年盛行风	夏季风	冬季风	年均风速（m/s）	夏季风速（m/s）	冬季风速（m/s）
观察区（富川）	东风频率0.2%	东南、南风	西北、北风	2.9	2.3	3.3
对照区1（钟山）	北风	东南、南风	西北、北风	2.3	1.5~1.7	2.5~2.7
对照区2（八步）	—	东风	西北风	—	1.5~2.0	1.5~2.0

降水/湿度							
风力组	相对湿度（%）	年均降水量（mm）	年蒸发量（mm）	年均雨日（d）	3-5月雨量（mm）	6-8月雨量（mm）	9-11月雨量（mm） 12-次年2月雨量（mm）
观察区（富川）	75	1667.4	1758.1	179	1166		500
对照区1（钟山）	76	1530.1	1801.5	167	582.8	594.3	190.5 · 165.9
对照区2（八步）	81	1516.9	1661.7	153	552	568.8	187 · 180.5

日照/气温						
风力组	年日照辐射量（kcal/cm²）	年日照时数（h）	年均气温（℃）	1月气温（℃）	7月气温（℃）	极端最高气温（℃）	极端最低气温（℃）
观察区（富川）	99.2	1573.5	19.1	8.5	28.1	38.5	-4.1
对照区1（钟山）	101.8	1628.8	19.6	9.1	28.4	38.8	-3.8
对照区2（八步）	100.7 105.6（信都镇）	1578.4 1722.5（信都镇）	19.9	9	28.7	39.5	-4

① 盘承和. 富川瑶族自治县志[M]. 南宁：广西人民出版社，1993：第一篇，第五章，第二节气候要素.
② 韦宏宇. 钟山县志[M]. 南宁：广西人民出版社，1995：第一编，第四章，第二节气候要素.
③ 唐择扶. 贺州市志（上）[M]. 南宁：广西人民出版社，2001：第二篇，第三章，第二节气候要素.

是一个地势北高南低，四面环山，中间低，略呈椭圆形的盆地；西部及东南部为连绵山脉，地势高峻；东部为岩溶峰林地貌；东北面为丘陵地貌；中部为宽坦的溶蚀平原地区；主要河流有富江、白沙河、秀水河、新山贵冲（长江流域）等河流。

9.1.2.2 对照区（钟山、八步）

（1）钟山县[1]：钟山地处南岭（五岭）山脉之中段，属五岭中都庞岭与萌渚岭两大山脉系统；地势由北向东南倾斜，有平原、丘陵、盆地、山地等地貌。县境东、北、西及西南四面为山地地形，中间是低陷的盆地。境内有富江（贺江）、思勤江（桂江）、珊瑚河（桂江）等水系。境内海拔 500m 以上的山地面积占全县总面积的 48.17%；海拔 250~500m 的山丘面积占 4.1%；海拔 100~250m 的丘陵面积占 4.49%；海拔 100m 以下的台地、平原面积占 37.8%；水面面积 3261km²，占总面积的 2.16%。

（2）八步区[2]：八步区属南岭山地丘陵区（占总面积的 80%），境内山岭多分布于北部和东部，自东至北再至西南；有南乡、桂岭、里松、公会、八步、信都（祉洞村所在地区）6 个山间盆地；地势由北向南倾斜，北高南低；主干姑婆山是萌渚岭的尾闾，从北部向东、向南及西南延伸，形成北部、东部多山的格局。中部有大桂山横贯，向东向西延展，将全境分成南北两个部分。南部亦多山岭，但海拔一般在 500m 以下。

9.2 各区域中乡土聚落空间特点及其类型

9.2.1 观察区

根据上一节富川地区的风力特征可知，白沙、麦岭镇分别为境内南北向风的风口。境内山地、平地聚落大多为梳式结构（民居的朝向一致，见图 9-2），平面轮廓为窄长方形，各聚落的朝向互不相同。

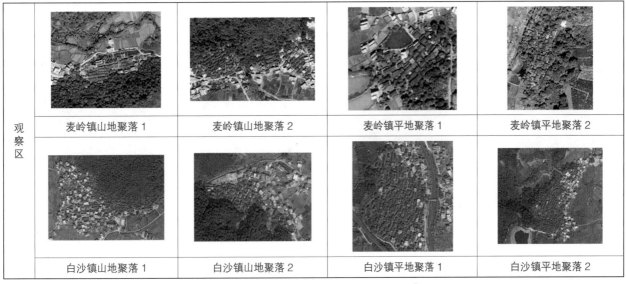

图 9-2 富川（观察区）乡土聚落的形态[3]

① 韦宏宇. 钟山县志 [M]. 南宁：广西人民出版社，1995：第一编，第三章，第二节地貌.
② 唐择扶. 贺州市志（上）[M]. 南宁：广西人民出版社，2001：第二篇，第二章地貌，第一节类型.
③ 谷歌地球. 卫星地图 [DB/CD]. https://www.google.com/earth，2019-10-15.

根据盛行主导风受地区地形影响的走向结合聚落朝向可以知道，大多数聚落或短边（民居山墙方向）朝盛行风向或在迎风面布局风水林[1]、山体（图9-3），所以大多数聚落布局上有挡风的特征（图9-6）。

9.2.2　对照区

结合对照区地理特征及乡土聚落实际分布可知：

（1）钟山县珊瑚河流域

钟山县珊瑚河流域远离风口且是代表性乡土聚落集中区；位于城南，东靠西山岭。境内的山地、平地聚落结构为网格式，民居单体之间的间距较大，被横、纵向道路划分；轮廓近似方形（图9-5）。大多数聚落朝向与夏季盛行风向呈锐角关系（图9-4），部分聚落西北侧布局风水林（冬季风方向），所以大多数聚落布局上有迎夏季风（图9-7）的特征，部分还具有防冬季风的特征。

（2）八步区信都镇

信都镇位于八步区南端；纬度较富川、钟山低，

风力较小、日照强度稍大（该地区靠近东部的日照影响区）；聚落形态主要有梳式（可能是文化迁移的结果）、组团型两种，其中组团型是主要的形态，聚落内民居朝向不一致，所以其对风力的回应特征在布局上显得模糊（图9-5）。组团型聚落（图9-8）与高值区聚落差异一目了然，少量的梳式聚落在布局层面特征与富川地区的聚落类似，为了减小研究的误差，下文将选取该区的梳式聚落作为比较研究对象（典型乡土聚落）。

9.2.3　民居类型

根据图9-1和图7-6《广西汉族地居建筑类型分区》（第7章）及实地调研可知：

（1）观察区：山地型民居主要为三间一幢单体，如岔山村图9-9①；盆地型民居主要为天井式（C型），如福溪村图9-2②。

（2）对照区：对照区的民居主要有三合天井（广府三间两廊，A型）、四合天井（湘赣式，B型）两种。

图9-3　麦岭镇（观察区风口）聚落分布与风向的关系②

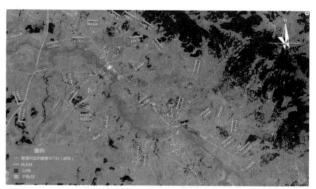

图9-4　钟山珊瑚河流域（对照区）聚落分布与风向的关系③

① "防风林是一种住宅的装置，它在抵挡以季节为周期入侵的主向风的同时，也能够抵挡不规则方向的风。"原广司［日本］. 世界聚落的教示100（1997）[M]. 北京：中国建筑工业出版社，2003：154.
② 风玫瑰来自：广西贺州市富川瑶族自治县人民政府门户网站. 富川瑶族自治县县城总体规划（2016-2030）[EB/OL]. http://www.gxfc.gov.cn/zwgk/jbxxgk/ghjh/t2177575.html，2017-08-02/2019-10-15.
③ 风玫瑰来自：广西贺州市钟山县人民政府门户网站. 关于《钟山县城控制性详细规划（城东新区一期、二期）》的公告[EB/OL]. http://www.gxzs.gov.cn/xxgk/zfxxgk/jcxxgk/ghjh/zcqgh/t5096301.shtml，2014-09-16/2019-10-15.

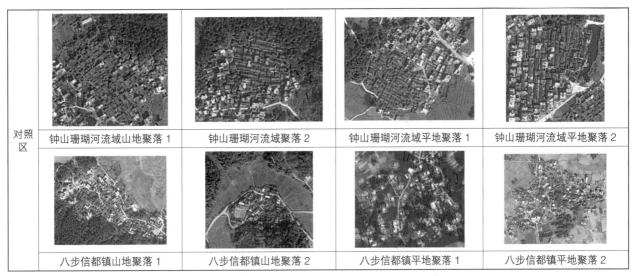

对照区	钟山珊瑚河流域山地聚落 1	钟山珊瑚河流域聚落 2	钟山珊瑚河流域平地聚落 1	钟山珊瑚河流域平地聚落 2
	八步信都镇山地聚落 1	八步信都镇山地聚落 2	八步信都镇平地聚落 1	八步信都镇平地聚落 2

图 9-5 钟山、八步（对照区）乡土聚落的形态 [1]

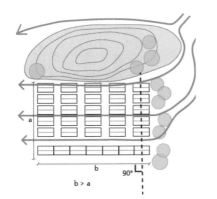

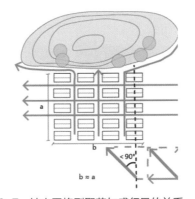

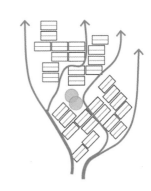

图 9-6 富川梳型聚落布局与盛行　　图 9-7 钟山网格型聚落与盛行风的关系　　图 9-8 八步组团型聚落与盛行风的关系
主导风的关系

其中四合天井式民居主要集中在钟山，如星寨村（山地，图 9-9③）、龙道村（山地，图 9-9④）；三间两廊多分布在八步，如祉洞村（盆地，三间两廊及从厝，图 9-9⑥）、玉坡村（盆地，钟山，图 9-9⑤）。

9.2.4 典型乡土聚落

根据以上对观察区、对照区聚落和民居共性的梳理，可以将风力组的聚落分为四种类型，同时选择一个典型聚落做进一步研究，分别为观察区山地型聚落，以岔山村（暂不属于《中国传统村落名录》，来源于实地调研，近麦岭镇风口）为例；观察区平地型聚落，以福溪村（近麦岭镇风口）为例；对照区山地型聚落，以龙道村（珊瑚河流域中游靠西山岭）为例；对照区平地型聚落，以祉洞村（信都镇）为例。

研究在对上述四个典型乡土聚落调研的基础上，分别通过观察区与对照区山地典型聚落、观察区与对照区盆地典型聚落在选址布局、民居构造材料等方面的比较，得出观察区聚落对风力的回应特征。

---

① 谷歌地球 . 卫星地图 [DB/CD]. https：//www.google.com/earth，2019-10-15.

观察区	①岔山村民居（山地）
	②福溪村民居（盆地）
对照区	③星寨村民居（山地） ④龙道村民居（山地） ⑤玉坡村民居（盆地） ⑥祉洞村民居（盆地）

图 9-9　风力组的典型民居类型

各典型聚落区位见图 9-1，其概况分列如下：

（1）岔山村。朝东镇岔山村位于贺州市富川县西北部，聚落中心经纬度为北纬 25° 03′ 08″，东经 111° 09′ 04″；坐落于贺江上游、海拔 260m 的山地，所在地属岩溶地貌；位于潇贺古道的端点，有"入桂第一村"之称。

（2）福溪村。朝东镇福溪村位于贺州市富川县西北部，聚落中心经纬度为北纬 25° 22′ 65″，东经 111° 13′ 05″；坐落于贺江上游、海拔 300m 的盆地，所在地属岩溶地貌；属唐、周、蒋、何、陈等 5 姓为主的汉瑶混居、始建于唐末的聚落；人口约为 280 户 1597 人（2014 年）；主要生业为农业（稻、玉米，耕地面积 2500 亩）、果业（橙、柿），山地还种植竹、杉木、桉树等经济林。

（3）龙道村。回龙镇龙道村龙福屯位于贺州市钟山县南部，聚落中心经纬度为北纬 24° 26′ 50″，东经 111° 18′ 44″；坐落于贺江上游、海拔 185m 的丘陵地区，所在地属土山地貌；始建于元朝，属以陶姓为主的汉族聚落，人口约为 2000 多人（全行政村）；主要生业为农业。

（4）祉洞村。信都镇祉洞村（寨）位于贺州市八步区南部，聚落中心经纬度为北纬 23° 59′ 32″，东经 111° 45′ 35″；坐落于贺江中游、海拔 70m 的盆地，所在地属河谷地形；始建于明朝，是一处以柳姓为主的汉族聚落，人口 2000 人左右（全行政村）；主要生业为农业（花生、稻）。

9.3　山地典型聚落对风力的回应

9.3.1　聚落选址

（1）岔山村

岔山村位于两座西南－东北走向的山脉之间北侧的山谷坡地（偏北风的背风坡），其中北侧山体相对海拔约为100m；南侧山体相对海拔约为180m。

通过山体的位置与地区盛行风向[1]的关系可知，山体阻挡了一部分偏南、偏北的盛行风，同时处在偏北风的风影区，主要较强的主导风向受地形影响为西南、东北方向（山谷方向），削弱的偏南风（下文称为"弱风"）与地形主导风风向（下文称为"强风"）基本上相互垂直（图9-10）。

（2）龙道村

龙道村位于西北－东南走向的西山岭（山脊海拔约380m）余脉，距离山麓约500m，坡向背山；民居组团位于东北高、西南低的小坡地上（南风迎风坡，高差20m）。

通过坡地位置与地区盛行风向的关系可知，远离西山岭主体减少了山地对盛行风的阻挡，同时坡地朝向夏季风，背向冬季风方向，所以在选址上有迎偏南夏季风、阻挡偏北冬季风的特征（图9-11）。

9.3.2　聚落布局

（1）岔山村

坡地民居组团的朝向为坐北朝南，形态为梳式，轮廓为窄长方形；内部被南北向的巷道（图9-13②）划分成一个个均匀的小片区。巷道与东西向的主街（图9-13①）串联。片区内部的民居，单体之间紧密布局或增设附属建筑（图9-16①③）。

结合聚落微环境的风力特征可知，民居朝向与较强的东北、西南风向呈90°；巷道、民居正立面迎被山体削弱的东南风，说明聚落自身有防强风[2]、通弱风的特征，见图9-12。

（2）龙道村

坡地民居组团的朝向为坐东北朝西南，形态为网格式，轮廓近似方形；内部民居单体被纵横巷道划分（图9-15④⑤）。此外，北侧坡顶布局风水林

图9-10　岔山村选址与盛行风的关系

图9-11　龙道村选址与盛行风的关系

---

[1]　风玫瑰来自《乡村旅游开发视角下的福溪村保护与更新》。袁媛等.乡村旅游开发视角下的福溪村保护与更新[J].规划师，2016，32（11）：134-141.

[2]　富川北部地区易受风灾。盘承和.富川瑶族自治县志[M].南宁：广西人民出版社，1993：第一篇，第九章，第三节风雹雷击地震.

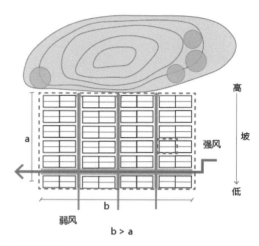

图9-12　岔山村布局与盛行风的关系

①主街　　②带坡巷道

图9-13　岔山村的街巷

（图9-15③），南侧坡底布局池塘（图9-15②）。

　　结合聚落微环境的风力特征可知，民居朝向与偏南的夏季风向呈锐角关系，夏季风通过池塘再通过纵横的巷道进入民居组团内部；民居朝向与偏北的冬季风相背，且有风水林阻隔，说明聚落自身有迎夏季风、挡冬季风的特征（图9-14）。

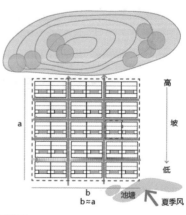

图9-14　龙道村布局与盛行风的关系

| ①水田 | ②池塘 | | ③风水林 |
| ④巷道 | | ⑤巷道 | |

图 9-15　龙道村的街巷、外环境

9.3.3　民居构造材料

（1）岔山村

民居单体为坐北朝南的三间一幢单体，屋面形式为硬山顶，两山墙略高于屋面，将屋面夹于其间，门窗上方基本不设挑檐，部分民居迎风面坡长稍短（图 9-16②）。外墙材料为自烧砖，山墙墙面开窗较少，顶端之间有起拉结作用的木檩（不承重，见图 9-16⑤）。建筑前后纵墙上对开较多的窗、通风孔。其中，普遍存在纵墙门、窗上叠加增设高窗（增

大风洞，见图 9-16⑦）的做法。

结合强、弱风向可知，与屋脊线平行的方向即山墙方向建筑面宽较窄，结构稳固，墙面密实，屋面为硬山[①]，具有防强风的特征；与屋脊线垂直的方向即纵墙方向，开窗较大且多，具有双面通风的特征，自然通风模式主要为风压通风（图 9-18）。

（2）龙道村

民居单体为坐东北朝西南的汉化干栏（四合天井），平面轮廓长宽比为 1：1（实际测绘一民居单

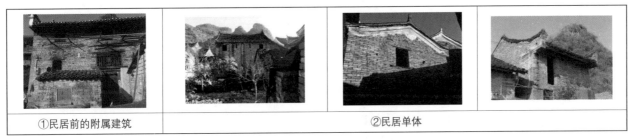

| ①民居前的附属建筑 | ②民居单体 | | |

图 9-16　岔山村民居

---

① 硬山式屋面较悬山、歇山有更强的抗风性。汤国华. 岭南湿热气候与传统建筑 [M]. 北京：中国建筑工业出版社，2005：159.

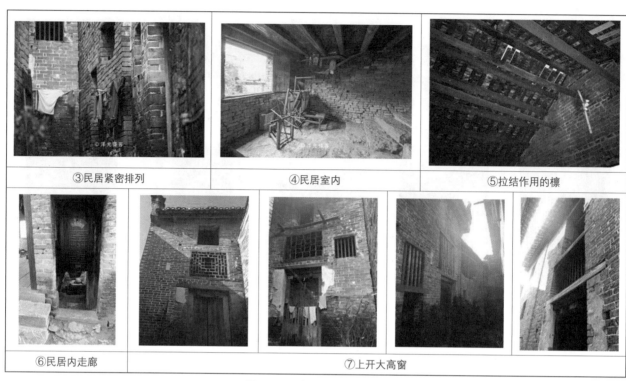

③民居紧密排列　　④民居室内　　⑤拉结作用的檩

⑥民居内走廊　　⑦上开大高窗

图9-16　岔山村民居（续）

①砖、泥组合墙　　②天井　　③屋檐　　④屋面下无拉结檩

⑤前后纵墙对开门窗　　⑥山墙窗及通风口　　⑦连通隔壁的侧门

⑧南窗　　⑨梯井　　⑩卧室　　⑪堂屋

图9-17　龙道村民居

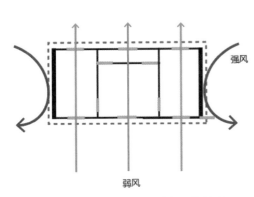

图 9-18　岔山村民居与盛行风的关系

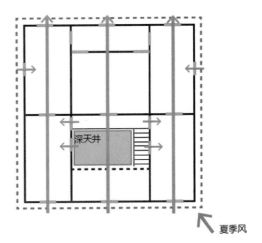

图 9-19　龙道村民居与盛行风的关系

体，长宽均约为 12.5m），屋面形式为硬山顶，但山墙与屋面基本持平，且天井周边屋面皆设挑檐（图 9-17③），主体屋面也没有出现南北坡不对称的情况。墙体主要为青砖墙，部分民居墙体为组合墙（图 9-17①），即外为青砖内为泥砖。

纵墙（西北 – 东南方向）门窗前后对开（通风口，北窗距室内地坪略高，尺寸略小，见图 9-17⑤），与内部门窗在一条轴线上，基本保持大窗 600mm×700mm、小窗 450mm×450mm 左右的尺寸，没有门窗上再叠设高窗的做法。

山墙（东北 – 西南方向）主要是单面开窗（图 9-17⑥）。此外围绕天井周边的墙体开窗较多。

天井窄且深（图 9-17②），同时底部集水且被屋面遮挡导致阴凉潮湿，在夏季是相对低温的冷源，温度较周围室内低。盛行风可以通过天井及周边门窗进入室内；当盛行风力不足时，天井与室内热交换导致空气流动产生风。

结合风向可知，民居主要体现的是通风特征，在东北 – 西南方向在室内形成夏季风的双面通风系统，在西北 – 东南方向主要是单面通风。深天井可以促进室内外热交换（热压通风），见图 9-19。

9.4　平地典型聚落对风力的回应

9.4.1　聚落选址

（1）福溪村

福溪村位于岩溶小盆地中，北侧为岩溶石山山脉的余脉，西南 – 东北走向，相对海拔约 50~200m 不等，离聚落中心约 500m。民居组团位于东南高、西北低的小坡地上（高差 20m）。

通过坡地位置与地区盛行风向的关系可知，山体阻挡了偏北的盛行风，坡地阻挡了一部分东南的盛行风（下文称为"弱风"），导致主要较强的来风风向为西南、东北方向（下文称为"强风"），见图 9-20。

（2）祉洞村

祉洞村位于贺江中游的河谷盆地，东面为望君顶，相对海拔 250m，山顶与聚落直线距离约为 4km。民居组团位于西高东低的小坡地上（迎风坡，高差约 12m）。

通过坡地位置与地区盛行风向（表 9-1）的关系可知，远离山体减少了山地对盛行风的阻挡，有利于增加迎风面迎接东南、东风，同时地形躲避一定的冬季风（西北风），见图 9-21。

图 9-20　福溪村选址与盛行风的关系

图 9-21　祉洞村选址与盛行风的关系

9.4.2　聚落布局

（1）福溪村

坡地民居组团的朝向为东南朝西北，形态为梳式，平面轮廓为窄长方形；内部被西北－东南向的巷道（巷道被东北－西南向的主街串联，巷口门楼处设置影壁，见图 9-23①②③）划分成一个个均匀的小片区，片区中民居户与户之间紧密排列（图9-23④）。东南、南侧坡地上沿线布局高大的乔木（风水林，图 9-23⑥）。

结合聚落微环境的风力特征可知，民居朝向与较强的东北、西南风向呈 90°；巷道、民居正立面迎被山体、坡地、风水林削弱的偏南、偏北风，民居山墙面迎地形作用下盛行的东北、西南风；说明聚落与岔山村一样自身有防强风、通弱风的特征，见图 9-22。

（2）祉洞村

坡地民居组团的朝向为坐西朝东，形态为梳式，平面轮廓为窄长方形；内部民居单体被东西向巷道划分，民居之间留有间隙，排列规整（图9-25④）。此外，西北部坡顶及南部布局成片的乔木、灌木（风水林，图 9-25②），东侧坡底布局池塘，见图 9-25①。

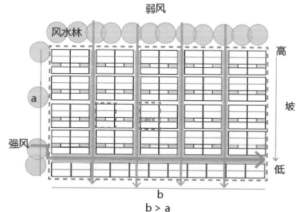

图 9-22　福溪村布局与盛行风的关系

图 9-23　福溪村的街巷、环境

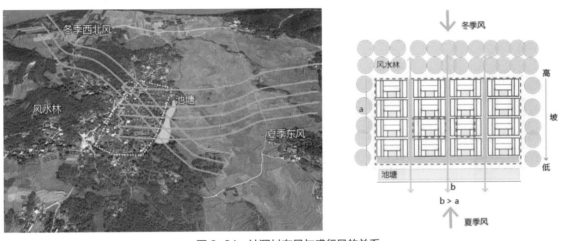

图 9-24　祉洞村布局与盛行风的关系

图 9-25　祉洞村的巷道、环境

结合聚落微环境的风力特征可知，巷道、民居正立面迎东、东南的夏季风。夏季风通过池塘再通过巷道进入民居组团内部；民居与偏北的冬季风相背，且有风水林阻隔，说明聚落自身有迎夏季风、挡冬季风的特征，见图9-24。

此外风水林形态为块状，更集中在南部非盛行风向，说明其作用可能更偏向于遮阳等其他原因。

9.4.3 民居构造材料

（1）福溪村

民居单体为坐东南朝西北的天井式，主要由上下座三间一幢单体及围墙围合组成（天井井口小，厢房功能不突出，见图9-26④），屋面形式为硬山顶（特点同岔山村），见图9-26①。部分民居一层

①民居单体

②青石外墙　　③门窗对开　　④天井

⑤外窗上开高窗　⑥入户门上开高窗　⑦侧墙开高窗　⑧房门上开高窗　⑨隔扇门上开高窗

⑩立面开窗　　⑪朝天井方向不设墙体维护

图9-26 福溪村民居

外维护为青石墙体（图 9-26 ②）。民居山墙材料为自烧红砖，部分底层墙角用条石加固，墙面开窗较少；纵墙较山墙轻透，有用木墙板维护的做法，且前后纵墙上对开较多的门窗、通风孔（图 9-26 ③⑩）。普遍存在门、窗上叠加增设高窗（增大风洞）的做法（图 9-26 ⑤⑥⑦）。内墙材料多为木板，开通透的隔扇门，也设高窗（图 9-26 ⑧⑨）。两侧厢房及倒座朝天井方向甚至不设维护，形成通透整体的大空间，见图 9-26⑪。

结合强、弱风向可知，与屋脊线平行的方向即山墙方向建筑结构稳固，墙面密实，屋面为硬山，具有防强风的特征；与屋脊线垂直的方向即纵墙方向，开窗较大且多，具有双面通风的特征，自然通风模式主要为风压通风（见图 9-28）。

（2）祉洞村

民居单体为坐西朝东的三间两廊、从厝，其中三间两廊民居外轮廓长宽比接近 1：1（实际测绘一民居单体，长约为 11m，宽约为 10m），屋面形式为悬山顶。外墙材料为青砖，部分民居为泥砖。各房间基本单面开窗（实测尺寸 500mm×600mm，只在堂屋入口处设高窗），主要朝向天井及冷巷（图 9-27）。

其中从厝民居的冷巷（长天井）窄且长同时被屋面遮挡导致阴凉潮湿，在夏季温度较周围环境低，是相对低温的冷源。盛行风可以通过冷巷及周边门窗进入室内；当夏季盛行风力不足时，冷巷、天井与民居室内通过门窗进行热交换导致空气流动产生风。

| ①冷巷 | ②天井 | ③堂屋入口 |

图 9-27 祉洞村民居

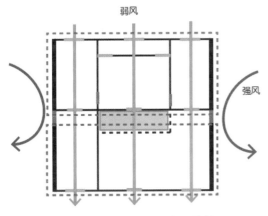

图 9-28 福溪村民居与盛行风的关系

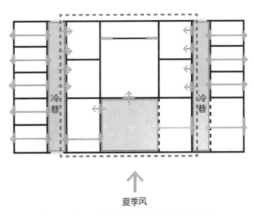

图 9-29 祉洞村民居与盛行风的关系

结合风向可知，民居体现的是通风特征，但东西面的迎盛行风方向不开窗，主要朝向天井，通过天井、窗户单面通风，见图9-29。长天井（冷巷）可以促进室内外热交换（热压通风）。

9.5 小结

9.5.1 乡土聚落对风力回应的特征

通过对岔山村（观察区的典型山地型聚落）、龙道村（对照区的典型山地型聚落），福溪村（观察区的典型平地型聚落）、祉洞村（对照区的典型平地型聚落）的选址、布局、民居构造材料的研究，可知：

（1）观察区聚落对风力的回应特征

①选址方面，聚落有控风引风的特征。聚落选址在冬季风的风影区，同时利用地形削弱夏季盛行风的风力（山地型聚落利用山体，平地型聚落利用坡地），并利用微地形环境如山体、山谷走向限定地形强风方向，并使之（强风）与夏季风（弱风）方向基本呈垂直关系。

②布局方面，聚落有防风通风的特征。聚落的基本形态为梳式，平面轮廓为窄长方形。在强风方向，民居组团的迎风面较小，同时小片区中的民居紧密布局形成整体，且所有民居屋脊线基本与强风风向一致，使强风对组团内部的影响小，其中平地型聚落还在迎风方向沿线布局防风的风水林。在弱风方向，民居纵墙方向迎风，迎风面较大，且巷道顺应风向，使内部通风顺畅。

③民居也有防风通风的特征。民居的基本类型都为三间一幢单体，其中平地型民居由上下座三间一幢单体组合形成天井式，但天井井口较窄，两廊及厢房的功能不明显；屋面为无挑檐的硬山顶，两山墙略高于屋面，将屋面紧夹于其间，部分民居迎

风面坡较短；山墙的主要材料为自烧红砖，基本不开窗，山墙山尖之间有拉结加固的木檩，其中在平地地区有用条石砌筑或用条石拉结加固的做法；纵墙则较为轻透，前后墙面门窗对开，且门、窗上叠加增设大且多的高窗；内墙维护材料多为木板，开通透的隔扇门，也设高窗。

所以在强风方向，即山墙方向建筑面宽较窄，结构稳固，墙面密实，具有防强风的特征；在弱风方向，建筑面宽较长，前后外墙开窗较大且多，内部通透，具有双面通风的特征，自然通风模式主要为风压通风。

（2）对照区聚落对风力的回应特征

①选址方面，聚落选址尽量远离山主体，处于夏季风迎风面、冬季风背风面的坡地。

②布局方面，在坡顶布局风水林进一步阻挡冬季风，坡底布局池塘改善夏季风质量，促进聚落内外空气循环。龙道村民居组团朝向与夏季风方向呈锐角关系，内部民居单体被网格型道路划分，便于减小夏季风的风影区，增强通风性能；祉洞村所在的信都镇的聚落形态基本为组团式，布局对风的回应特征极其不明显，极为特殊，形态为梳式，巷道迎夏季风风向，便于通风。

③民居方面，房间基本单面开窗，尺寸较观察区小，主要朝向天井方向，迎夏季风特征不如布局层面明显，其中龙道村由布局层面的"十字形"通风模式，变为进深方向双面通风，面阔方向单面通风；祉洞村由布局的"一字形"通风模式变为单面通风为主，可能是盛行风在民居单体层面风力不足，住民权衡利弊之后选择不开窗（开窗同时导致墙体隔热性能、承重性能降低）。天井具有促进室内外热交换改善室内通风条件的功能，其中龙道村为深天井，祉洞村为长天井（冷巷）。

所以，对照区的聚落在选址布局上的特征是迎

夏季风，避冬季风。同时分别在聚落、民居层面通过池塘、天井改善自然通风条件，促进热压通风，民居的通风形式主要为单面通风，风口较小。其次，根据《县志》记载①可知，八步、钟山地区也时曾遭受大风灾的侵袭，但其防风的特征与高值区相比并不明显。

9.5.2　回应风力产生的聚落文化

在风力观察区的福溪村，住民对风的回应产生了一系列文化：

（1）制度方面，住民用宗族姓氏制度②来约束空间格局，即只能同姓族人之间联姻，住在自己的住宅片区内。

（2）民居维护方面，福溪村、岔山村的民居受强风的影响，山墙容易变形开裂，屋瓦易走位掉落，需要定期修复。

（3）禁忌方面，福溪村东南部的树木具有防风的作用，村中有禁忌不能砍伐，认为树林是神灵在守护③整个村庄，是龙脉所在。

（4）信仰方面，每年七月半是传统的鬼节，村民认为这一日地狱大门会打开，阴间的鬼魂会回到人间，便将道士给的纸布帆挂于杆头招风招魂祭祖。④此外，过去住民曾修建风吹庙（已毁于风灾，村外北面神面岭）祭祀风神免遭风灾。⑤

---

① 1）1959—1987 年期间，造成人员伤亡、房屋倒塌的大风灾共 8 次。韦宏宇. 钟山县志 [M]. 南宁：广西人民出版社，1995：第一编，第八章，第五节风灾雹灾．2）1963—1989 年期间，造成人员伤亡、房屋倒塌的大风灾共 10 次。唐择扶. 贺州市志（上）[M]. 南宁：广西人民出版社，2001：第二篇，第七章，第四节风雹．
② 蒋灵斌. 广西富川县福溪古村的保护与发展初探 [D]. 北京：中央民族大学硕士学位论文，2011：29.
③ 蒋灵斌. 广西富川县福溪古村的保护与发展初探 [D]. 北京：中央民族大学硕士学位论文，2011：14.
④ 蒋灵斌. 广西富川县福溪古村的保护与发展初探 [D]. 北京：中央民族大学硕士学位论文，2011：26-27.
⑤ 李天雪，付振中. 传统村庙在西江流域族群关系构建中的作用——以广西富川瑶族自治县福溪村为例 [J]. 贺州学院学报，2016，32（2）：1-6.

第 10 章

乡土聚落对降水的回应

10.1 降水组的观察区、对照区概况

降水组的研究范围由降水观察区（降水高值区基本处于昭平境内）、降水对照区（钟山、八步）组成，见图 10-1。

昭平是降水高值区且受日照、风力等其他气候因素子的影响较其他区域小，是研究聚落对降水主导因子回应特征的典型区域；位于桂江中游，介于北纬 23° 39′ 至 24° 24′，东经 110° 34′ 至 111° 19′之间，东邻贺州八步区、钟山县。

对照区的钟山位于贺江上游，介于北纬 22° 16′至 24° 46′，东经 110° 58′ 至 111° 25′ 之间；八步区位于贺江中游，介于北纬 23° 48′ 至 24° 47′，东经111° 29′ 至 112° 03′ 之间。

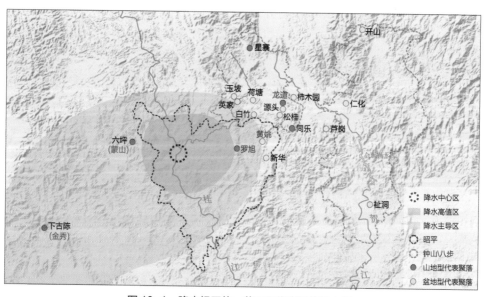

图 10-1　降水组区位、范围及代表聚落分布图

10.1.1 气候概况

10.1.1.1 观察区（昭平）的降水特征[①]

①降水量西部和北部较多，东部、东北部和东南部较少。西部昭平镇是暴雨中心，年雨量 2000mm 以上；西北部走马（罗旭屯所在乡镇）等地是多雨地区，年雨量为 1800mm；东北部黄姚等地降水较少，年雨量在 1600~1700mm。②四季平均雨量分别为春季（3 至 5 月，630~740mm）；夏季（6 至 8 月，550~700mm）；秋季（9 至 11 月，190~250mm）；冬季（12 至 2 月，180~200mm）。③全年雨日在 160 至 190 天之间，与降水量分布基本一致，由北向南递减。④年平均蒸发量为 1419.9mm。9 月至 12 月，蒸发量大于降水量。⑤年平均相对湿度 81%，月平均最大相对湿度为 85%（4 月），最小相对湿度为 76%（10 月）。

10.1.1.2 对照区（钟山、八步）的降水特征[②③]

（1）钟山县：①年平均降水量 1530.1mm。②雨季平均在 3 月下旬至 8 月中旬，平均长 167 天，高峰期是 5 月上旬至 7 月上旬。③历年平均降水日数为 167 天。3~6 月平均月雨日 18 天以上，9~12 月月雨日 8 天。④回龙（龙道村所在镇）、公安等乡降水较少，年降水量在 1416.7~1496.9mm 之间。⑤年平均相对湿度为 76%，9 月至翌年 1 月月平均相对湿度为 70% ~73%，3~6 月月平均湿度达 80% 以上。⑥年平均蒸发量为 1801.5mm。

（2）八步区：①降水量多在 1535.6mm。[④]②降水时间上，一是年际之间变化较大，年降水变率 15%；二是降水季节分布不均匀，春夏雨季和秋冬旱季明显。全年降水量的 69.2% 集中在 4~8 月。③境内有两个多雨区（北部的桂岭等地和西南部的大平等地，降水量 1800~1900mm）和一个少雨区（中部的莲塘等地，年降水量 1500mm 左右）。④年平均蒸发量为 1661.7mm，蒸发量高值期是 5~10 月；全年蒸发量大于降水量，所以往往出现夏旱连者秋旱，甚者连着冬旱。⑤年平均湿度 81%，除汛期（3~6 月）外，其余月份在 74% ~79%。

气候特征详见表 10-1。

降水组观察区、对照区气候详表 　　　　表 10-1

	降水							
降水组	相对湿度（%）	年均降水量（mm）	年蒸发量（mm）	年均雨日（d）	3~5 月雨量（mm）	6~8 月雨量（mm）	9~11 月雨量（mm）	12~2 月雨量（mm）
观察区（昭平）	81	2046[⑤]	1419.9	160~190	630~740	550~700	190~250	180~200
对照区 1（钟山）	76	1530.1	1801.5	167	582.8	594.3	190.5	165.9
对照区 2（八步）	81	1516.9	1661.7	153	552	568.8	187	180.5

	日照/气温						
降水组	年日照辐射量（kcal/cm²）	年日照时数（h）	年均气温（℃）	1 月气温（℃）	7 月气温（℃）	极端最高气温（℃）	极端最低气温（℃）
观察区（昭平）	97.8	1506	19.8	9.9	27.9	39.4	-2.6

① 申远华. 昭平县志 [M]. 南宁：广西人民出版社，1992：第二篇，第三章，第一节气候要素.
② 韦宏宇. 钟山县志 [M]. 南宁：广西人民出版社，1995：第一编，第四章，第二节气候要素.
③ 唐择扶. 贺州市志（上）[M]. 南宁：广西人民出版社，2001：第二篇，第三章，第二节气候要素.
④ 卢鼎鹏. 八步镇志 [M]. 南宁：广西人民出版社，1990：49.
⑤ 昭平在线网. 走进昭平：自然条件 [Z/OL]. http://www.zpol.cn/zjzp/content_27027，2009-12-09/2019-10-15.

续表

日照 / 气温						
降水组	年日照辐射量 （kcal/cm²）	年日照时数（h）	年均气温 （℃）	1月气温 （℃）	7月气温 （℃）	极端最高气温 （℃）	极端最低气温 （℃）
对照区1（钟山）	101.8	1628.8	19.6	9.1	28.4	38.8	-3.8
对照区2（八步）	100.7 105.6（信都镇）	1578.4 1722.5（信都镇）	19.9	9	28.7	39.5	-4

风						
降水组	年盛行风	夏季风	冬季风	年均风速	夏季风速	冬季风速
观察区（昭平）	东北、南风	东南风	东北风	1.7	1.7	1.9~2
对照区1（钟山）	—	东南、南风	西北、北风	2.3	1.5~1.7	2.5~2.7
对照区2（八步）	—	东风	西北风	—	1.5~2.0	1.5~2.0

10.1.2 地理概况

10.1.2.1 观察区（昭平）

昭平县地貌以山地为主，地势西北高东南低。[①] 境内山地面积占全县总面积的87.6%，其中500~800m低山是境内主要的地貌类型，占总面积32%；东北部的黄姚、樟木林为岩溶洼地。海拔500m以下的丘陵及洼地面积最广，约占全县总面积三分之二，西北边界与东南部的木格乡驻地平均海拔相差943m。水系方面，"各乡村都有大小不等的河流，绝大部分属桂江水系。"[②] 水域面积3273km²。

10.1.2.2 对照区（钟山、八步）

钟山、八步地理概况同第9章第9.1.1.2节，此不赘述。

10.2 各区域中乡土聚落空间特点及其类型

10.2.1 观察区

根据上一节昭平地区的降水特征可知，降水中心位于县西的昭平镇。通过对昭平镇地区聚落的观察，可以发现，现存聚落属传统乡土聚落的数量极少，传统聚落较多集中在镇区西南侧的山谷坡地中（龙坪村、马圣村），基本都是散点式的聚落形态（图10-3）。民居朝向各异，组团规模大小不等；大多都紧紧沿坡地地形、支流走向延展。山谷地形坡度大，且远离桂江（地方干流，西江流域一级支流），见图10-2。

10.2.2 对照区

结合对照区地理降水特征及乡土聚落实际分布可知：

（1）钟山县珊瑚河流域

钟山县珊瑚河（支流）流域是代表性乡土聚落集中区，降水较降水影响少但地理位置上离降水影响区最近；位于城南，东靠西山岭。境内的山地、平地聚落多为网格型，其民居单体之间被横、纵向道路划分，轮廓近似方形（见第九章，第9.2.2节）。聚落主要有西南、南、东南、东几种朝向，各聚落中民居朝向一致且明确。

---

① 申远华. 昭平县志 [M]. 南宁：广西人民出版社，1992：第二篇，第二章地貌.
② 申远华. 昭平县志 [M]. 南宁：广西人民出版社，1992：第二篇，第四章，第一节河流.

图 10-2　昭平镇（降水中心）周边的聚落分布特征

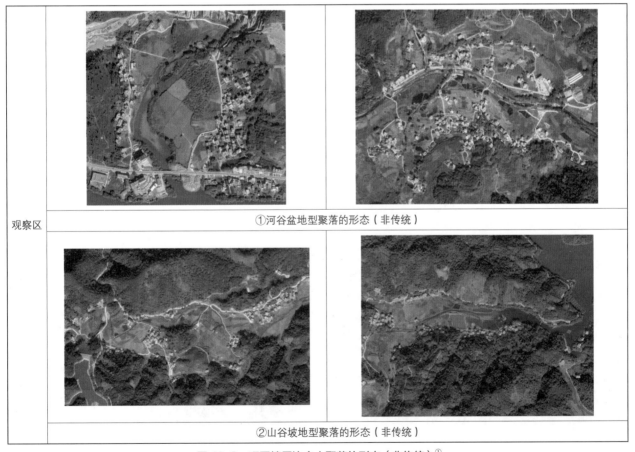

图 10-3　昭平镇周边乡土聚落的形态（非传统）[①]

① 谷歌地球．卫星地图 [DB/CD]. https：//www.google.com/earth，2019-10-15.

（2）八步区信都镇

信都镇位于八步区南端，位于贺江中游（西江流域一级支流）；纬度较富川、钟山低，雨量较小、日照强度稍大（该地区靠近东部的日照影响区）；聚落形态有梳式（可能是文化迁移的结果）、组团型两种，其中组团型是主要的形态，聚落内部的民居朝向不一致，但是聚落边界轮廓清晰。组团型聚落回应降水的特征不明显，与高值区聚落差异较大，少量的梳式聚落在布局层面特征与钟山地区的聚落类似，为了减小研究的误差，下文将选取该区的梳式聚落作为比较研究对象（典型乡土聚落）。

宏观上，对照区聚落群的分布与山体坡地、河流走向的相关性都不如降水高值区大，见图 10-4、图 10-5。

10.2.3 民居类型

根据图 10-1、图 7-6《广西汉族地居建筑类型分区》（第七章）及实地调研可知：

（1）观察区：昭平县境内代表性聚落数量较少，以山地型聚落为主。其中山地型聚落分布靠近降水高值区，平地型聚落所在的地区距离高值区较远（降水量较少）。山地型民居普遍以夯土、泥砖作为围护材料，是屋顶为悬山顶的三间一幢单体，如走马镇罗旭屯（图 10-6 ①②）、六坪村（蒙山）、下古陈村（金秀）；平地型民居以青砖作为维护材料，屋顶为硬山顶，为入口处设檐廊的天井式（多为天井 C型），[1] 如黄姚镇、白竹新寨（图 10-6 ③④）。

（2）对照区：对照区的民居主要有三间两廊（广府，A 型）、湘赣天井式（B 型）两种。其中天井式民居主要集中在钟山，如星寨村（山地，图 10-6 ⑤）、龙道村（山地，图 10-6 ⑥）；三间两廊多分布在八步，如祉洞村（盆地，三间两廊加从厝，图 10-6 ⑧）、玉坡村（盆地，钟山，图 10-6 ⑦）。

10.2.4 典型乡土聚落

根据以上对观察区、对照区聚落和民居共性的梳理，可以将降水组的聚落分为四种类型，同时选择一个典型聚落作进一步研究，分别为观察区山地型聚落，以罗旭屯为例；观察区平地型聚落，以黄姚镇（属《国家历史文化名镇》，暂不属于《中国传统村落名录》）为例；对照区山地型聚落，以龙道村（珊瑚河流域中游靠西山岭）为例；对照区平地型聚落，

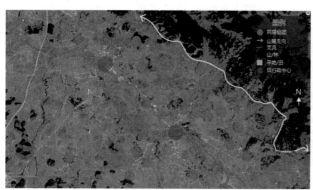

图 10-4　钟山珊瑚河流域的聚落分布

图 10-5　八步信都镇周边的聚落分布

---

① 樟木林新华村比较特殊，其民居类型为客家"石城围"（城堡式围屋）。熊伟，张继均. 广西传统客家民居类型及特点研究 [J]. 南方建筑，2013（1）：78-82.

图 10-6　降水组的典型民居类型

以祉洞村（信都镇）为例。

　　研究在对上述四个典型乡土聚落调研的基础上，分别通过观察区与对照区山地典型聚落、观察区与对照区盆地典型聚落在选址布局、民居构造材料等方面的比较，得出观察区聚落对降水的回应特征。

　　各典型聚落区位见图 10-1，其概况分列如下：

　　（1）罗旭屯。走马镇黄胆村罗旭屯位于贺州市昭平县东部，聚落中心经纬度为北纬 24° 12′ 01″，东经 111° 00′ 60″；坐落于桂江中游、海拔 440m

的山间谷地，其地属土山地貌；为沈、谢 2 姓为主的壮瑶混居、始建于晚清的聚落，人口约为 198 人；主要生业为农业（百香果等果业、稻）、养殖业（猪、牛、鸡、鱼），山地还种植竹、杉木等经济林。

　　（2）黄姚镇。黄姚古镇位于贺州市昭平县西部，聚落中心经纬度为北纬 24° 14′ 60″，东经 111° 11′ 48″；坐落于桂江中游、海拔 180m 的盆地，其地属岩溶地貌；为莫、林、古、老、郭、吴、黄、苏等 8 姓为主的汉族聚落，始建于宋开宝年间，兴建于明万历年间，兴盛于清乾隆年间，民国之后衰

① 贺州新闻网．贺州发现：白竹新寨 [Z/OL]. http://www.gxhzxw.com/html/1384/2019-05-05/content-44468.html，2019-05-05/2019-10-15.

退（水灾、战乱、政区转移等原因）；现存建筑面积 16000m²，户籍人口为 5791 人；主要生业为商业（农产品、手工制品）、农业（稻、山药等），贫富差距较大。

（3）龙道村。回龙镇龙道村龙福屯位于贺州市钟山县南部，聚落中心经纬度为北纬 24° 26′ 50″，东经 111° 18′ 44″；坐落于贺江上游、海拔 185m 的丘陵地区，其地属土山地貌；始建于元朝，是以陶姓为主的汉族聚落，人口约为 2000 多人（全行政村）；主要生业为农业。

（4）祉洞村。信都镇祉洞村（寨）位于贺州市八步区南部，聚落中心经纬度为北纬 23° 59′ 32″，东经 111° 45′ 35″；坐落于贺江中游、海拔 70m 的盆地，所在地属河谷地形；始建于明朝，是一处以柳姓为主的汉族聚落，人口 2000 人左右（全行政村）；主要生业为农业（花生、稻）。

10.3 山地典型聚落对降水的回应

10.3.1 聚落选址

（1）罗旭屯

罗旭屯选址于山间谷地（图 10-11①），四面环山，山体坡度较大。民居组团分散选址于山腰，

山顶为森林，山底为河道、湿地。结合降水特征可知：

①民居组团分别位于不同朝向的坡地，两侧为自然山沟（图 10-11③），各个坡地的雨水顺着山沟、坡地汇聚到谷地底部的河道（图 10-11②）并排入断崖下方的水潭，所以组团周边场地不易积水内涝，且分散排水利于减小组团的排水压力，见图 10-7（左）。

②谷地中，不同坡地民居组团的水平高度基本相同（与中心洼地有近 10m 高差），一方面避免汛期河道涨水淹没民居；另一方面阻隔湿地的湿气（个别低洼地带的民居室内地面长满青苔，见图 10-11⑦），见图 10-7（右）。

所以，选址具有防水防潮防洪的特征。

（2）龙道村

龙道村处于珊瑚河流域，与河岸的直线距离为 2km。民居组团所在的坡地前后的高差近 20m，为西山岭（山脊海拔约 380m）余脉，距离山麓约 500m，且坡向背山，民居单体布满坡地。此外，由于聚落选址远离河道和山麓，且无地下水，所以长期以来，居民需到 1km 外的山麓泉眼挑水解决饮水问题。

结合降水特征可知，雨水主要顺着坡地汇集到坡底洼地（池塘），见图 10-8、图 10-9②。

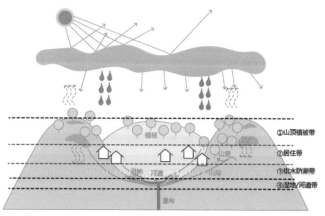

图 10-7　罗旭屯选址与降水的关系

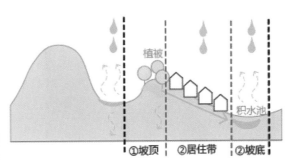

图 10-8　龙道村选址与降水的关系

| ①水田 | ②民居组团及坡地洼地（池塘） | ③坡顶树林 |

图 10-9　龙道村的聚落要素

10.3.2　聚落布局

（1）罗旭屯

散点型的民居组团内部民居单体之间也呈散点状态，都沿所在坡地的边沿散点布局，背山而立，靠近山沟、陡坡、堡坎（即坡地内外有高差），各民居周边都设独立排水沟与陡坡、山沟、堡坎相联系（图 10-10）。

结合降水特征可知：

①民居朝向。阴雨多云的天气削弱了到达地表日照辐射量，同时造成日照主要是不同方向的散射辐射，所以民居朝向对太阳运行轨迹回应的特征不明显，综合来看民居的朝向更受地形、排水等因素的影响。

②聚落排水。民居之间保留较多的空地，是民居单体的排水缓冲区。周围的场地基本都为坡地，排水沟（约 600mm 宽，见图 10-11 ⑤）设于各个民居周围，雨水通过排水沟、缓坡快速引入周边山沟、陡坡（最大坡度约 35°，见图 10-11 ⑥）、堡坎（图 10-11 ⑦），使场地基本不积水内涝，开阔的场地便于加快场地表面水分蒸发。部分排水沟用竹筒与猪圈、卫生间、化粪池相联系，利用雨水清洁排污（类似"竹筒分泉"，是一种古老的引水方法；[1] 见图 10-11 ⑧）。

③此外通过调研走访可以知道，民居周边不种植高大的落叶乔木，避免落叶堵塞屋面排水道导致漏水；中心湿地被居民世代有意识地改造（抬升土地，

---

[1]　李长杰. 桂北民间建筑 [M]. 北京：中国建筑工业出版社，1990：8.

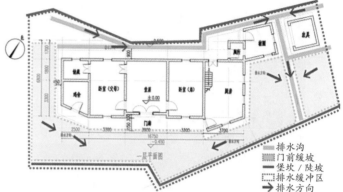

图 10-10　罗旭屯布局与降水的关系

| ①山间谷地 | ②河道 | ③山沟 | ④池塘 |
| ⑤屋后排水沟 | ⑥屋前陡坡 | ⑦屋前堡坎 | ⑧卫生间引水排污 |

图 10-11　罗旭屯的聚落环境要素、排水设施

组织排水），现为农田，降低了环境整体的潮湿度（现场监测农田周边相对湿度为51%，民居室外道路为39%）。

所以聚落布局具有防水防潮的特征。

（2）龙道村

坡地民居组团的朝向为坐东北朝西南，形态为网格式，轮廓近似方形；内部民居单体被纵横巷道划分。此外，南侧坡底洼地布局了池塘（图10-12）。

结合降水特征可知，雨水通过纵横的坡地巷道及两侧的排水明沟（约250mm宽，见图10-13）汇集到聚落前方洼地的池塘。巷道宽约为1.5m，两

侧民居外墙高约为5.5m，高宽比较大，使巷内水分蒸发速度较慢，湿度较组团外部大，现场监测池塘周边相对湿度为33%，巷道内部为37%；此外，排水沟整体宽度较小，局部坡度平缓。与罗旭屯相比，龙道村选址布局不利于大量快速地排雨水。

10.3.3　民居构造材料

（1）罗旭屯

民居单体为三间一幢单休，屋面形式为悬山直坡顶，墙体材料为泥砖墙，见图10-14。结合降水特征可知，见图10-15：

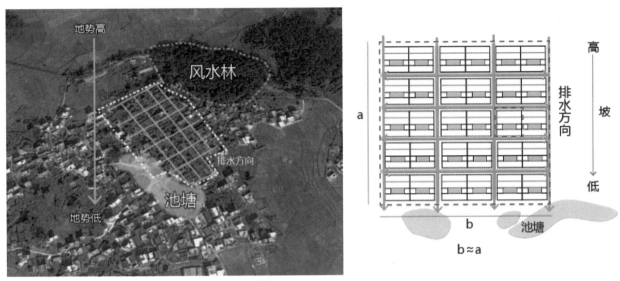

图 10-12 龙道村布局与降水的关系

①横向排水沟	②纵向排水沟

图 10-13 龙道村组团内部的街巷、排水沟

①屋面排水。屋面四面出檐（图 10-14①），通过对典型民居的测绘可知，其入口方向出檐口1.45m，山墙方向出檐0.5m，屋面排水属直坡半组织排水，即雨水经屋面瓦垅瓦坑分流后在檐口自由落下流入室外排水系统，特点为快排，减少屋面渗水，同时屋面出檐较大替上部墙体遮挡飘雨角较大的"风雨"。但屋面在山墙方向出檐较小，对山墙的防水效果较差，住民往往会在山墙处设置附属的单坡仓库（图 10-14②），对山墙起到防水的效果。另外，传统瓦件低温柴草烧制，含沙量高，导致渗水率较高；瓦坑易积灰长草而堵塞，导致排水不畅而漏水，所以居民定期需要更换瓦件、椽等构件防漏水。

②基础/墙基防水。泥砖墙底部的转角处使用青砖、条石拉结，或采用抹角的做法，用砖或块石垫墙基（图 10-14④⑤⑥⑧），同时抬高室内地坪且室内地面素土夯实，具有防溅水、防风雨的特征，基础还可以避免地下水上渗。

③泥墙防潮。墙体为泥砖墙（200mm 厚，图 10-14③），泥砖具有"呼吸作用"般的防潮效果，即当空气潮湿时，吸收凝结于墙面的凝结水，当空气干燥时，释放墙体内的凝结水。通过冬季晴日正午对室内（卧室）外（门廊）温湿度的监测发现，室内温度略高于室外（内 17.5℃，外 14.8℃），湿度低于室外（内 35%，外 38%），根据泥砖材料特性，在汛期其防潮的特征会更明显。

所以，民居体现的也是防水防潮的特征。

①屋面		②山墙边设附属仓库	
③墙体		④卵石墙基	⑤青砖墙基
⑥水泥砖墙基	⑦低洼民居地面长青苔	⑧基础	

图 10-14 罗旭屯民居

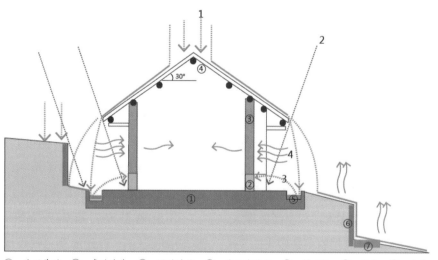

①：块石基础　②：青砖墙基　③：泥砖墙体　④：悬山直坡顶　⑤：排水沟　⑥：堡坎　⑦：山沟
1：直落雨　2：风雨　3：溅雨　4：湿气

图 10-15 罗旭屯民居与降水的关系

（2）龙道村

民居单体为坐东北朝西南的汉化干栏半地居（带天井），屋面形式为硬山顶（图 10-16 ①）。墙体主要为青砖墙，部分民居墙体为组合墙（图 10-16 ⑦），即外为青砖内为泥砖（图 10-16）。

民居厢房及入口门厅的屋面都为单坡且面向天井的形式（图 10-16 ②），同时厢房屋面设置大沟（图 10-16 ③），可以有组织集中排雨水，大部分的雨水都通过屋面流入天井（四水归堂），外墙上部的屋面不出檐口，墙面主要依靠自身青砖的防水性能防水。

半楼居天井较深，底部近似小水池，可收集一定量的雨水，多余的雨水通过基础下方的排水暗沟排到室外的排水明沟（图 10-16 ⑤⑥）。

龙道村的排水模式不利于长期大量排雨水，首先天沟雨水积聚易造成渗水漏雨，其次天井排水孔的尺寸较小（约 100mm×50mm），过多的雨水易从天井外漫至室内。另外，通过对室内的监测，其相对湿度高于室外（室内 42%，室外 38%），所以整体的防潮性能也不如罗旭屯。

10.4　平地典型聚落对降水的回应

10.4.1　聚落选址

（1）黄姚镇

聚落选址于"三江绕九山"①的岩溶盆地。民居组团主体选址于盆地中央的平地，南北东三面分别有小珠江、宁兴江、姚江，共三条河道，见图 10-18。

结合降水特征可知，见图 10-17：

①河道排水，岩溶地貌防水。聚落三面环河道，不同方向的沿岸民居都可快速排雨水至河道；此外地貌为岩溶盆地，地表以石灰岩为主，土质较薄、

①屋面	②单坡屋面	③天沟排水孔	
④天沟排水孔		⑤深天井	
⑥暗沟排水孔		⑦组合外墙	⑧撑手

图 10-16　龙道村民居

---

① "九山"指的是酒壶山、真武山、鸡公山、叠螺山、隔江山、天马山、天堂山、牛岩山、关刀山；"三江"指的是姚江（主）、小珠江、兴宁江。

 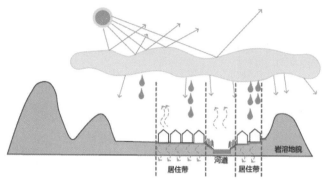

图 10-17　黄姚镇选址与降水的关系

| ①姚江 | ②兴宁江 | ③小珠江 | ④露岩芽 |

图 10-18　黄姚镇周边河道及岩溶地貌

岩芽裸露（图 10-18 ④），积水能力较差，[①] 所以组团场地内部不易积水内涝。

②支流防洪灾。三条主要河道都是径流量较小的次级支流，避免汛期发生过强的洪灾。

所以，选址具有防水防洪的特征。

（2）祉洞村

祉洞村位于贺江中游江水环抱的"汭位"的河谷盆地。北面、西面分别距江岸约 0.5km、1km（村前仅有一条平均宽度不足两米的自然水渠）；东面为山体，相对海拔 250m，山顶与聚落直线距离约为 4km。民居组团位于西高东低的小坡地上（背江，高差约 12m）。

结合降水特征可知，见图 10-19：①雨水主要顺着坡地汇集到坡底洼地（池塘），聚落体现的是

集水的特征；②靠近贺江（西江流域一级支流），选址上对汛期防洪的考虑较黄姚镇弱。

10.4.2　聚落布局

（1）黄姚镇

聚落结构为树枝状，民居单体都沿青石板街巷紧密布局，朝各自街巷方向。街巷下方设排水暗沟系统（图 10-20）。

结合降水特征可知，见图 10-22：

①民居朝向。阴雨多云的天气削弱了到达地表的日照辐射量，同时造成日照主要是不同方向的散射辐射，因此民居朝向对太阳运行轨迹特征的回应不明显，综合来看民居的朝向更受地形、排水等因素的影响。

---

① 申远华. 昭平县志 [M]. 南宁：广西人民出版社，1992：第二篇，第二章，第三节岩溶洼地.

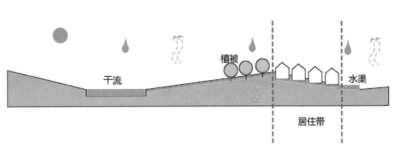

图 10-19　祉洞村选址与降水的关系

②聚落排水。近江区域民居直接排水入江；坡地区域利用地形排水；内部平地区域民居户与户之间若纵向排列则共墙相连，按横向排列则隔巷而建[①]（"连房广厦"），形成内天井外街巷的相对封闭的小街区格局，并于天井、基础、青石板街巷下方建造排水暗沟体系（见图 10-21③④），即从各天井、巷道支暗沟汇入主商业街（金德街、安乐街）主暗沟并排入姚江水尾。巷、街节点处都为丁字口，有利于缓解暗沟的排水压力，用青石板铺砌街巷（图 10-21①②），便于防水排水，综合使场地不易积

水内涝，但布局的防潮性能不明显。冬季晴日监测聚落外部相对湿度为 29%，内部街巷为 37%，聚落湿度内部高于外部。

③此外通过调研走访可以得知，民居周边不种植高大的落叶乔木，避免落叶堵塞屋面排水道导致漏水。

所以聚落布局主要体现的是防水的特征。

（2）祉洞村

坡地民居组团的朝向为坐西朝东，形态为梳式，平面轮廓为窄长方形；内部民居单体被东西向巷道划分（巷道两侧无排水明沟，见图 10-23②③），

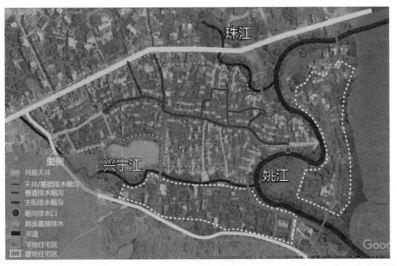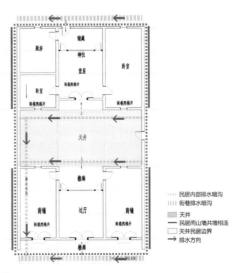

图 10-20　黄姚镇布局与降水的关系

---

① 陈理，苍铭. 黄姚古镇 [M]. 北京：民族出版社，2007：32.

| ①石板街 | ②石板巷 | ③暗沟入水孔 | ④沟出水口 |

图 10-21　黄姚镇街巷及其排水口

民居之间留有间隙，排列规整。此外，东侧坡底布局池塘，见图 10-23①。

结合降水特征可知，雨水通过梳式的坡地巷道汇集到聚落前方洼地的池塘，见图 10-22。巷道无排水沟，局部坡度平缓，易造成内涝，与黄姚镇相比，不利于大量快速地排雨水。

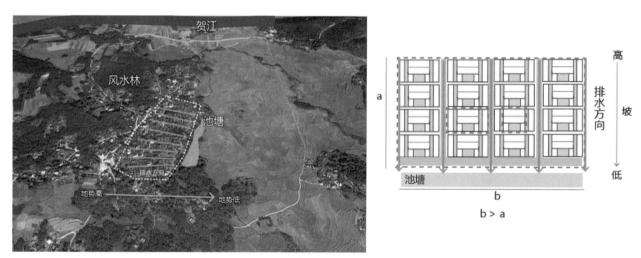

图 10-22　祉洞村布局与降水的关系

| ①池塘 | ②主街 | ③巷道 | |
| ④水口 | | | |

图 10-23　祉洞村街巷及排水口

10.4.3　民居构造材料

（1）黄姚镇

民居单体为天井式（C 型），主要由上下座三间一幢单体及围墙围合组成（厢房功能不突出），部分民居围墙面开侧门；屋面形式为硬山直坡顶，墙体材料为青砖墙（图 10-24）。结合降水特征可知：

①屋面排水。屋面为硬山顶（图 10-25③），前后纵墙方向出檐较大。其中入口方向屋面利用撑手构造或山墙"山出"支撑檐椽，形成入口檐廊（图 10-25①）灰空间以遮挡飘雨角较大的风雨；相邻的住宅通过共墙相连的方式达到山墙防雨水的目的（图 10-25②）；直坡半组织快速排水方式，避免屋面渗水。

②天井及暗沟排水。民居内部屋面的雨水从天井的排水口（图 10-25④）流入基础下方的暗沟和巷道、街道的排水主暗沟，最终排入姚江水尾；条石砌筑基础（图 10-25⑥），抬高基础的同时

室内铺隔水性能好的石板砖或青砖防止地下水上渗（图 10-25⑧）。

③墙体防水。墙体的砌体主要为青砖（墙体表面无抹灰，[①] 图 10-25⑦）具有自防水的性能。

通过监测，天井的相对湿度为 57%，室内为 45%，较室外街巷高，防潮性能较差，综上可知民居主要体现的是防水特征。

（2）祉洞村

民居单体为坐西朝东的三间两廊、从厝，其中三间两廊民居外轮廓长宽比接近 1∶1（实际测绘一民居单体，长约为 11m，宽约为 10m），屋面形式为悬山顶。外墙材料为青砖，部分民居为泥砖。

民居构造材料自防水的特征不明显。首先，屋面由于出檐较小，而建筑层高较高，檐下挡雨的效果不佳；其次，聚落中青砖墙 + 悬山顶（图 10-26①），泥砖墙 + 硬山顶（图 10-26②）的组合，以及檐口下方置雕刻精美的高横梁（易受雨水侵蚀

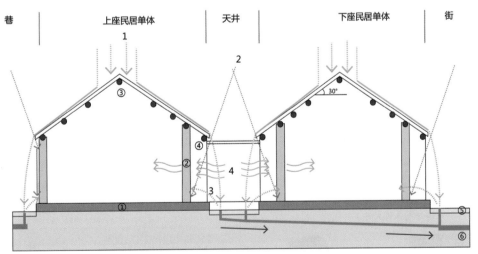

①：条石基础　②：青砖墙　③：硬山直坡顶　④：檐廊　⑤：青石板　⑥：排水暗沟
1：直落雨　2：风雨　3：溅雨　4：湿气

图 10-24　黄姚镇民居与降水的关系

① "…粉饰的灰浆容易在雨水和太阳下剥落反而影响美观。" 蒋江生. 漓江流域古村落研究 [D]. 杭州：浙江工业大学硕士学位论文，2013：26.

①檐廊	②山墙相互紧挨	③直坡屋面	④井排水口
⑤天井	⑥条石基础	⑦青砖墙	⑧石板砖地面

图 10-25 黄姚镇民居

腐坏，见图 10-26⑧）等构造都不符合建筑防水的逻辑，可能是出于别的考虑，如地域文化、防晒等。

堂屋、两廊屋面的雨水流入天井（图 10-26③），左右从厝屋面雨水流入冷巷（长天井，图 10-26④），并最终都从天井前方的排水口（图 10-26⑤⑥）

排到屋外巷道，流入池塘。天井井坑尺寸较大（测绘民居的天井井坑尺寸为 4.5m×2.4m）且坡度平缓，排水孔的尺寸较小（约 100mm×100mm），与黄姚镇相比，此排水模式不利于大量快速地排雨水。

①砖墙悬山顶	②泥墙硬山顶	③天井	
④冷巷（长天井）		⑤排水孔	
⑥排水孔	⑦悬山顶	⑧高横梁	

图 10-26 祉洞村民居

10.5 小结

10.5.1 乡土聚落对降水回应的特征

通过对罗旭屯（观察区的典型山地型聚落）、龙道村（对照区的典型山地型聚落），黄姚镇（观察区的典型平地型聚落）、祉洞村（对照区的典型平地型聚落）的选址、布局、民居构造材料的研究，可知观察区聚落对降水的回应特征：

（1）选址方面

首先聚落都具有防洪的特征，聚落选址都位于径流量小的支流，且与河道都存在一定的高差。

其次聚落具有防水的特征，其中山地型聚落的民居组团散点选址，规模受坡地大小影响，利用坡地及周边的山沟快速排水；平地型聚落靠近河道，利用河道快速排水，地表整体的石灰岩是天然的排水防水材料。

此外，山地聚落民居组团都选址于山腰，与山谷湿地存在高差，具有防潮的特征。

（2）布局方面

山地聚落民居组团为散点型，组团内部民居都沿所在坡地的边沿散点布局；平地型聚落为树枝状，民居单体都沿青石板街巷紧密布局，即"连房广厦"，形成内天井外街巷的小街区格局。民居的朝向不一致，山地型民居沿各自坡地边沿背山而立，平地型民居朝向各自街巷。

聚落都具有防水的特征。其一，民居周边不种植高大的落叶乔木，避免落叶堵塞屋面排水道导致漏水。其二，排水。山地型民居利用空旷场地设置排水沟/缓坡形成排水缓冲区，将雨水从坡地边沿的山沟/堡坎/陡坡快速排出，部分排水沟通过与卫生间联系，利用雨水清洁排污；平地型聚落中，近江区域民居直接排水入江；坡地区域利用地形排水；内部平地区域民居通过天井、基础、青石板街巷下

方的排水暗沟体系系统排水，街巷节点都为丁字口。

此外，山地型聚落还具有防潮特征，其一居民将湿地改造成农田；其二散点民居布局导致周边场地开阔，便于加快场地表面水分蒸发。

（3）民居方面

民居的基本类型都为三间一幢单体，其中平地型民居由上下座三间一幢单体组合形成天井式，两廊及厢房的功能不明显。山地民居屋面为悬山直坡顶，墙体为泥砖墙；平地民居为硬山直坡顶，墙体材料为青砖墙。

聚落都具有防水的特征，其一，山地民居纵墙方向出檐较大，山墙（进深）方向出檐较小，对山墙的防水效果较差，住民往往会在山墙处设置附属的单坡仓库，替山墙挡雨；屋面排水属直坡半组织排水，快速排水防屋面渗水，同时屋面出檐较大替上部墙体挡雨。泥砖墙底部防水的做法是用砖或块石垫墙基，转角处使用青砖、条石拉结，或采用抹角的做法，同时抬高室内地坪且室内地面使用素土夯实，以防地下水上渗。

其二，平地民居为青砖墙（墙体表面不抹灰），具有自防水的性能；入口方向屋面利用撑手构造或山墙"山出"支撑檐椽，形成入口檐廊挡雨；相邻的住宅通过共墙相连的方式达到山墙防雨的目的；用条石砌筑基础，在抬高基础的同时，室内铺隔水性能好的石板砖或青砖可以防止地下水上渗；屋面也为直坡半组织快速排水方式，民居内部屋面的雨水从天井的排水孔通过排水暗沟体系排水。

此外，山地民居的泥砖墙具有防潮的性能。

综上所述，山地型聚落在选址、布局、民居构造材料方面都具有防水防潮的性能，平地型聚落主要体现的是防水的性能。黄姚镇选址的岩溶地貌同时容易造成秋冬旱发生以及耕地不足的困难，此外紧凑的布局以及天井的设置都不利于防潮。传统民

居的屋面是防水最薄弱的构造。

10.5.2 回应降水产生的聚落文化

在降水观察区，住民对降水的回应产生了一系列文化特征：

（1）制度方面，通过制度约束和保持聚落的空间格局。在黄姚古镇，民众建房首先向族长提出，理事会接报后根据先后顺序和用途统一安排，住宅在小巷、街区，商铺在大街。因地制宜建房，界址由理事会定出，不能更改更不能私自建房。①

（2）营造方面，在山地聚落，每年秋收过后的农闲旱季是住民造房的集中期。备料主要为泥砖，或将田泥混干草，用牛踩实成泥坯后印模自然阴干成砖，整个过程需近两个月。之后用备好的泥砖砌筑墙体，小房需约1200块砖，大房约6000~8000块。建房过程只需3天至半个月（每人每日制砖和码砖的速度都约为200~300块）。“生土墙经若干年风吹日晒，泥土里的化学成分改变，变为高效肥料，农民把它们拆卸打碎作肥料回田，可使瘦田变肥田。”②

（3）维护方面，由于传统烧制瓦的材料是柴草，所以烧制温度较低（低于500℃），瓦件含沙量高，渗水率高。此外，屋面易积灰长草，导致瓦坑排水道堵塞，雨水下渗从而漏雨。所以，居民需要定期在晴天清理屋面瓦坑水道，三年左右翻修屋面，更换屋面的瓦、椽。

（4）习惯方面，住民有利用阴凉环境发酵食物的习惯，如罗旭屯制作腌菜，黄姚古镇制作豆豉③、话梅④等等。此外普遍有“晴耕雨读”顺应气候特征的行为习惯。

（5）信仰方面，普遍有祭祀水神的风俗，如罗旭屯住民在村内修建秀龙庙，黄姚古镇住民“在农历七月十四办柚子节祭祀河神，希望在夏季雨水丰沛的季节，江河不要泛滥”⑤。在黄姚镇，住民还有对龙、鲤鱼、乌龟等水生动物的崇拜，保留着如“漫笑石心终不转，一逢雷雨便成龙”的盘道石鱼等景观（图10-27、图10-28）。

图10-27　柚子节放水灯⑥

图10-28　盘道石鱼

① 郑善善．广西黄姚古镇空间形态解析[D].沈阳：沈阳建筑大学硕士学位论文，2011：29.
② 汤国华．岭南湿热气候与传统建筑[M].北京：中国建筑工业出版社，2005：82.
③ 李树枏、吴寿崧《昭平县志》（1934年）载：“其（豆豉）制法以黑豆或朱砂豆一百一十斛。先用水洗净，置于木甑，炊三小时许倒入冷水浸至靓身。捞起复用甑炊至大气上升，甑盖有水珠，即用大箕摊冻后，藏入霉房，用霉篱摊开压便之霉。越七日，以江水洗净，入落篓，又七日再入大箕，于早晨摊晒，用手捞二次后，俟底面转靓便成豆豉。”见陈理、苍铭《黄姚古镇》。陈理，苍铭．黄姚古镇[M].北京：民族出版社，2007：123.
④ “这种话梅如果储藏得好，防潮防蛀，可保存数年而不变质。”陈理，苍铭．黄姚古镇[M].北京：民族出版社，2007：124.
⑤ 包卓灵．大地之居：黄姚古镇栖居模式述论[D].南宁：广西民族大学硕士学位论文，2009：15.
⑥ 陈理，苍铭．黄姚古镇[M].北京：民族出版社，2007.

第 11 章

乡土聚落对日照的回应

11.1 日照组的观察区、对照区概况

日照组的研究范围由日照观察区（龙州，日照高值区周边，与其同纬度）、日照对照区（隆林、江南）组成（图 11-1）。

龙州在日照高值区周边，与高值区同纬度，且受降水、风力等其他气候因子的影响较其他区域小，是研究聚落对日照主导因子回应特征的典型区域；位于左江上游，广西西江流域南端，介于北纬 22° 8′ 至 22° 44′，东经 106° 33′ 至 107° 12′ 之间。

对照区的隆林位于右江上游，介于北纬 24° 22′ 至 24° 59′，东经 104° 47′ 至 105° 41′ 之间；江南区位于邕江上游，介于北纬 22° 20′ 至 22° 53′，东经 107° 56′ 至 108° 22′ 之间。

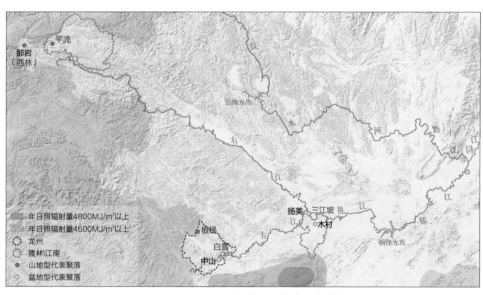

图 11-1　日照组区位、范围及代表聚落分布图

11.1.1 气候概况

11.1.1.1 观察区（龙州）的日照、气温特征

①年平均日照时数为 1547.1 小时。境内地势平坦的地区日照时数较多，峰丛洼地、谷地的山区较少，东西坡向较少，南坡向较多。②太阳总辐射量为 107.5kcal/cm^2，7 月份为 12kcal/cm^2 以上。③年平均气温在 21~22.1℃之间。7 月平均气温为 27.1~28.1℃，极端最高气温为 41.6℃，1 月平均气温 12.2~14.1℃，极端最低温度为 -3℃。龙州盆地（水口、下冻）海拔高度较低，温度较周围高。金龙（板梯村所在镇）海拔较高，温度比龙州低 0.6℃以上。此外地区三面环山，冬季缺口迎着冷空气，降温较强烈。

11.1.1.2 对照区（隆林、江南）的日照、气温特征

（1）隆林：①年平均日照时数为 1763.9 小时。12 月~次年 2 月日照时数为 278.3 小时；6~8月为 563.1 小时。日照时数的空间分布有低地多、高山少的特点，如德峨（海拔 1500m）3~12 月比城区（海拔 600m）偏少，为 389.6 小时。②年均太阳总辐射量为 108.81kcal/cm^2。12~2 月，总辐射量为 5.13~5.9kcal/cm^2；6~8 月为 10.52~12.16kcal/cm^2。③城区年均气温 19.1℃，7 月平均气温 25.5℃，极端最高气温 39.9℃；1 月平均气温 10.0℃，极端最低气温 -3.1℃。气温随着高度递增而降低，垂直变化显著。根据推算，平流屯（海拔约 1000m）年、月平均气温约低于城区 2℃。

（2）江南：①年平均日照时数为 1584 小时。②年日照太阳辐射年平均 108.3kcal/cm^2。③年平均气温 21.6℃，七月平均气温 28.3℃，极端最高气温在 34.4~40.4℃之间；一月平均气温 12.8℃，极端最低气温为 -2.1℃。

气候特征详见表 11-1。[①]

日照组观察区、对照区气候详表   表 11-1

日照 / 气温[②]						
日照组	年日照辐射量（kcal/cm^2）	年日照时数（h）	年均气温（℃）	1月气温（℃）	7月气温（℃）	极端最高气温（℃）	极端最低气温（℃）
观察区（龙州）	107.5	1547.1	22.4	14.2	28.3	41.6	-3
对照区 1（隆林）	108.8	1763.9	19.1	12	25.5	39.9	-3.1
对照区 2（江南）	108.3	1584	21.6	12.8	28.3	40.4	-2.1

---

① 数据来源：
（1）黄红辉等 . 龙州近 30 年气候特征及变化分析 [J]. 企业科技与发展，2011（18）：134-136.
（2）黄中雄 . 广西南宁市农业气候资源分析与合理利用对策 [J]. 安徽农业科学，2010，38（3）：1309-1312.
（3）杭维光 . 隆林各族自治县民族志 [M]. 南宁：广西人民出版社，1989：第一篇，第六章气候物候 .
（4）陆德宁 . 南宁地区志 [M]. 南宁：广西人民出版社，2009：第二编，第三章气候物候 .
（5）俞晋良 . 龙州县志 [M]. 南宁：广西人民出版社，1993：自然环境志，第三章气候物候 .
② 表格中年日照辐射量与年日照时数值出现对照区比观察区大的情况，原因之一是地区地形类型及海拔变化较大，局部的数值不能完全代表全境的情况，如隆林县"德峨（海拔 1500m）每个月的日照时数都比新州（海拔 600m）少，其中 3~12 月共偏少 389.6 小时"（见《隆林各族自治县民族志》，第一篇，第六章，第一节日照太阳辐射）。通过比较《县志》与《广西气候》（2007）等著作的专业科学性，结合实地考察，研究以《广西气候》（2007）中的区划数据为参照，设定观察区与对照区。

续表

风					
日照组	年盛行风	夏季风	冬季风	年均风速	夏季风速	冬季风速
观察区（龙州）	东风、西南风	西南风	东风	0.8	0.7	0.9
对照区 1（隆林）	东北、西南风	东北、西南风	东北风	0.9	0.9	0.73
对照区 2（江南）	东风、东南风	东风、东南风	东风、偏北风	1.8	1.9	1.6

降水							
日照组	相对湿度（%）	年均降水量（mm）	年蒸发量（mm）	年均雨日（d）	3~5 月雨量（mm）	6~8 月雨量（mm）	9~11 月雨量（mm）	12~2 月雨量（mm）
观察区（龙州）	—	1260.4	1112.8	—	350.2	642.5	226.8	85.8
对照区 1（隆林）	—	1157.9	1495.5	—	258.2	605.6	237.4	55.6
对照区 2（江南）	79	1304.2	1397.7	155.1	343.8	620.9	236.6	102.9

11.1.2　地理概况

11.1.2.1　观察区（龙州）

龙州[①]主要的地貌类型可以分为三类。①水口河—左江溶蚀侵蚀谷地盆地地区（白雪屯所在地区）。盆地中一般发育有二级阶地及台地，第一级高出河面 15~20m，沿两侧河岸分布，第二阶地一般高出河面 35~40m，外围多是高达 80~150m 的峰林峰丛。由于岩层透水，同时西南的大青山及南面的十万大山阻挡气流降雨较少，使区域内地表易干旱。②大青山地区。大青山山脉位于县境西南部，最高峰海拔 1045m，其余 800~1000m 的山峰有 19 座，为中山地貌。③峰林峰丛区，如左江至金龙一带的峰丛洼地（板梯村所在地区）。峰丛山体高大，山坳的位置也较高，之间为巨大闭塞的圆洼地或干谷。地表干旱缺水，地下水则较为丰富，往往从山麓的溶洞流出。由于植被覆盖率达 90% 以上，地区空气湿度较大，有的低洼地方甚至积水成池塘。

11.1.2.2　对照区（隆林、江南）

（1）隆林[②]：地处云贵高原的东南边缘，特点是山多、水少；地势南部（最高海拔 1950.8m）高于北部（最低海拔 380m），自西向东倾斜。

地貌结构有土山区（非溶岩）和石山区（溶岩）两大类。土山区面积 2462.2km²，特点是山体高大，呈东西走向，山脉延绵，河谷较开阔，有较广的河漫滩和阶地。石山区面积 1090.76km²，特点是石山较高大，山峰常在 1000m 以上，山坡上尖峰密集，群峰间经常深陷形成倒锥形圆峒。

（2）江南区[③]：地貌主要有山地、丘陵、阶地平原、台地和河谷平原五类。其中山地为十万大山余脉，主要集中在吴圩镇、苏圩镇；丘陵地带主要分布在西南部。阶地平原分为四级，其中一级阶地海拔 73~75m，地面平坦，分布于河流凸岸处。台地的海拔在 120m 以下，可分为两级，一级台地海拔 90~100m，相对高差 10~20m，坡度 5°~10°；

① 余晋良. 龙州县志 [M]. 南宁：广西人民出版社，1993：自然环境志，第二章，第一节地貌类型.
② 杭维光. 隆林各族自治县民族志 [M]. 南宁：广西人民出版社，1989：第一篇，第五章地貌.
③ 南宁市江南区地方志编纂委员会. 南宁市江南区志 [M]. 南宁：广西人民出版社，2008：第一章，第二节自然环境.

二级台地海拔 110~120m，相对高差 30~40m，坡度 5°~15°，主要分布于江西镇（三江坡所在镇）以北至杨美村等地。河谷平原在吴圩镇、苏圩镇连成一大片，海拔高度 70~80m，为石灰岩与土山之间的平坦地形，地面大部分在同一水平线上。土壤有机物少，为砖红壤性土。

11.2 各区域中乡土聚落空间特点及其类型

11.2.1 观察区

结合观察区地理特征及乡土聚落实际分布可知：

平地型传统乡土聚落主要分布在龙州县东部的左江河谷（响水镇、上金乡，地理位置上较接近日照高值区）地区，选址紧邻地区干流（左江），聚落规模较均等，形态为组团型，轮廓近似圆形（图 11-4 ①），即民居单体紧密布局形成团状，外围及内部都分布乔木林及池塘等聚落要素。单个聚落中民居朝向相对一致，各个聚落民居的朝向并不相同，但基本都不朝正南正北方向，更多为偏东方向（图 11-2、图 11-3）。部分聚落的中心为池塘，南北方向无民居分布，形成了东西两个民居组团片区（图 11-4 ②）。

山地型乡土聚落主要分布在龙州县西北部的平峒地区（金龙镇）地区，现存传统乡土聚落数量极少，选址于山麓或山前洼地，聚落的布局、民居的朝向与平地相似，但规模较小（图 11-4 ③）。

11.2.2 对照区

（1）江南区平地型聚落

江南区北部的左右江、邕江流域地区是平地型聚落的集中区（江西镇，地理位置上距离日照高值区最远）。境内的山地聚落在干流沿岸、内陆都有分布，较为均衡。有两种类型，一种为网格型（图 11-5 ①），轮廓近似矩形；一种为以网格式民居组团围绕池塘形成的放射型（图 11-5 ②），轮廓为近似圆形。两种类型聚落的民居单体之间都被横、纵向道路划分，其中网格型聚落中民居朝向相对一致，放射型聚落中民居无统一固定的朝向，各朝向中包括南北朝向。

（2）隆林县山地型聚落

隆林县西南部的土山地区海拔约在 1000m 以上，是山地型聚落的较集中的区域（金钟山乡）。境内的山地聚落选址在山腰。有两种类型，规模较小的为离散型（图 11-6 ①），民居多在坡地垂直方向上离散布局（不同于降水观察区的山地型聚落）；规

图 11-2 左江河谷地区平地型聚落分布及朝向特征

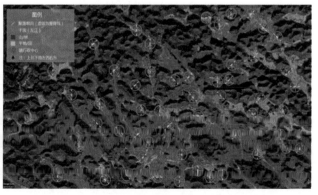

图 11-3 平峒地区山地型聚落分布及朝向特征

观察区

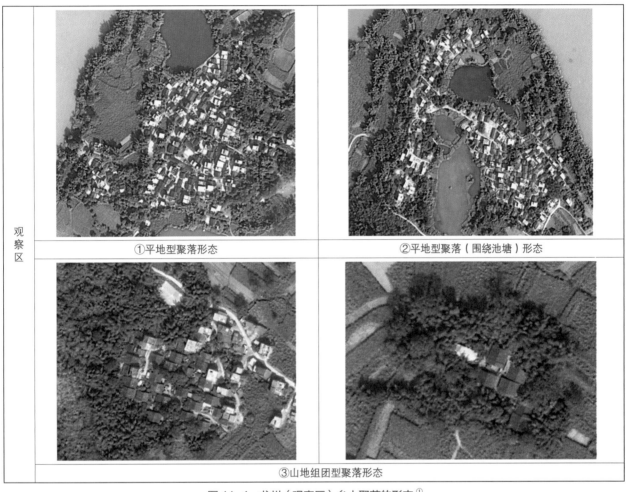

①平地型聚落形态　　②平地型聚落（围绕池塘）形态

③山地组团型聚落形态

图 11-4　龙州（观察区）乡土聚落的形态①

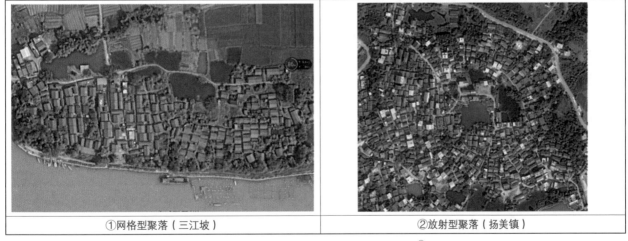

①网格型聚落（三江坡）　　②放射型聚落（扬美镇）

图 11-5　江南（对照区）乡土聚落的形态②

①② 谷歌地球 . 卫星地图 [DB/CD]. https：//www.google.com/earth，2019-10-15.

模较大的多为组团型（见图 11-6 ②），[1] 但民居布局不如龙州山地组团型聚落紧凑。聚落中民居朝向相对一致，主要是偏南或者偏北。

11.2.3　民居类型

根据图 11-1、图 7-6《广西汉族地居建筑类型分区》和图 7-5《广西壮族干栏建筑类型分区》（第七章）及实地调研可知：

（1）观察区：①接近日照高值区的龙州县境内代表性乡土聚落较少，以盆地型乡土聚落为主。盆地型乡土聚落的民居单体为纵长方形前一明两暗后厅型单体，泥砖墙，入口处设檐廊，如上金乡白雪屯（图 11-7 ②）、中山村民居（图 11-7 ③）。②山地型聚落的民居单体为纵长方形干栏，受光面出檐较大，如板梯村那桧屯民居（图 11-7 ①）。

（2）对照区：①江南区民居单体为横长方形一明两暗青砖单体，入口处设檐廊，或由两上述单体组合形成的天井式（侧面开门），如扬美镇（图 11-7 ⑦）、

三江坡民居（图 11-7 ⑥）。②隆林县传统乡土聚落的民居单体为横长方形干栏，如平流屯民居（图 11-7 ④）、那岩屯民居（西林县，图 11-7 ⑤）。

11.2.4　典型乡土聚落

根据以上对观察区、对照区聚落和民居共性的梳理，可以将日照组的聚落分为四种类型，同时选择一个典型聚落做进一步研究，分别为观察区山地型聚落，以那桧屯 [3] 为例；观察区平地型聚落，以白雪屯为例；对照区山地型聚落，以平流屯（隆林）为例；对照区平地型聚落，以三江坡（江南）为例。

研究在对上述四个典型乡土聚落调研的基础上，分别通过观察区与对照区山地典型聚落、观察区与对照区盆地典型聚落在选址布局、民居构造材料等方面的比较，得出观察区聚落对日照的回应特征。

各典型聚落区位见图 11-1，其概况分列如下：

（1）那桧屯。金龙镇板梯村那桧屯位于龙州县西北部，与越南接壤，聚落中心经纬度为北纬

①散点型聚落（金钟山乡）　　②组团型聚落（平流屯）

图 11-6　隆林（对照区）乡土聚落的形态 [2]

① 在雷翔（2006）著作中称为自由网络型，由于较难从道路关系确定聚落形态，根据其聚落的社会组织逻辑及形态特征，本文中将其称为组团式。
② 谷歌地球.卫星地图 [DB/CD]. https://www.google.com/earth，2019-10-16.
③ 暂不属于《中国传统村落名录》，来源于资料《广西民族传统建筑实录》（1991，第18页）对龙州勾栏棚的记载和实地调研。书名委员会.广西民族传统建筑实录 [M]. 南宁：广西科学技术出版社，1991：18.

图 11-7　日照组的典型民居类型

22° 38′ 45″，东经 106° 44′ 24″；地貌属左江上游、海拔 390m 的岩溶峰丛洼地。板梯村属侬姓为主的世居壮族聚落，由 6 个自然屯组成，人口约为 900 人，人均年收入 2338 元（2011 年）；主要生业为农业（稻、甘蔗）、养殖业（牛、鸡、竹鼠）。

　　（2）白雪屯。上金乡卷蓬村白雪屯位于龙州县东北部，聚落中心经纬度为北纬 22° 22′ 59″，东经 107° 03′ 18″；地貌属左江上游（丽江）、海拔 125m 的溶蚀盆地；属何、侬、王姓为主的世居壮族聚落，由上下片建筑组团组成，人口约为 144 户 840 人；主要生业为农业（稻、甘蔗）、渔业；周边有 6 处花山岩画的遗址。

---

① 左江日报 . 龙州县上金乡两个"中国少数民族特色村寨"揭牌 [N/OL]. https://mp.weixin.qq.com/s/nNiFZ0Dsuf1XhzhUGEgFFw，2020-04-15/2021-06-24.

（3）平流屯。金钟山乡平流屯位于隆林县西南部，聚落中心经纬度为北纬24°39′35″，东经104°54′56″；地貌属右江上游、海拔1000m的山地，土山地貌；属世居壮族聚落，人口约为440人；主要生业为农业。

（4）三江坡。江西镇同江村三江坡位于南宁市西部，聚落中心经纬度为北纬22°49′60″，东经108°05′36″；地貌属左右江与邕江交汇口、海拔80m的阶地，流水地貌；属宋梁黄荣曾劳6姓为主的汉壮混居聚落，村域面积300多亩，人口约为700人；主要生业为农业（稻、芋、葱）和渔业。

11.3 山地典型聚落对日照的回应

11.3.1 聚落选址

（1）那桧屯

聚落选址在山麓西南面的坡地。地区的石灰岩山体由于受到地质、水流、风、生物等自然力的作用，形态上是一个个相对高度在100~200m、上小下大的锥体。峰林及其山麓周边自然植被覆盖率高且有地表水水源（图11-11④），使区域空气湿度较大，有的低洼地甚至积水成池塘（图11-11⑤⑥）。

结合日照特征可知：

①山群的形态走向阻隔了部分上午和傍晚的入射角度较低的日照，聚落背靠的石山遮挡了主要的北向光照，在山麓产生遮阳区（图11-8①）。

②下垫面植被、湿地、池塘的热容较大，蓄热能力强，对周围空气辐射的热量较小，所以产生了受强日照辐射影响小的局部阴凉潮湿区（图11-8②）。

（2）平流屯

聚落选址于西南侧的土山山腰。位于海拔1000m的高山原始森林地区，所在地地貌属土山地貌，常云雾罩山。结合日照特征可知：

①受海拔、下垫面与云雾等因素的影响，日照总辐射量较少，其中日照散射辐射量较大。

②聚落依靠山体阻挡了部分偏南、西向的日照辐射。

③原始森林植被集中在聚落外围的山坡，植被与聚落的关系不如那桧屯紧密。

11.3.2 聚落布局

（1）那桧屯

坡地民居组团的朝向为坐东北朝西南，形态为组团型，轮廓近似圆形。民居与植被紧凑布局形成团状。聚落周边洼地为水田，水田外围为旱地（图11-10）。

结合日照特征可知：

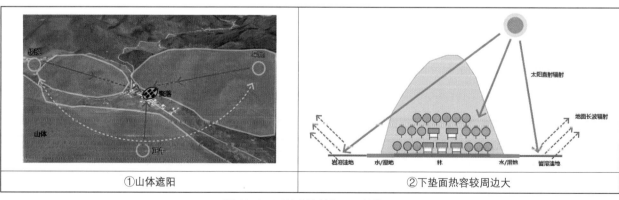

①山体遮阳	②下垫面热容较周边大

图11-8 那桧屯选址与日照的关系

①坡地地形、组团形态及朝向都减少了聚落受正午南向的阳光辐射量。首先坡地地形较平地地形较少了日照辐射量（图11-9①）；其次近似圆形的组团最大限度减小受光面（图11-9②）；此外民居组团的朝向避免了南阳阳光的直射（图11-9③）。

②植物遮阳。一方面高大浓密的树冠（图11-11③）能够阻挡主要的太阳直射辐射，池塘周边的乔木遮阳还可以避免水资源过度蒸发。另一方面，植物的光合作用与蒸腾作用分别吸收太阳能与空气热能，从而保证微环境的湿度、温度维持在一定的适宜范围内，从而创造较外部更为阴凉潮湿的环境。冬季晴日正午监测到水田相对湿度为47%，温度为26.5℃；树荫下湿度为51%，温度为25.2℃。

③水田隔热。池塘、聚落周围的水田（图11-11②），热容较旱地（图11-11①）、岩溶地表大，减小聚落外部热空气向内部的传递。

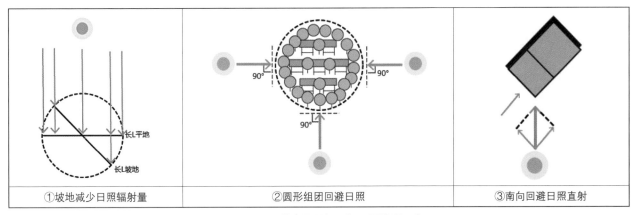

| ①坡地减少日照辐射量 | ②圆形组团回避日照 | ③南向回避日照直射 |

图11-9　那桧屯民居组团与日照关系示意

图11-10　那桧屯布局示意图[①]

---

① 谷歌地球.卫星地图 [DB/CD]. https：//www.google.com/earth，2019-10-15.

图 11-11 那桧屯的自然环境要素

①旱地　②水田　③植被　④水源　⑤池　⑥渠

（2）平流屯

坡地民居组团的朝向为坐东北朝西南（面山），民居组团及单体的北侧分布着少量树木。结合日照特征可知，组团及民居的朝向减少了南向阳光的直射，但是组团布局及利用植物（图11-13③）遮阳的特征不明显，通过冬季晴日正午的监测，聚落内部的湿度（51%）小于外围（53%），温度（19.9℃）大于外围树林（18.7℃）。此外，聚落周边的土山地区分布较多的原始森林，整体下垫面热容较大，没有明显类似那桧屯周边为水田、池塘外为旱地，有意改善周边下垫面环境的格局，见图11-12。

11.3.3 民居构造材料

（1）那桧屯

民居单体为纵长方形干栏，屋面为悬山直坡顶，纵墙封闭不开窗，山墙为大叉手满枋跑马瓜，枋之间都留枋宽的空隙，较为通透（图11-16①）。

结合日照特征可知（图11-14）：

①纵长方形干栏民居，属前一明两暗后厅型，长宽比3∶2（数据来源于实地测绘典型民居，下同），单体都背山面洼地（坐东北朝西南），较窄的入口面为主受光面，以较小的向阳面容纳较大的体积，具有遮阳的特征，见测绘平面图11-15。

②屋面遮阳。屋面为悬山直坡顶（图11-16③），出檐较大（图11-16⑧），高度较高（脊檩底距地面4.6m，见图11-16⑥⑩）；北坡长于南坡，其中在主受光面（主入口面）出檐1.5m（其余三向出檐0.8~1.1m）形成檐廊空间（图11-16②），檐口距二层廊道地坪为1.7m，即一人高，使受光面外墙大部分处在阴影之内，具有减少南向阳光直射、四曲遮阳（主要是遮挡偏南的光照）的特征。屋面构造单薄，热阻小，隔热性能较差。

图 11-12　平流屯布局示意

| ①山体 | ②组团 | ③植被 |

图 11-13　平流屯的民居组团、环境特征

③纵墙遮阳。纵墙为木板墙或木筋草泥墙，不设窗，入户门的高度为 1.7m，整体上封闭性强（图 11-16④⑪），以遮挡日照直射辐射、散射辐射，以及来自屋面、外环境的长波热辐射，但墙体受材料的限制，热阻较小，隔热性能也较差，主要体现的是遮阳的特征。

④楼板隔热。干栏民居底层架空（图 11-16⑭），架空高度约 1.4m，同时居住层有楼板阻隔（图 11-16⑦），另外卧室上方设置阁楼板（图 11-16⑬），可以分别阻隔来自室外地面、屋面的长波热辐射，减小对室内气温的影响。

⑤山墙、架空层、居住层大空间散热。山墙结构为大叉手满枋跑马瓜，枋与枋之间的空隙较大，以代替窗户通风采光（图 11-16⑤⑩），局部较私密

的空间外墙用泥混合龙须草敷墙（图 11-16⑨），并在高处设通风孔。居住层室内不设房门，靠隔墙、家具分割空间；隔墙有竹篾、墙板两类（图 11-16⑫），高度约在 2.2m，室内空间较通透；来自室外阴凉的林风从两侧山墙、架空层的空隙进入室内（双面通风），带走室内环境的湿气、热量，同时改善空气质量。

另外，由于民居整体的散热性能较好，冬季正午监测室内（闲置）温度为 20.8℃，低于室外树荫 25.2℃，所以当地民居会建造较大的火塘（测绘民居的火塘尺寸为 3200mm×900mm，图 11-16⑯）在低温的冬季尤其是夜晚生火供暖。此外，民居前方加建用于晾晒衣服、食物的晒台（图 11-16⑮），是对光照的利用。

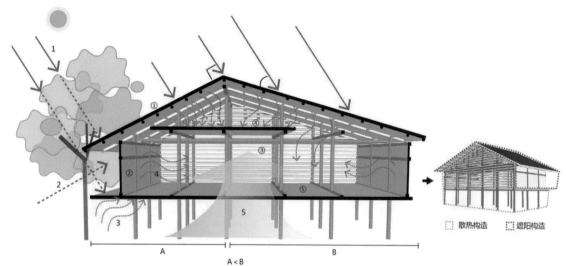

1：太阳直射辐射　2：太阳散射辐射　3：室外地面的长波辐射　4：维护结构内表面的长波辐射　5：通风散热
①：悬山屋面　②：封闭纵墙　③：开敞山墙　④：阁楼板　⑤：楼地板

图 11-14　那桵屯民居与日照的关系示意

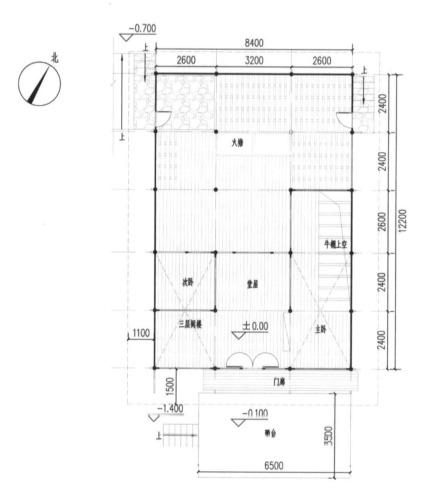

图 11-15　那桵屯民居测绘（二层居住层平面）

图 11-16　那桧屯民居

（2）平流屯

民居单体为坐东北朝西南的横长方形干栏（图11-17①），屋面为悬山，山墙两侧出披檐（图11-17②），西南面入口设门廊（图11-17⑧）。结合日照特征可知：

①民居单体为前堂后室型，面阔与进深的比为2：1，主受光面较长。

②屋面四向出檐都近0.7m，檐口距居住层地坪2.45m，南北坡坡长相等，遮挡各个方向部分的日照辐射，包括散射辐射。

③外墙与内墙、楼板都为封闭木板墙（造成室内各功能空间较为独立，见图11-17⑥），外山墙墙面不开窗，仅山尖部分采用满枋跑马瓜的构造形式利用空隙采光通风（图11-17④）。

①横长方形单体（四面墙板围合） ②披檐

③底层架空 ④山墙山尖

⑤阁楼

⑥堂屋

⑦北侧小窗 ⑧南侧门廊

图 11-17 平流屯民居

所以，民居遮阳措施在形体、外墙、屋檐等方面都不如那桵屯民居明确，另外受楼板、外墙的围隔，室内采光效果较差，同时散热性能也不如那桵屯（即保温隔热性能较那桵屯好）。通过监测，冬季晴日正午室内温度为22.4℃，高于室外同时的19.9℃。

11.4 平地典型聚落对日照的回应

11.4.1 聚落选址

（1）白雪屯

聚落选址于左江（干流）沿岸的岩溶盆地。盆地东面为石山，其余三面环左江，类似半岛，周边水域面积较大。岩溶地形地表土层薄厚不均，局部岩芽裸露，但在聚落所处的小盆地土层相对较厚，见图11-18。结合日照特征可知：

水体的热容大于土壤，土壤热容大于岩石，所以聚落所处的环境地表下垫面热容相对周边更大，蓄热能力强，对周围空气辐射的热量较小。

此外，盆地的微地形特征是中间高四周低，相对高差约10m，与冬季水面相对高差约20m。民居组团位于盆地中心，利于防洪和排水。

（2）三江坡

聚落位于左右江、邕江三江交汇的平原，见图11-19。地表土壤类型主要为赤红壤、水稻土；其中地势低洼地区的土壤渗水潮湿。结合日照特征可知：

聚落所处的环境地表下垫面热容相对周边更大，蓄热能力强，对周围空气辐射的热量较小。

从日照的角度看，白雪屯所处的左江河谷环境更加严酷。

| ①岩溶盆地 | ②边江面（左江） |

图11-18 白雪屯的地理环境

| ①码头 | ②水田 | ③池塘 |

| ④沿岸植被 | ⑤江面 |

图11-19 三江坡的自然环境

11.4.2 聚落布局

（1）白雪屯

民居组团分为均等的上下片，上片民居组团坐西北朝东南，下片民居组团坐东北朝西南，形态为组团型，轮廓近似圆形。内部道路、庭院及组团西、南侧都布局浓密常青的乔木林，其中道路、庭院还设花架和一人高的竹围篱。根据现状池塘、道路及聚落形态推测，原来组团之间为池塘，外围也曾分布多个大小不一的池塘，池塘周边原为水田，水田外为旱地（近十年聚落中建设水塔引水、取消水稻种植，农田全改为旱地种甘蔗，池塘先后干涸，原先聚落结构被破坏），见图11-20。

结合日照特征可知：

①朝向回避日照。上片、下片组团均为70户左右，避免正立面被南向的阳光直射。

②池塘水田隔热。多个大小不一的池塘布局在组团之间及周边（图11-21①），形态为"碗一块，瓢一块"，形成原因是由于过去岛中没有活水源（岩溶地层不透水且无地下水，需前往码头挑水），居民通过缓坡收集、池塘储存雨水，并在池塘周边布置水田，从而改变了地表的蓄热能力，减小聚落外部热空气向内部的传递，还能灌溉农田防旱（通过监测，旱地周边温度为31.1℃，池塘边温度为30.4℃）。

③民居、构筑物、植物遮阳。民居间紧凑布局，利用阴影相互遮阳（图11-21⑦）；每家前后院、建筑组团周围（尤其是西、南面）、池塘边、农田中的休息节点种植树干高大、树叶浓密的乔木（图11-21④），有遮阴且创造局部冷源以及避免水源过度蒸发的作用（树荫下温度为28.2℃）；依靠建筑、树木外，室外还利用竹篱（图11-21⑤）、花架（图11-21⑥）等构筑物遮阳。

图11-20　白雪屯布局示意

①现状池塘 ②农田（现为旱地）

③农田中公共休憩节点（树木遮阳）

④树木遮阳

⑤篱笆遮阳 ⑥花架遮阳

⑦民居遮阳

图 11-21 白雪屯聚落要素与日照的关系

（2）三江坡

民居组团为网格式，民居坐西朝东或坐南朝北，西、南侧局部有浓密常青的乔木林，但组团内部基本无树木。聚落周边为江面和池塘，池塘周边为水田，见图 11-22。结合日照特征可知：①朝向都避免正立面被南向的阳光直射。②聚落周边的池塘

水田分布与作用和白雪屯类似，具有改善下垫面蓄热能力，减小聚落外部热空气向内部传递的作用；③乔木林只分布在聚落的边缘遮挡了部分西南向的光线，此外民居之间间距较大且无花架、竹篱等遮阳构筑物，没有形成像白雪屯组团内部中层次丰富的遮阳体系。

图 11-22　三江坡布局

①室外巷道　　②边缘乔木

图 11-23　三江坡民居组团特征

11.4.3　民居构造材料

（1）白雪屯

民居单体为纵长方形前一明两暗后厅型单体，屋面为悬山直坡顶，入口处设檐廊，外墙为泥砖墙，较为封闭，仅檐廊内纵墙两侧开小尺寸的窗（图 11-26④）。结合日照特征可知（图 11-24）：

①民居单体为纵长方形（长宽比 3∶2，见测绘平面图 11-25）单体，较窄的入口面为主要的受光面，单体间紧凑组合，以最小的向阳面积来容纳最大的体积，具有遮阳的特征。

②屋面遮阳。屋面为悬山直坡顶（图 11-26①），坡长北面大于南面（图 11-26⑤右），高度较高（脊檩底距地面 5.2m，数据来源实地对典型民居的测绘，下同）；出檐较大，在主采光面出檐 1.65m 形成檐廊空间（图 11-26②），檐口距室外地坪 3.2m，部分民居在檐廊二层加建晒台（图 11-26③），具有减少偏南向阳光直射、四面遮阳（主要是偏南向主受光面）的特征，但屋面构造单薄，热阻小，隔热性能较差。

③外墙遮阳隔热。外墙为泥砖墙（图 11-26⑤），墙厚 240mm，由于泥土的热容大，墙体成为一种白天吸热（内表面对室内释放的长波热辐射较少）、晚上放热的"热接收器"，具有遮阳隔热的特征。

④内墙/楼板隔热。一层木隔墙（图 11-26⑥）以及卧室上方储藏阁楼（图 11-26⑦）的木楼板可以阻隔来自外墙、屋顶内表面的长波热辐射，减小其对室内气温的影响。

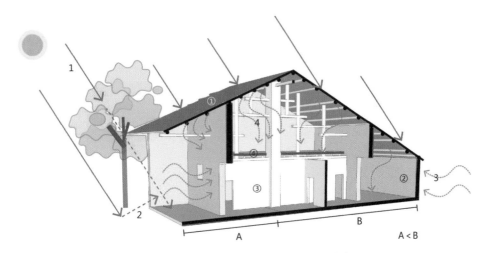

1：太阳直射辐射　2：太阳散射辐射　3：室外地面的长波辐射　4：维护结构内表面的长波辐射
①：屋面　②：泥砖外墙　③：木板内墙　④：阁楼板

图 11-24　白雪屯民居与日照的关系示意

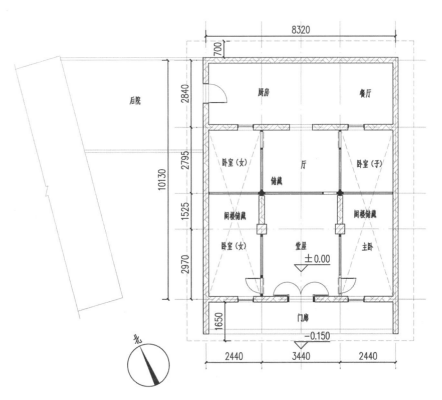

图 11-25　白雪屯民居测绘（一层平面）

此外，庭院分前院、后院、侧院，其中侧院形状近似梯形，向阳面开口小。利用建筑、竹篱、植物等的阴影遮阳，使遮阳的庭院成为居民闲时的活动区。在太阳辐射直射区，则充分利用光照，晾晒食物，见图 11-26 ⑧。

通过监测，室内堂屋温度为 25.1℃，低于庭院树荫下 28.2℃，民居整体上体现了遮阳隔热的特征。

（2）三江坡

民居单体为横长方形一明两暗单体或由上下座

图 11-26　白雪屯民居

一明两暗组成的天井式，屋面为硬山直坡顶，南北坡坡长相等，入口处设檐廊，外墙为青砖墙，檐廊内纵墙两侧开窗，门上开高窗，部分民居檐下开满周窗，见图 11-27、图 11-28。结合日照特征可知，三江坡民居与白雪屯民居遮阳模式类似，但是形体、屋面构造、墙体材料等方面的遮阳隔热特征较白雪屯弱（通过监测，室内堂屋温度为 21.2℃，略低于室外巷道 22.2℃）。

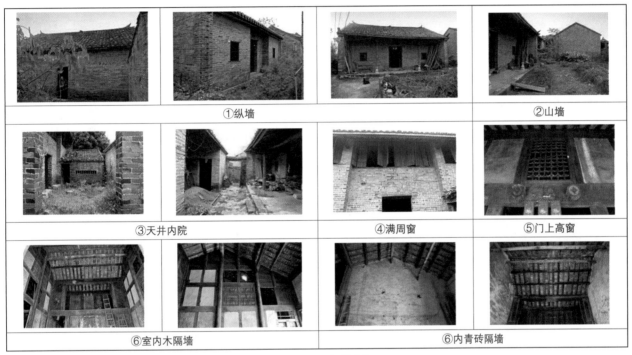

①纵墙			②山墙
③天井内院		④满周窗	⑤门上高窗
⑥室内木隔墙		⑥内青砖隔墙	

图 11-27　三江坡民居

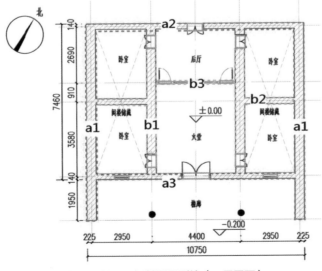

图 11-28　三江坡民居测绘（一层平面）

11.5 小结

11.5.1 乡土聚落对日照回应的特征

通过对那桧屯（观察区的典型山地型聚落）、平流屯（对照区的典型山地型聚落），白雪屯（观察区的典型平地型聚落）、三江坡（对照区的典型平地型聚落）的选址、布局、民居构造材料的研究，可知观察区聚落对日照的回应特征：

（1）选址方面

首先，聚落都选址于下垫面材质热容大的地区。山地聚落选址于植被茂密、水源丰富、土层深厚的山麓地区；平地地区选址于干流（左江）沿岸。此外山地聚落还利用山体遮挡日照。

（2）布局方面

聚落都是组团式，即民居之间或民居与乔木林之间紧凑布局形成团状，以最小的采光面容纳最大的聚落体积。

民居朝向偏东或偏西方向，避免南向阳光直射。

聚落充分利用绿植、坡地和布局等要素遮阳。在民居组团内部及边缘布局常青、树冠高大的乔木遮挡阳光。山地聚落利用坡地坡度减小日照辐射量；平地聚落利用民居紧凑的布局实现相互遮阳，还用篱笆、花架等构筑物遮阳。

在聚落周边，利用池塘、水田改善下垫面环境，同时隔绝来自外部旱地、岩溶地表的长波热辐射。

（3）民居方面

山地民居为干栏，平地民居为前一明两暗后厅型地居。形态都为纵长方形，长宽比为 3：2，以较小的受光面容纳较大的建筑体积。

民居通过屋顶遮阳。屋面都为悬山顶，北坡长于南坡，在受光面的入口方向设檐廊，具有减少日照辐射量、四面遮阳的特征（主要遮蔽偏南向的阳光）。

民居借助墙体隔热散热。山地民居的纵墙为封闭木板墙，遮挡阳光。山墙为大叉手满枋跑马瓜构造，利用间隙通风散热。平地民居外墙为封闭泥砖墙，遮挡阳光同时隔绝热量。内墙阁楼板阻隔来自屋顶内表面长波热辐射。

此外，聚落民居往往会建造晒台（其中平地民居还利用庭院）晾晒衣物、食物，这是对光照的利用。

综上所述，聚落在选址、布局方面都具有遮阳隔热的性能，山地型民居主要体现的是遮阳散热的性能，平地型民居主要体现的是遮阳隔热的性能，且还通过晒台、庭院利用光照。传统民居的屋面是隔热最薄弱的构造。

11.5.2 回应日照产生的聚落文化

（1）习惯方面，农耕稻作习惯维护聚落格局。在聚落周边布局池塘及水田，具有改善下垫面热容及阻隔外环境地表长波热辐射的功能，住民过去通过世代的稻作农耕行为维护这种格局。在白雪屯，近十年来作物逐渐全部改为甘蔗，导致聚落格局变化，进一步导致微环境变化（如气温整体上升，池塘干涸）。通过调研了解到，候鸟（燕子）已将近十年没在春季回到聚落中了，可能也与这样的微环境变化有关。

此外饮食方面，住民食用的很多食物皆经过晾晒，如腊肠、萝卜干、红薯干等。

（2）禁忌方面，树木具有遮阳隔热的作用，在日照观察区的聚落中，住民敬重树木，认为树木不能随意砍伐，需任其自然地完成生命周期。

第 12 章

乡土聚落回应环境产生的生态营造体系及文化

广西西江流域拥有悠久的人类居住史，是中华流域文明、岭南居住文化的代表地区之一；同时历史上也一直是多民族交流聚居的地区。境内具有丰富的建筑文化，本研究就涉及了广府民居、湘赣民居、百越民居在内的一明两暗、天井式、从厝、干栏等等多样的建筑类型，以及梳式、组团式、散点式、树枝式、网格式等聚落类型。

首先通过基础研究对象（代表聚落，共 129 个）与地理、气候、灾害各因子分布图的叠加可知，代表性聚落在宏观分布上较少分布于极端地理条件或极端气候条件区域，在自然环境适应性视角下代表聚落具有常规的普遍性。

其次可知，代表聚落宏观分布与日照、风力、降水三个气候因子分布具有相关性，据此绘制《主要气候因子影响下的聚落类型区划》（图 8-23），主要分为主导气候因子影响区、复合气候因子影响区、"空白区"三类，各影响区中都有各自气候因子的高值区。

通过对各观察（高值）区、比较区中的典型乡土聚落（10 个）的比较进一步得到乡土聚落对特定的地理（山地、平地）、气候条件（风、光、雨）发展出不同的生态营造体系（聚落选址布局、民居构造材料方面）及文化（制度、习惯、禁忌）。[①]

12.1 乡土聚落对风力回应的典型策略及文化

12.1.1 生态营造策略

（1）选址方面，聚落有控风引风的特征。聚落选址在冬季风的风影区，同时利用地形削弱夏季盛行风的风力（山地型聚落利用山体，平地型聚落利用坡地），并利用微地形环境如山体、山谷走向限

---

① 类似于"作为人类适应、利用自然的产物——农村聚落，它一方面以新的物质体系填充于自然环境中，对环境系统发生作用。另一方面，聚落的内部结构、外部形态无不深深打上了立地自然条件的烙印……而且通过聚落的具体形态直观地体现聚落对自然环境的适应关系"的观点。金其铭. 农村聚落地理 [M]. 北京：科学出版社，1988：63.

定地形强风方向，并使之（强风）与削弱的夏季风（弱风）方向基本呈垂直关系（图12-1、图12-2）。

（2）布局方面，聚落兼有防风通风的特征。聚落的基本形态为梳式，平面轮廓为窄长方形。民居组团在强风方向迎风面较小且紧凑布局，其中平地型聚落还在迎风方向沿线布局防风的风水林；在弱风方向迎风面较大，且巷道顺应风向（图12-3、图12-4）。

（3）民居的基本类型都为三间一幢单体。其中平地型民居由上下座三间一幢单体组合形成天井式；屋面为硬山顶，部分民居迎风坡面较北风坡面短；山墙封闭坚固，两山尖之间有木檩拉结加固，其中在平地民居墙体有用条石砌筑或用条石拉结加固的做法；纵墙墙面门窗对开，且门、窗上叠加增设大且多的高窗；内部开通透的隔扇门，也设高窗。

所以民居在强风方向，即山墙方向建筑面宽较

图12-1 山地聚落选址与盛行风的关系

图12-2 平地聚落选址与盛行风的关系

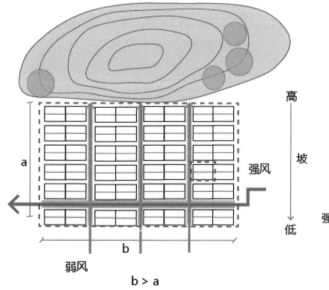

图12-3 山地梳型聚落布局与盛行风的关系

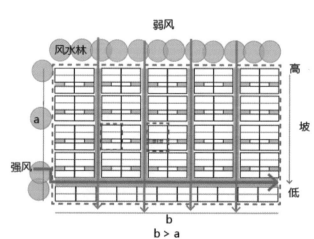

图12-4 平地梳型聚落布局与盛行风的关系

窄，结构稳固，墙面密实，具有防强风的特征；在弱风方向，建筑面宽较长，前后外墙开窗较大且多，内部通透，具有双面通风的特征，自然通风模式主要为风压通风（图12-5、图12-6）。

12.1.2 生态文化

制度方面，住民利用制度约束聚落的空间格局，

如福溪村利用宗族姓氏制度确保各姓氏住民住在自己的住宅片区内；民居维护方面，由于民居受大风影响，山墙易开裂、屋瓦易走位掉落，房屋需要定期修复、整饬；禁忌方面，村民不能砍伐防风的风水林；信仰方面，福溪村村民在农历鬼节用纸布帆挂于杆头引风祭祖（表12-1）。此外，住民曾修建风吹庙（已毁），祭祀风神以免遭风灾。

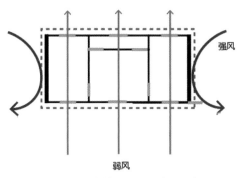

图 12-5 山地民居通风防风示意

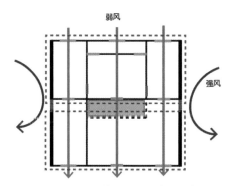

图 12-6 平地民居通风防风示意

聚落对风力回应产生的生态营造体系及文化 表 12-1

地理因子		山地	
气候因子		风力	
聚落层面			
序号	项目	特征	作用
1	选址于山地	两山之间	防风
2		中心山谷	导风
1	梳式布局	强风方向面宽窄	防风
2		街区内民居紧凑布局	防风
3		弱风方向面宽长	通风
4		弱风方向布置多条平行巷道	通风
民居层面			
序号	项目	特征	作用
1	三间一幢单体	硬山顶	防风
2		山墙密实	防风
3		纵墙通透，多开高窗	通风
4		前后纵墙门窗对开	通风

续表

地理因子	平地		
气候因子	风力		
聚落层面			
序号	项目	特征	作用
1	选址盆地	中心坡地	防风
2		北侧山体	防风
3		东西向谷地	导风
1	梳式布局	坡顶风水林	防风
2		强风方向面宽窄	防风
3		街区内民居紧凑布局	防风
4		弱风方向面宽长	通风
5		弱风方向布置多条平行巷道	通风
民居层面			
序号	项目	特征	作用
1	天井式民居	硬山顶	防风
2		山墙密实	防风
3		纵墙通透，多开高窗	通风
4		前后纵墙门窗对开	通风
聚落生态文化（风力因子）			
序号	项目	特征	作用
1	制度方面	各姓氏住民只能住在自己片区中	维护空间格局
2	维护方面	定期修复山墙、屋面	防风
3	禁忌方面	不能砍伐风水林	保护防风体系
4	信仰方面	挂纸布帆祭祖	对风力的敬畏
		祭祀风神	

12.2 乡土聚落对降水回应的策略及文化

12.2.1 生态营造策略

（1）选址方面

聚落在选址上首先都具有防洪的特征，都位于径流量小的支流流域。

其次，聚落在选址方面还具有防水的特征，其中山地型聚落的民居组团离散选址，利用坡地及周边的山沟快速排水；平地型聚落靠近河道，利用河道快速排水，地表整体的石灰岩是天然的排水防水材料（图12-7、图12-8）。

此外，山地聚落民居组团都选址于山腰，与山谷湿地存在高差，具有防潮的特征。

（2）布局方面

山地聚落民居组团为离散型，组团内部民居都沿所在坡地的边沿离散布局；平地型聚落为树枝状，民居单体都沿青石板街巷紧密布局，形成内天井外街巷的小街区格局。民居朝向都不一致，山地型民居沿各自坡地边沿，背山而立，平地型民居朝向各

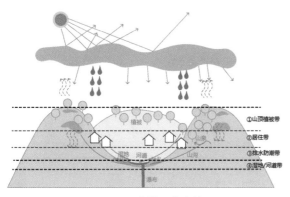

图 12-7　山地聚落选址

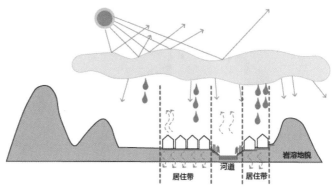

图 12-8　平地聚落选址

自街巷。

从布局上看，聚落也具有防水的特征。其一，民居周边不种植高大的落叶乔木，避免落叶堵塞屋面排水道导致漏水。其二，便于排水。山地型民居利用空旷场地设置排水沟/缓坡形成排水缓冲区，其中部分排水沟通过与卫生间联系，利用雨水清洁冲污；在平地型聚落内部平地街区的民居通过天井、基础、青石板街巷下方的排水暗沟体系系统排水，街巷节点都为丁字口（图 12-9、图 12-10）。

此外，山地型聚落还具有防潮特征。其一，居民改造湿地成农田；其次，离散民居布局导致周边场地开阔，便于加快场地表面水分蒸发。

（3）民居方面

民居的基本类型都为三间一幢单体，其中平地型民居由上下座三间一幢单体组合形成天井式。山

地民居屋面为悬山直坡顶，墙体为泥砖墙；平地民居为硬山直坡顶，墙体材料为青砖墙。

民居均具有防水的特征，其一山地民居纵墙方向出檐较大，山墙方向出檐较小，在山墙处设置附属仓库替山墙挡雨；屋面直坡快速排水以防屋面渗水，同时屋面出檐较大，替上部墙体挡雨。泥砖墙底部防水的做法是用砖或块石垫墙基，转角处使用青砖、条石拉结，或采用抹角的做法，同时抬高室内地坪且室内地面使用素土夯实，防止地下水上渗

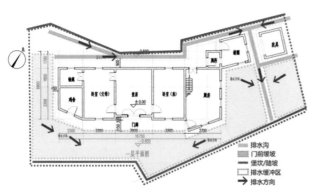

图 12-9　山地聚落的排水缓冲区

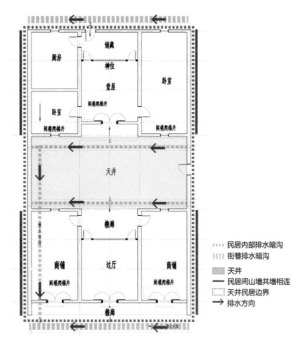

图 12-10　平地聚落的排水体系

133

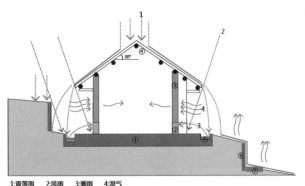

1:直落雨 2:风雨 3:溅雨 4:湿气
①:块石基础 ②:青砖墙基 ③:泥砖墙体 ④:悬山直坡顶 ⑤:排水沟 ⑥:堡坎 ⑦:山沟

图 12-11　山地民居对降水回应的特征

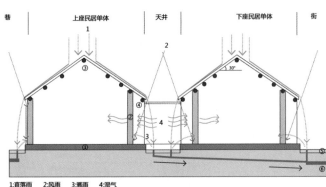

巷　　上座民居单体　　天井　　下座民居单体　　街

1:直落雨 2:风雨 3:溅雨 4:湿气
①:条石基础 ②:青砖墙 ③:硬山直坡顶 ④:檐廊 ⑤:青石板 ⑥:排水暗沟

图 12-12　平地民居对降水回应的特征

（图 12-11）。

其二，平地民居为青砖墙（墙体表面不抹灰），具有自防水的性能；入口方向设檐廊挡雨；相邻的住宅通过共墙相连使山墙防雨；条石砌筑基础，抬高基础的同时室内铺隔水性能好的石板砖或青砖防止地下水上渗；屋面也为直坡半组织快速排水方式，民居内部屋面的雨水从天井的排水孔通过排水暗沟体系排水（图 12-12）。

此外，山地聚落采用泥砖墙防潮。

综上所述，山地型聚落在选址、布局、民居构造材料方面都具有防水防潮的性能，平地型聚落主要体现的是防水的性能，紧凑的布局以及天井的设置不利于防潮。传统民居的屋面是防水最薄弱的构造。

12.2.2　生态文化

制度方面，住民利用制度约束聚落的空间格局。如黄姚镇通过建立理事会建房制度约束和保持聚落的空间格局；营造方面，在山地聚落，秋（旱）季是建房集中期。泥砖房建造分为踩泥制坯、砖坯晾晒、建造等过程。其中，建房过程只需 3 天至半个月，泥砖可回田再利用。维护方面，住民需要定期在晴天清理屋面瓦坑水道，三年左右翻修屋面，更换屋面的瓦、椽，防止漏雨。习惯方面，住民有利用阴凉环境发酵食物的习惯，如罗旭屯制作腌菜，黄姚古镇制作豆豉、话梅等等。信仰方面，普遍有祭祀水神的风俗，如罗旭屯住民在村内修建秀龙庙；黄姚古镇住民在农历七月十四办柚子节祭祀河神，还有对龙、鲤鱼、乌龟等水生动物的崇拜（表 12-2）。

聚落对降水回应产生的生态营造体系及文化　　　　　　　　　　　　　　　　表 12-2

地理因子	山地		
气候因子	降水		
聚落层面			
序号	项目	特征	作用
1	选址于土山山地	靠近支流	防洪 / 排水
2		陡坡	排水
3		山腰	排水 / 防潮

地理因子	山地		
气候因子	降水		
聚落层面			
1	散点布局	沿坡地边沿布局	排水
2		靠近山沟 / 堡坎	排水
3		屋前陡坡	排水
4		屋后排水沟	排水
5		民居间距大	排水 / 防潮
6		改造湿地为农田	防潮
7		排水沟联系猪圈 / 卫生间	利用雨水清洁排污
8		场地周边不种树	防落叶堵塞排水道
民居层面			
序号	项目	特征	作用
1	三间一幢单体	悬山顶	排水 / 挡雨
2		山墙两侧设附属仓库	挡雨
3		青砖 / 块石墙基	防溅水
4		块石基础 / 抬高地坪	防水
5		泥砖墙	防潮
地理因子	平地		
气候因子	降水		
聚落层面			
序号	项目	特征	作用
1	选址于岩溶盆地	靠近支流	防洪 / 排水
2		岩溶地表	防水
1	树枝状布局	青石板街	防水 / 排水
2		排水暗沟体系	排水
3		民居紧密布局，"连房广厦"	防水 / 排水
4		场地周边不种树	防落叶堵塞排水道
民居层面			
序号	项目	特征	作用
1	天井式民居	硬山顶	排水 / 挡雨
2		檐廊	挡雨
3		青砖墙	防水
4		石板 / 青砖基础，抬高地坪	防水
5		天井	排水
聚落生态文化（降水因子）			
序号	项目	特征	作用
1	制度方面	黄姚镇建房需申请，不得私自建造	维护空间格局
2	营造方面	山地泥砖房建房集中在旱季，备料时间长，建房时间短	防雨水
3	维护方面	晴天清理屋面瓦坑水道，三年左右翻修屋面	防屋面漏水
4	习惯方面	制作和食用发酵的食物	对环境的适应
6	信仰方面	祭祀水神，对水生动物的崇拜	对降水的敬畏

12.3 乡土聚落对日照回应的策略及文化

12.3.1 生态营造策略

（1）选址方面

首先，聚落都选址于下垫面材质热容大的地区。山地聚落选址于植被茂密、水源丰富、土层深厚的山麓地区；平地地区选址于干流沿岸。此外山地聚落还利用山体遮挡日照，且坡地接受的日照辐射量较平地少（图12-13、图12-14）。

（2）布局方面（图12-15~图12-17）

聚落均为组团式，即民居之间或民居与乔木林之间紧凑布局形成团状，以最小的采光面容纳最大的聚落体积。

民居朝向偏东或偏西方向，避免南向阳光直射。

聚落要素遮阳。在民居组团内部及边缘布局树冠高大的常青乔木遮挡阳光。山地聚落利用坡地坡度减小日照辐射量；平地聚落利用民居紧凑的布局实现相互遮阳，还用篱笆、花架等构筑物遮阳。

在聚落周边，利用池塘、水田改善下垫面环境，同时隔绝来自外部旱地、岩溶地表的长波热辐射。

（3）民居方面

山地民居为干栏，平地民居为前一明两暗后厅型地居。形态都为纵长方形，长宽比为3：2，以较小的受光面容纳较大的建筑体积。

屋顶遮阳。屋面都为悬山顶，北坡长于南坡，在受光面的入口方向设檐廊，具有减少日照辐射量、四面遮阳的特征（主要遮蔽偏南向的阳光）。

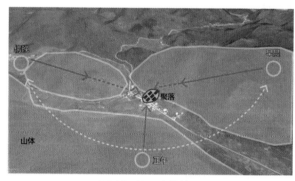

图12-13 山体遮阳

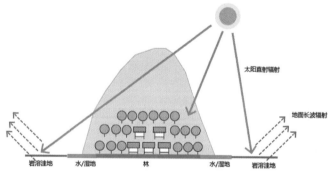

图12-14 山麓阴凉区

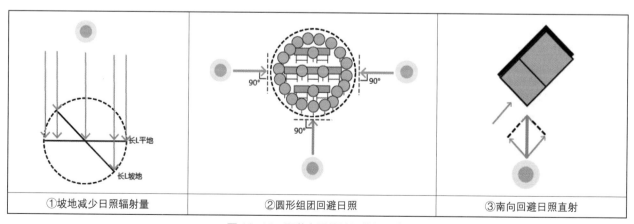

①坡地减少日照辐射量　②圆形组团回避日照　③南向回避日照直射

图12-15 聚落布局的遮阳特征示意

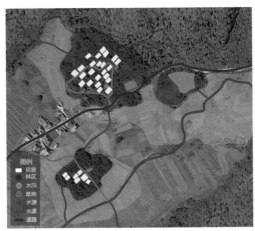

图 12-16　山地聚落布局示意

图 12-17　平地聚落布局示意

墙体隔热散热。山地民居的纵墙为封闭木板墙，遮挡阳光。山墙为大叉手满枋跑马瓜构造，利用间隙通风散热。平地民居外墙为封闭泥砖墙，遮挡阳光同时隔绝热量。内墙阁楼板阻隔来自屋顶内表面长波热辐射。

此外，聚落民居往往会建造晒台（其中平地民居还利用庭院）晾晒衣物、食物，以充分利用光照。

综上所述，聚落在选址、布局方面都具有遮阳隔热的性能，山地型民居主要体现的是遮阳散热的性能，平地型民居主要体现的是遮阳隔热的性能，且还通过晒台、庭院利用光照（图 12-18、图 12-19）。传统民居的屋面是隔热最薄弱的构造。

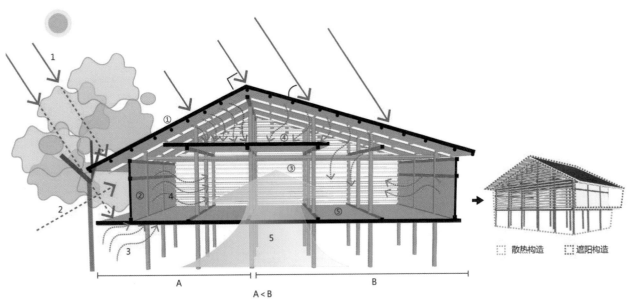

1：太阳直射辐射　2：太阳散射辐射　3：室外地面的长波辐射　4：维护结构内表面的长波辐射　5：通风散热
①：悬山屋面　②：封闭纵墙　③：开敞山墙　④：阁楼板　⑤：楼地板

图 12-18　山地民居遮阳隔热特征

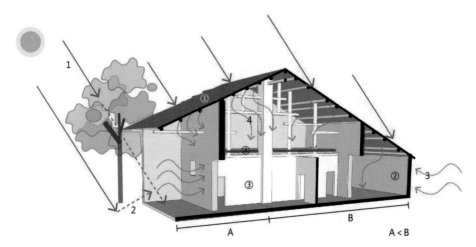

1：太阳直射辐射 2：太阳散射辐射 3：室外地面的长波辐射 4：维护结构内表面的长波辐射

①：屋面 ②：泥砖外墙 ③：木板内墙 ④：阁楼板

图 12-19　平地民居遮阳隔热特征

12.3.2　生态文化

习惯方面，农耕稻作习惯维护聚落环境格局。此外饮食方面，住民食用很多诸如腊肠、萝卜干、红薯干等经过晾晒的食物。禁忌方面，住民敬重树木，认为树木（遮阳功能）不能随意砍伐，需任其自然地完成生命周期（表 12-3）。

聚落对日照回应产生的生态营造体系及文化　　　　表 12-3

地理因子	山地		
气候因子	日照		
聚落层面			
序号	项目	特征	作用
1	选址于山麓	靠近水源	下垫面热容大，隔热
2		土层深厚	
3		靠近山体	遮阳
4		植被茂密	
1	组团式布局	团状民居	减小受光面
2		朝向偏东西	避免南向阳光直射
3		内部及边缘布局乔木	遮阳
4		外围水田池塘	改善下垫面热容，隔热
民居层面			
序号	项目	特征	作用
1	纵长方形干栏	纵长方形	减小受光面
2		朝向偏东西	避免南向阳光直射
3		悬山顶	遮阳
4		檐廊	遮阳

续表

民居层面			
序号	项目	特征	作用
5	纵长方形干栏	纵墙封闭	遮阳
6		山墙开敞	散热
7		阁楼板	隔热
8		晒台	利用光照
地理因子		平地	
气候因子		日照	

聚落层面			
序号	项目	特征	作用
1	选址于干流沿岸	靠近干流	下垫面热容大，隔热
1	组团式布局	团状民居	减小受光面
2		朝向偏东西	避免南向阳光直射
3		民居紧凑布局	遮阳
4		内部及边缘布局乔木	遮阳
5		路边竹篱	遮阳
6		庭院花架	遮阳
7		外围水田、池塘	改善下垫面热容，隔热

民居层面			
序号	项目	特征	作用
1	纵长方形地居	纵长方形	减小受光面
2		朝向偏东西	避免南向阳光直射
3		悬山顶	遮阳
4		檐廊	遮阳
5		封闭泥砖外墙	遮阳隔热
6		阁楼板	隔热
7		晒台 / 庭院	利用光照

聚落生态文化（日照因子）			
序号	项目	特征	作用
1	习惯方面	稻作农耕习惯	约束空间格局
		制作和食用晾晒的食物	对环境的适应
2	禁忌方面	对树木的敬重	维护聚落遮阳体系

12.4　乡土聚落生态营造策略及文化小结

根据各生态营造体系可知：

（1）营造体系主要有本土和移民的两套体系，本土体系多属于百越民族，多集中在广西西江流域的西部、北部山区；移民多属于汉族，多集中在流域中部、东部等地的平原地区。不同类型都针对自然环境表现出较强的适应性，[①] 如富川县梳型聚落（多属于移民汉族）的布局对风的适应，龙州县干栏组团型聚落（壮族世居聚落）对日照的适应。

---

① "广西西江流域自古以来就是多民族聚居地区，多元自然生态环境与多元民族社会生态结构的结合，赋予了西江流域生态文化显著的民族性特征。"申扶民等 . 广西西江流域生态文化研究 [M]. 北京：中国社会科学出版社，2015：8.

（2）营造体系是由聚落选址布局及民居构造材料共同组成的完整系统，孤立片面地选取系统的一部分进行营造实践，不能达到对环境全面回应的目的。[①] 另外传统的生态营造体系也存在不足，如传统民居构造中，屋面属于受弯构造，不能承担过重的负荷，所以其是遮阳隔热、防水、防强风较为薄弱的构造，这需要住民在使用、维护中去适应与完善。

（3）生态营造体系对自然因子的回应既有防御，也有利用的特征。如风力高值区民居山墙的构造具有防风特征，而在纵墙方向前后门窗对开并增设高窗则具有通风特征；在日照高值区民居整体具有遮阳的特征，同时又建设晒台、庭院，利用光照晾晒衣物、食物。

（4）生态营造体系有效回应特定气候因子的同时产生了其他的挑战，比如白雪屯民居隔热构造导致室内采光不足，那桧屯民居散热构造削弱了住宅私密性，黄姚镇岩溶的防水地表同时导致聚落耕地不足、易发生旱灾[②] 等不利因素。

根据不同地形的聚落对各气候因子回应产生的特定聚落生态营造体系及生态文化可知，住民在聚落及民居营造、使用、维护过程中产生的生态文化不仅是对气候因子的进一步回应，比如强风地区住民修建风神庙，强降水区住民祭祀水神等等，同时也是对生态营造体系的完善与支持，比如聚落整体的空间格局具有公共性，在聚落演变过程中较难维系，住民世代通过设立制度与禁忌或行为习惯来维持。此外住民还通过禁忌保护聚落中防风、遮阳的林木。[③] 又如在强风与强降水区的住民都需要定期整饬屋面、更换屋瓦保持屋面防水、防风性能。

综合可知，广西西江流域各传统乡土聚落在与自然环境相适应的过程中产生了多种特定的富有智慧的营造理念、策略、措施及生态文化。

在今后的乡土聚落研究保护工作中，首先不可忽视乡土聚落富有智慧的自然环境适应性能力，其次应该整体、全面、辩证、客观地考察聚落各个层面的特征，[④] 否则对聚落来说可能是一种破坏，比如白雪屯近年改稻作为旱作（甘蔗）破坏了聚落结构导致生存环境发生变化；在黄姚镇的保护工作中，上级拨款修缮民居的初衷是为了保护聚落，可这导致住民不再主动自行定期地翻修屋面（维护），反而加速了民居毁坏。

最后，本研究属课题的基础研究，目的是提炼地域性的生态营造策略及文化为示范工程南宁园林艺术馆的设计施工提供依据，就研究本身而言，还有一些不足及展望：

（1）从各气候因子的观察区及对照区中的典型乡土聚落的比较中可以知道，在同一气候变量的不同强度等级的影响下聚落回应策略发生一定的变化，值得进一步研究；

（2）在今后的研究中可以对气候因子复合区、极端地理气候区的聚落特征做进一步的研究；

（3）全文以定性研究为主，在聚落民居层面缺少足量的气候监测数据对结论的支持，在未来的研究中可作进一步地补充与证明；

（4）在聚落的研究过程中，一些来源于网络及访谈等信息准确性较难统一和把控，对研究结论可能会造成一定的影响，希望能得到读者的反馈和指正。

① 同拉普卜特的观点"住宅是更大系统的组成部分，离开其对环境和场景及脉络分析，住宅研究本身没有什么份量。"阿摩司·拉普卜特[美].宅形与文化（1969）[M].北京：中国建筑工业出版，2007：68
② 申远华.昭平县志[M].南宁：广西人民出版社，1992：概述，大事记.
③ "人们在神灵崇拜与村规民约的影响下，形成了保护自然的文化习俗。"申扶民等.广西西江流域生态文化研究[M].北京：中国社会科学出版社，2015：3-4.
④ 金其铭.农村聚落地理[M].北京：科学出版社，1988：20+22.

12.5　代表性乡土聚落民居调研结论

通过对 129 个代表性聚落与地理、气候、灾害各因子分布图的叠加可知，代表性聚落在宏观分布上较少分布于条件极端的地理气候区域，在自然环境适应性视角下代表聚落具有常规的普遍性。

代表聚落宏观分布与日照、风力、降水三个气候因子分布具有较强相关性，且各影响区中都有各自气候因子的高值区。

通过对各高值区中典型聚落（10 个）的进一步比较研究可知：

（1）风力高值区中的聚落在选址上通过山体（山地）和防风林（平地）控风引风；布局上聚落为梳式结构，长边通风，短边防风；民居基本类型为青砖硬山顶三间一幢单体，在山墙方向结构紧密，具有防风特征；在纵墙方向墙面通透，开窗较大，具有通风特征。

（2）降雨高值区中的聚落在选址上利用山地陡坡（山地）和石灰岩地表（平地）排水、防水；布局上，聚落为散点结构，山地聚落利用排水沟、山沟、陡坡、堡坎等形成场地排水体系，快速排水；平地聚落利用青石板街道及排水暗沟体系排水、防水；在民居层面，山地民居利用悬山直坡顶排水，块石地基防水，泥砖墙防潮；平地民居利用直坡顶（带檐廊）—天井排水，利用青砖墙面、条石地基以及民居间共墙相连的方式防水。

（3）日照高值区中的聚落在选址上主要利用山体（山地）、水系（平地）改善下垫面热容；布局上，聚落均为组团型，周边种植树木遮阳，外围依靠水田进一步改善下垫面热容；在民居层面，形态均为纵长方形单体，山地为干栏，平地为地居。屋面为悬山，阳面出檐口较大，向阳坡面较背阳面短。另外，平地民居墙面材料为泥砖，墙面密实开小窗，有隔热作用；山地民居山墙面通透维护材料较少，有散热作用。

（4）各高值区中的聚落都产生了回应气候因子的生态文化，体现在习惯、制度、信仰等方面。

在梳理了广西西江流域代表性聚落对自然环境因子回应的特征的基础上，示范工程——国际园林博览会园林艺术馆根据自身场地的环境特征，通过技术提升、功能模拟等方式应用了多种上述传统地域生态理念、策略、措施，从而在选址、布局、构造、材料、设备等方面对日照、降水、风力、地形等自然环境因子进行回应，是富含地域文化特征的当代生态公共建筑，对地区未来公共建筑的设计、施工具有较强的示范作用。

■ 设计工具篇

第 13 章

基于性能模拟和数据分析的传统民居设计转译

中国（南宁）国际园林博览会园林艺术馆作为本课题的主要示范工程，创见性地将传统地域文化向绿色建筑技术转译。本章节针对我国现行绿色建筑评价体系注重技术指标考核、缺少地域性建筑文化传承因素考量和缺少文化性要素绿色效能评价的问题，通过数据分析、性能模拟等工具，从物理环境中的建筑遮阳模式、生态环境下的建筑形态生成，以及人文环境下的建筑聚落关系三个方面入手，建构"文绿协同"的绿色建筑设计策略；形成建筑文化传承和绿色指标并重的创新评价机制；从理论层面深刻把握绿色建筑理论体系，进而认识地域建筑文化对现代绿色建筑技术应用的深刻影响。

13.1 基于传统民居建构技术的建筑遮阳设计模式的转译

在环境问题日益突出的今天，对建筑技术性能的研究受到了前所未有的重视，具体表现为"注重具体建筑技术的研究""注重性能模拟以及优化方面的研究"两个方面。

现代建筑设计在技术上注重两个方面。其一是对传统建筑中被动式技术的借鉴，其二是更加注重新的或已有建筑技术的发展。这些技术使建筑的性能更加人性化，也更加环境友好，技术从属于已有建筑设计或已建成建筑，技术对建筑性能的改良，是对建筑设计有益的"弥补"，在一定程度上改变了建筑设计的结果。

由于建筑研究注重技术领域的探讨，又有相关性能模拟软件予以支持，再加上当前建筑设计行业的一些现状，使建筑研究在性能模拟和优化方面的发展得如火如荼。目前国外在建筑性能模拟方面研究超前，已经由建筑设计扩展到环境评估诊断、区域规划等领域。在我国，很多自主研发的建筑性能分析软件采用的是国外软件核心，这些自主研发的分析软件从实用性、整合性、商业性上落后于发达国家。

当前，建筑性能分析，注重性能模拟和优化方面的研究，强调了建筑技术的重要性，也为建筑设计之初的性能数据分析提供了支持。

13.1.1　研究综述

本研究通过对广西西江流域 [①] 现有民居建筑形式的调研，总结出适用于大部分民居建筑堂屋和卧室的理想建筑模型，在理想建筑模型的基础上，以能耗值为导向，研究遮阳形体的设计模式。其研究方法是首先对生成的多样样本进行性能分析得到基础数据；其次是对数据进行分析，找到参变量、因变量之间的复杂关系；最后在数据分析的基础上找到最优决策，得到适宜该地区气候的居住建筑的遮阳形体设计模式。

（1）数据分析研究背景

数据分析目前已在其他行业如火如荼地发展，其中非参数学习算法值得借鉴到对性能模拟数据的研究中来。非参数学习算法是相对于参数学习算法而言，参数学习算法是训练之前对数据遵从的模型进行一个假设，最大程度地简化学习过程，其优点是把估计概率密度、判别式和回归函数等问题归结为估计数量参数值，拟合速度快，然而缺点则是模型假定并非永久成立，不成立时误差较大；非参数学习算法是不对目标函数的形式做出强烈假设，直接从训练数据中自由地学习任何函数形式。在构造目标函数时，非参数学习算法对训练数据可以进行筛选，找到合适的训练数据，同时保留数据的泛化性能，所以非参数学习算法能够拟合大多数的函数形式。

人工神经网络是非参数学习算法的一种，其模仿动物神经网络行为特征，进行分布式并行信息处理，这种网络依靠系统的复杂程度，通过调整内部大量节点之间相互连接的关系，从而达到处理信息

的目的，并具有自学习和自适应的能力。人工神经网络是一个有大量简单元件相互连接而成的复杂网络，具有高度的非线性，能够进行复杂的逻辑操作和非线性关系实现的系统。该算法具有拟合速度快、有容差能力、适用于难以求解问题的优势。其缺点是难于精确分析神经网络的各项性能指标；不宜用来求解必须得到正确答案的问题；并且体系结构的通用性差，即某一形式的神经网络只适用于一类或者几类问题。

本研究试图将性能模拟和数据分析两个方面结合，通过对传统建筑遮阳尺寸进行性能模拟，得到数据，利用人工神经网络对数据进行分析，以找到适合当地民居建筑遮阳的设计模式。

（2）问题的提出和理想建筑模型的提取

本文研究的基础立足于西江流域民居调研，本调研由中国建筑设计研究院有限公司建筑历史研究所完成，共调研乡土聚落群 129 个，对单体进行了实地测量。本文依据调研结果，总结当地民居遮阳构件存在的问题，提取理想建筑模型。

西江流域民居注重遮阳，主要有出檐和外廊两种形式。靠近南向遮阳构件出檐在 600 ～ 1000mm之间，有的还有多重腰檐，此外，由于东西向的太阳辐射较大，不仅在南面有挑檐，在东西向的山墙面也有重重挑檐。但是由于地形以及周边环境的限制，建筑朝向并不一定完全正南北，也有东西向的窗遮阳构件。外廊也是该地区民居的典型特征，作为建筑室内外联系的过渡空间，外廊也很好地起到了遮阳的作用，外廊的出挑宽度在 1200 ～ 2000mm之间。部分调研照片见图 13-1。

[①] 西江是华南地区最长的河流，为中国第三大河流，发源于云南，流经广西，在广东佛山三水与北江交汇。西江流域总面积为 30.49 万 km²，其中广西境内集水面积共计 20.24 万 km²，占全流域集水面积的 85.7%，水资源总量约占广西水资源总量的 85.5%。

图 13-1　广西西江流域民居调研部分照片

当地民居存在的问题是，无论是出檐还是外廊，其出挑的尺寸和相邻外墙窗户的关系并没有确定。现状建筑对于遮阳的设计模式也是莫衷一是，没有统一的标准。所以本文试图以能耗性能为导向，通过性能模拟和数据分析总结出符合该地区气候特征的遮阳形体设计模式。

在总结模式之前，需对建筑形体予以简化，提取理想建筑模型。本研究依据调研结果，去除不必要的因素，也考虑到当地居民"对开间、进深、层高的要求不变，而希望加大开窗面积"的要求，总结为开间 3.00m、层高 3.00m、进深 4.50m 的主要居住空间的理想建筑模型，其开窗尺寸为 1.50m 宽 ×1.50m 高，窗台高度 0.80m。

此外，考虑到现在建筑建设的基本条件，本理想建筑模型应用的既有条件如下：

建筑使用人密度：0.20 人 /m²

设备能耗：12.00W/m²

光照：12.00W/m²，300lux

空调加热及制冷极限：100.00W/m²

墙体：200mm 厚砌块墙

屋顶：150mm 厚钢筋混凝土屋面加 50mm 厚岩棉保温层

地面：300mm 厚混凝土

窗：双层 Low-E 中空玻璃

遮阳材料：不透明、不蓄热材料

（3）本书采用的研究方法

①大量随机样本的生成和性能模拟

本研究以多样化形体的随机样本出发，即利用计算机技术生成多样形体，大量随机样本是本研究的基础。通过对大量随机样本的性能模拟，得到能耗数据，能耗数据的变化源自于随机样本中变量的改变。性能模拟气候文件取自西江流域城市广西梧州。

②数据分析

本研究拟采用人工神经网络来对数据进行分析，找到随机样本变量以及能耗数据之间的复杂关系。

③设计模式的总结

本书在上述两部分内容不断循环实验的基础上，研究具体遮阳形式以及遮阳和窗台尺寸之间的关系。本书一共总结该地区民居在七个方位（东、南、西、东南、西南、东北、西北）的遮阳设计模式，以期指导后续的设计。

依据现有文献和调研资料，模式的总结基于水平、垂直、U 形、L 形四种遮阳形式。不同方位的遮阳形式采用其中的一种或者几种。

13.1.2　设计模式具体研究过程

本书重点讲述南立面遮阳形体设计模式的研究过程，其余立面遮阳形体设计模式研究过程与此大同小异，不再赘述，只给出最终结论。

（1）大量多样样本的生成和性能模拟

本研究基于的形体是理想建筑模型，在此基础上进行遮阳形体样本的生成，总共生成 1000 个随机样本。南立面采用的最佳遮阳形式为水平遮阳或者 U 形遮阳，所以样本的变量包括：P1——遮阳挑出的长度和遮阳构件到窗台高度的比值（P1=L/H，图 13-2 左图）；P2——遮阳沿南立面水平方向挑出窗边的长度与遮阳构件到窗台高度的比值（P2=D/H，图 13-2 中图）；P3——U 形遮阳垂直构件高度与遮阳构件到窗台高度的比值（P3=h/H，图 13-2 右图）

三部分。

首先考虑与窗同宽的水平遮阳设计模式（P2=0、P3=0），在 Rhinoceros 和 Grasshopper 两个软件下建立随机形体，使 P1 值在 0.05 与 5.00 之间随机生成，在此基础上进行性能模拟。排除一些影响较小的性能指标，本文考虑与能耗相关的热工指标包括人散热、照明散热、电气散热、窗热得失、围护结构热得失五个，每一个小时取一次数据，总共取一年的热工指标。图 13-3 所示的是部分能耗性能数据——编号为 0 ~ 14 的随机样本在 1 月 1 日 0 点—19 点的窗热得失值（单位：J）。

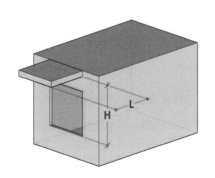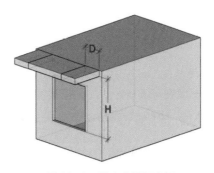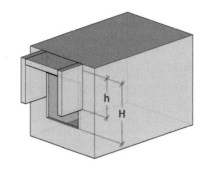

图 13-2　样本变量示意图

图 13-3　样本能耗性能数据

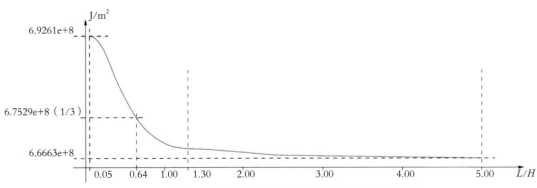

图 13-4　南立面水平遮阳出挑长度与能耗值的数据挖掘分析图

（2）数据分析

在 owl 软件中进行数据分析，可得到以下分析结果。图 13-4 是经过训练后的数据分析示意图，横轴表示遮阳挑出的长度和遮阳构件到窗台高度的比值（$P1$）、纵轴表示能耗值（单位：J/m^2）。

如图 13-4 所示，水平遮阳出挑长度在初期对能耗值影响非常明显，后期则相对较弱，$P1$ 值在 1.20 ~ 1.30 左右，能耗性能接近最佳，但是遮阳构件到窗台高度为 2.00m，则遮阳出挑在 2.40 ~ 2.60m 左右，构件较长。因此，如果采取此种遮阳模式，需要界定选取的临界条件。因遮阳构件对能耗值的影响均呈现前强后弱的趋势，本文采用值域中距最小值 1/3 处的值作为临界条件，这样既可以降低能耗，又可以减少出挑距离。图 13-4 中，值域为 6.6663e+8 ~ 6.9261e+8，距离最小值 1/3 处值为 6.7529e+8，对应的 $P1$ 值为 0.64。如需继续降低能耗且缩短出挑尺寸，需用其他形式进行弥补。

本研究首先采用遮阳沿南立面水平方向挑出长度，通过增加 $P2$ 值来缩短遮阳悬挑长度，采用同样的建立随机样本和数据分析方法，可得图 13-5。图中 X 轴表示遮阳挑出的长度和遮阳到窗台高度的比值（$P1$，该值取值范围 0.05 ~ 5.00），Y 轴表示遮阳沿南立面水平方向挑出长度与遮阳到窗台高度的比值（$P2$，该值取值范围 0.10 ~ 1.00，即图 13-5 中图的 D 值在 0.20 ~ 2.00m 之间），Z 轴表示能耗值。

由图 13-5 可知：当 X 值较小即出挑长度较小时，Y 轴数值的增加对 Z 轴数值的减少贡献很少，即遮阳沿南立面水平方向挑出长度对能耗性能改善很小，且现有建筑开间的尺寸具有限制，D 值最大 0.75m，$P2$ 值最大 0.375，除非在边跨，否则不能无限制地悬挑，所以该方法并不适用。

本研究考虑 U 形遮阳，以缩短出挑长度，通过 $P3$ 值来减少遮阳构件的挑出长度。进行试验后得到图 13-6，图中所示 X 轴表示遮阳挑出的长度和遮阳到窗台高度的比值（$P1$，该值取值范围 0.05 ~ 5.00），Y 轴表示 U 形遮阳两侧垂直形体的长度与遮阳到窗台高度的比值（$P3$，该值取值范围 0.10 ~ 1.00），Z 轴表示能耗值。

由图 13-6 可知：遮阳两侧形体的长度对能耗性能改善相对明显，可利用此种方法对遮阳构件的悬挑尺寸进行缩减。当 U 形遮阳出挑垂直方向长度与遮阳到窗台高度相等（$h=H$）时，悬挑长度可以减少。同样可用上述的距最小值 1/3 值域的方法予以选取，即当 $h=H$ 时，出挑长度 $L=0.55$，对应的能耗值为 6.6270e+8（图 13-6 中蓝色线为选取临界线）。从出挑距离和能耗值两方面判断，U 形遮阳优于水平遮阳。

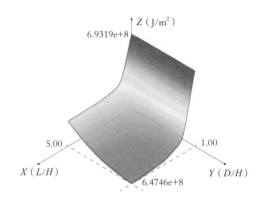

图 13-5　南立面水平遮阳出挑长度、水平长度与能耗值的
数据挖掘分析图

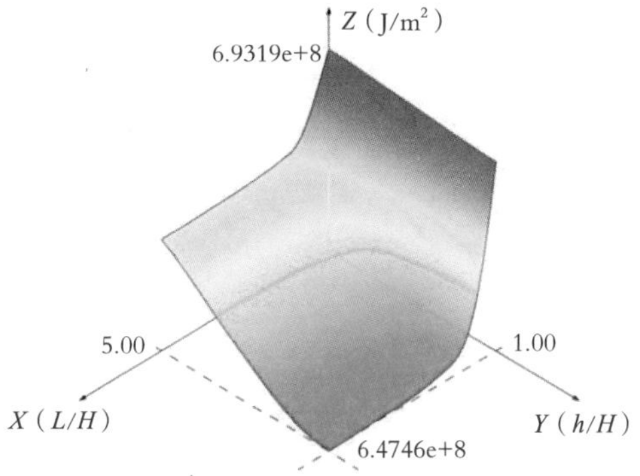

图 13-6　南立面 U 形遮阳出挑长度、垂直方向长度与
能耗值的数据挖掘分析图

13.1.3　设计模式总结以及对南宁园博会园林艺术馆遮阳形态的启示

在西江流域，居住建筑主要功能房间的南立面遮阳形式可采用水平遮阳或者 U 形遮阳。采用水平遮阳时，与窗户同宽即可，挑出距离是遮阳到窗台距离的 1.20 ~ 1.30 倍左右，距离较长，宜应用到供人行走的外廊，如果是挑檐，挑出距离是遮阳到窗台距离的 0.64 倍以上；如采用 U 形遮阳的形式，U 形遮阳的垂直构件长度宜与遮阳到窗台高度等同，由图 13-4 模型以及实际建造方面的考虑，此模式下出挑长度与遮阳到窗台高度比值在 0.55 以上为佳。

南宁园博会园林艺术馆南立面采用出挑的屋顶进行遮阳，其出挑长度与其距离窗台的尺寸之间的比值约为 1，恰到好处地满足上述实验比值 0.64 倍以上的要求，同时满足了形态的美学的要求（图 13-7）。

13.2　气候适应性视角下传统村落形态物理环境的转译

在当今时代，环境问题和能源问题日益严峻。随着建筑总量的持续增长，建筑能源消耗也不断地攀升，迫切需要开展气候适应型建筑设计策略的研究，通过因地制宜地对场地建筑群布局、建筑整体遮阳构件、建筑单体形态和局部立面等进行设计优化，达到增加天然采光、降低建筑能耗、提升室内舒适性的目的。

13.2.1　研究综述

近年来，很多学者开展了关于气候适应的建筑适宜技术研究。韩冬青等学者提出气候适应型绿色公共建筑设计以空间形态为核心，以要素集成和过程协同为特征，强调有效利用自然气候的调节作用，

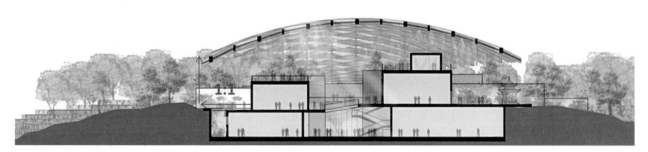

图 13-7　南宁园博会园林艺术馆南立面图

充分挖掘场所节能潜力。赵秀玲等人基于新加坡国立大学零能耗教学楼，从建筑体形设计、能源策略等方面解析了基于气候适应的被动式设计方法，并通过实际监测数据验证了教学楼的实际性能。赵亚敏从遮阳、防雨、微气候营造、体量塑造、材料使用等方面探讨了福建地区建筑适应气候的适宜技术。刘大龙等人提出了采用光热采暖度日数辐射比和光电采暖度日数辐射比两个参数对西部地区有效太阳辐射资源进行分区。刘倩君等人梳理了国内外重要的绿色建筑数据库，并提出了以气候适应性为导向的绿色建筑设计数据库框架。一些研究人员通过实地调研、文献调研来归纳民居的气候适应性特征和被动式策略（表13-1）。

建筑环境实测和模拟是两种用于研究建筑气候适应适宜技术的重要手段。和实地调研、文献调研相比，这两种技术更能够从科学的角度提供支撑。郝石盟等人通过建筑物理环境测试手段，来研究渝东南民居和苏南民居的气候适应性机制。饶永在其博士论文中，通过对徽州传统民居室内环境参数实测，来归纳和总结传统民居物理环境存在的问题。在此基础上，提出用工业废料部分取代土坯材料，提升土坯力学性能和隔热性能。

建筑性能模拟计算方法和工具，可以对建筑的能耗、日照、天然采光、自然通风等方面性能进行评价。饶永在其博士论文中，除了实测手段之外，还采用了自然通风和天然采光模拟技术来改善徽州地区传统民居外窗，优化传统民居室内通风和采光环境。邓孟仁采用模拟技术针对岭南地区超高层建筑的生态设计策略开展研究。闫树睿对闽南大厝的通风环境进行模拟，探讨大厝气候适应原型的现代应用。

建筑性能模拟技术能够为建筑布局、形体、立面、局部构件设计优化过程提供科学的支撑。与建筑环境实测方法相比，建筑性能模拟技术具有成本低的优势，适用于建筑设计阶段。因此，本研究采用性能模拟分析技术，基于夏热冬暖地区[①]典型气候特征，开展气候适应型建筑形态的研究。以夏热冬暖地区示范建筑——南宁园博会园林艺术馆作为研究对象，从场地建筑布局、建筑整体遮阳构件到建筑单体，由宏观到细部分层次开展气候适应型建筑形态研究。

13.2.2 南宁国际园林博览会园林艺术馆形态特征

南宁地处于夏热冬暖地区，夏季环境湿热，6~9月白天超过40%的时间室外空气温度在30℃以上

采用实地调研手段进行气候适应性研究　　　　表13-1

	研究人员	研究对象	研究内容
1	毛国辉	侗族干栏民居	侗族干栏民居平面特点、建造技术、村落结构、选址特点
2	王朕	黄河中下游流域不同气候区下的民居	归纳民居类型、特征和分布规律，分析建筑类型的气候适应性的差异
3	达娃扎西等人	西藏传统民居	调研分析了西藏传统民居在适应特殊高原气候方面所采取的被动式策略
4	王竹等人	江南地区乡村	建立"生态人居"模式的基本数据库，提炼"地区乡村的空间型句法"
5	闫海燕等人	豫北山地清代民居	分析民居选址与布局、院落组织方式、建筑空间、材料与结构，提取地域气候适应性特征
6	李涛等人	喀什老城民居	遮阳、绿化、围护结构热工性能、被动式太阳能资源
7	邱广泉	雷州半岛传统民居	从"聚落选址""单体空间""细部处理"三个层次来研究雷州半岛传统民居气候适应性做法

（图13 8）。基于南宁地区夏季、过渡季盛行风向，将各展厅分散、错落布局，在展厅之间会形成若干条巷子，可以促进自然风在展厅之间的充分流动，提升观赏舒适性。出于方案造型、夏季遮阳、特殊天气防护等多方面的考虑，设计师在展厅群的上方设置了立体曲面屋盖。屋盖的部分区域采用了光伏板，既能够增强遮阳作用，又能够将太阳能作为展厅的部分能量来源。

　　南宁园博会园林艺术馆是夏热冬暖地区的示范建筑，由展厅、多功能厅、商业办公用房、贵宾接待、服务区、室外展园等构成。展厅的主要功能为展示园林艺术与园林文化。建筑方案如图13-9所示。项目依据所在山体的走势，将主体建筑包裹在其中。

　　本研究由宏观到细部，从场地建筑布局、建筑整体遮阳构件和建筑单体立面设计，创新性地分层次开展气候适应型建筑形态研究。内容包括：①基于建筑群春、夏、秋季室外风场模拟和展厅室内自然通风模拟来进行建筑总体布局的研究；②基于有无曲面屋盖两种情况下夏冬两季屋面太阳辐射得热

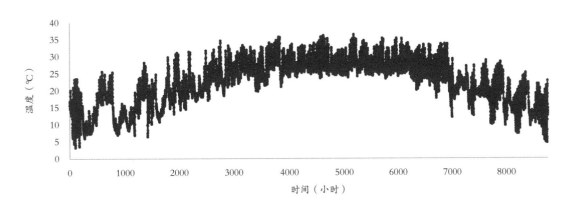

图 13-8　南宁全年空气温度

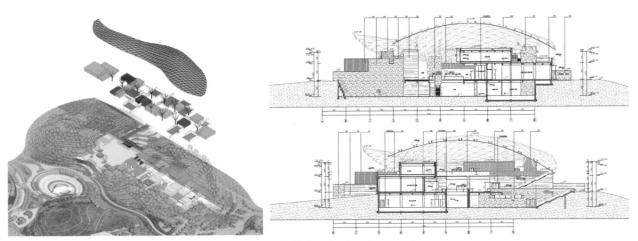

图 13-9　园林艺术馆建筑效果图及施工图

---

① 夏热冬暖地区是指我国最冷月平均温度大于10℃，最热月平均温度满足25~29℃，日平均温度≥25℃的天数为100~200天的地区，是我国五个气候区之一。

分布来进行曲面屋盖的性能研究；③基于展厅的天然采光系数分布和采光均匀度计算来优化建筑单体立面。

13.2.3 基于性能模拟分析的园林艺术馆形态设计策略

（1）基于夏季自然通风效果的总体建筑布局

广西地区夏季炎热，合理的建筑布局能够有效引导自然风在建筑体块之间的流动，来达到强化建筑室内自然通风，提升夏季、过渡季室内舒适度，降低空调能耗的作用。如图 13-10 所示为南宁四季主导风向和风速，春季、夏季、秋季的主导风向基本上分布在东向（E）和东北方向（NE）之间。

本研究采用风环境模拟软件计算了园艺馆在春、夏、秋季的室外风场（图 13-11~ 图 13-13）。计算结果分别为室外风速分布的云图和矢量图。从计算结果可以看出，各展厅之间的风速较高，说明园林艺术馆各展厅的总体布局能够有效利用夏季和过渡季的盛行风，增强展厅之间的空气流动。以夏季为例，如图 13-14 所示的建筑表面风压分布图可以看出，主导风在建筑的迎风面和背风面形成了风压差，能够起到强化夏季室内自然通风的作用。

以上的室外风环境模拟验证了展厅的宏观总体布局能够起到强化夏季自然风流动的作用。本研究继续采用室内自然通风模拟计算，验证具体的每一

个展厅的迎风面和背风面的风压差能否切实起到强化展厅内部自然通风的作用。本研究选择了 2 号展厅，来计算夏季展厅内部的自然通风流动情况。从夏季展厅表面风压分布计算结果中提取 2 号展厅迎风面和背风面风压，2 号展厅单个进口处风压为 3.70Pa，2 个出口处的风压分别为 -2.34Pa 和 -2.2Pa。从 2 号展厅室内自然通风模拟计算结果（见图 13-15）可以看出，展厅进口处的风速超过 2m/s，在室内形成了较强的穿堂风，建筑迎风面和背风面的风压差能够有效强化夏季室内自然通风。

其他展厅也可以用该方法来计算室内的自然通风流动情况。表 13-2 给出了各展厅迎风面和背风面的风压分布和开口情况。可以看出各展厅表面风压分布具有相似的量级。由 2 号展厅的室内自然通风

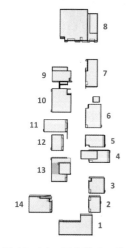

图 13-11　园艺馆展厅编号

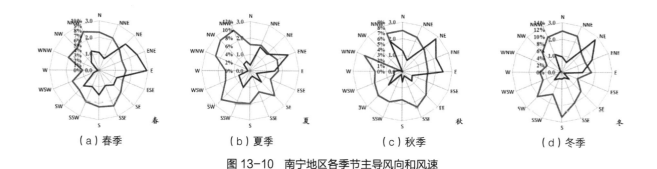

（a）春季　　　　　（b）夏季　　　　　（c）秋季　　　　　（d）冬季

图 13-10　南宁地区各季节主导风向和风速

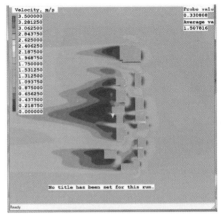 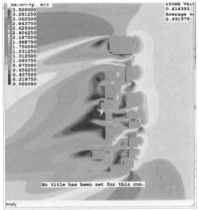 

（a）园艺馆春季室外风速分布云图　　　（b）园艺馆夏季室外风速分布云图　　　（c）园艺馆秋季室外风速分布云图
　　　　　（0~3.5m/s）　　　　　　　　　　　　（0~3.5m/s）　　　　　　　　　　　　（0~3.5m/s）

图 13-12　园林艺术馆春、夏、秋季室外风速分布云图

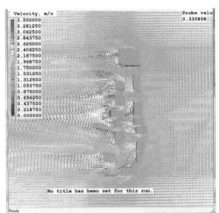 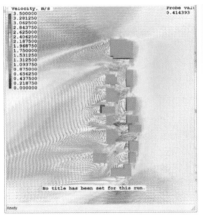 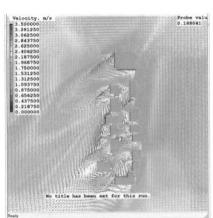

（a）园艺馆春季室外风速分布矢量图　　　（b）园艺馆夏季室外风速分布矢量图　　　（c）园艺馆秋季室外风速分布矢量图
　　　　　（0~3.5m/s）　　　　　　　　　　　　（0~3.5m/s）　　　　　　　　　　　　（0~3.5m/s）

图 13-13　园林艺术馆春、夏、秋季室外风速分布矢量图

 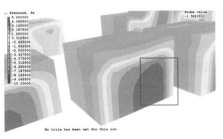 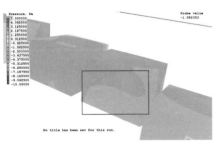

（a）园艺馆夏季表面风压　　　（b）园艺馆 2 号展厅夏季迎风面风压　　　（c）园艺馆 2 号展厅夏季背风面风压

图 13-14　园林艺术馆夏季表面风压

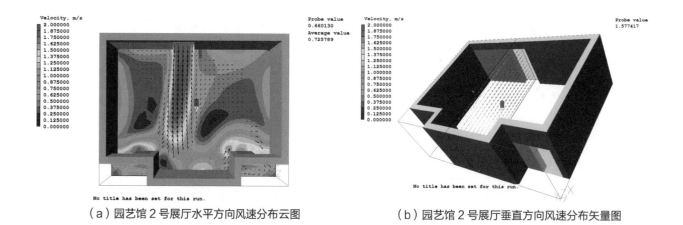

（a）园艺馆 2 号展厅水平方向风速分布云图　　　　　（b）园艺馆 2 号展厅垂直方向风速分布矢量图

图 13-15　园林艺术馆 2 号展厅夏季室内自然通风模拟结果

展厅迎风面和背风面表面风压分布情况　　　　　　　表 13-2

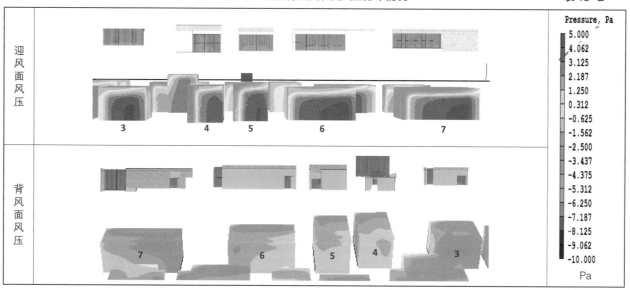

计算结果可以推断，如果能够合理设定每一个展厅迎风立面和背风立面上窗户的开启面积和开启位置，就能够达到有效组织夏季室内自然通风，降低空调能耗、提升室内舒适度的目的。

（2）基于太阳辐射分析的建筑屋盖构件形态

在园林艺术馆构件优化这一层次上，本研究选择园艺馆的屋盖构件作为研究对象。园林艺术馆的所有展厅本身均为平屋顶建筑单体。广西地区夏季气候炎热，平屋顶会接收大量太阳辐射，相当

一部分太阳辐射得热会通过传热的方式进入室内，成为建筑内部夏季的冷负荷，造成室内热舒适度下降的同时，还增大了建筑空调能耗。设计师在展厅群上方设计了大面积的流线型屋盖构件，部分区域加装光伏板，收集太阳能作为展厅的部分能量来源（图 13-16）。

为了量化曲面屋盖对夏季屋面太阳辐射的遮挡作用，本研究使用 Ecotect 性能分析工具，来分析有无屋盖两种情况下，园艺馆各展厅屋面的夏季日

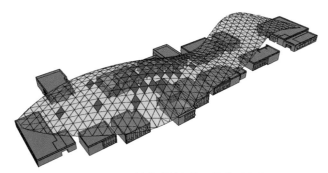

图 13-16　园林艺术馆立体屋盖造型设计

平均太阳辐射量分布情况。依据施工说明，屋盖的可见光透过率为 0.6。太阳辐射得热模拟结果如图 13-17 所示，夏季无遮挡情况下园艺馆屋面平均太阳辐射得热量为 3.95kWh/m²，采用曲面屋盖后，平均太阳辐射为 2.87kWh/m²，降低了 27%，绝对值降低了 1.08kWh/m²，遮阳效果明显。

虽然曲面屋盖能够降低夏季屋面太阳辐射得热、降低空调能耗，但也会降低冬季室内热收益、增大冬季采暖能耗。冬季无遮挡情况下，园艺馆屋面平均太阳辐射得热量为 2.11kWh/m²，采用曲面屋盖后，平均太阳辐射得热为 1.54kWh/m²，降低了 27%，绝

对值降低了 0.57kWh/m²。比较夏冬两季节曲面屋盖的作用，冬季采暖热收益的损失小于夏季冷负荷的降低，综合来看，该曲面屋盖在全年时间内能够有效降低围护结构负荷，提升室内热舒适度。

（3）基于天然采光系数和采光均匀度的单体建筑立面开窗

由于园林艺术馆的主要功能为展览，良好的天然采光性能是非常重要的。所以研究在展厅单体性能优化的层面，主要基于天然采光性能指标来进行优化。研究基于天然采光系数和采光均匀度这两个性能指标，来研究园艺馆的空间形态和立面开窗设计对于室内采光性能的影响。根据《建筑采光设计标准》GB 50033—2013，展览类建筑侧窗采光情况下，室内平均采光系数应达到 3%。建筑室内的采光均匀度应不小于 1：6。研究采用 Radiance 采光模拟工具，基于 CIE 标准全阴天空[①] 模型，计算园艺馆整体的采光系数分布寻找采光性能薄弱的区域（图 13-18）。

从园林艺术馆整体的平均采光系数为 6.58%，达到了展览类建筑的天然采光标准。从计算结果还可

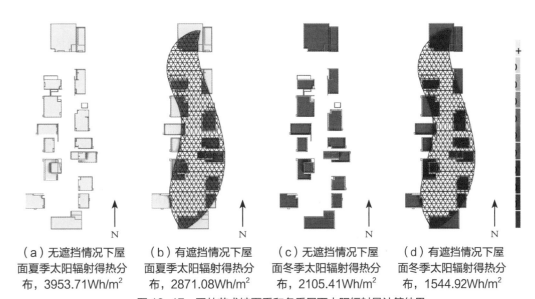

（a）无遮挡情况下屋面夏季太阳辐射得热分布，3953.71Wh/m²

（b）有遮挡情况下屋面夏季太阳辐射得热分布，2871.08Wh/m²

（c）无遮挡情况下屋面冬季太阳辐射得热分布，2105.41Wh/m²

（d）有遮挡情况下屋面冬季太阳辐射得热分布，1544.92Wh/m²

图 13-17　园林艺术馆夏季和冬季屋面太阳辐射量计算结果

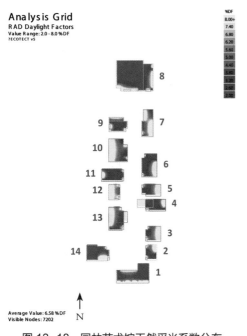

图 13-18 园林艺术馆天然采光系数分布

以看出，一些展厅的采光较好、采光系数分布较均匀，一定能够满足建筑采光设计标准，如 2、3、7 号展厅等。但是个别展厅由于立面开口和房间形状没有配置好，造成采光系数和采光均匀度偏低。研究选出采光条件较差的展厅——1 号、8 号展厅，进行单独的采光系数模拟计算。如表 13-3 所示，1 号展厅的平均采光系数为 5.67%，虽然达到了采光设计标准中对于展览类建筑的要求，但是由于展厅的东北侧空间进深较大，立面开窗没有与展厅的空间平面形式配合好，造成部分区域的采光系数过低，展厅整体的采光均匀度不能满足不低于 1∶6 的标准。类似的，8 号展厅的南北向进深较大，平均采光系数没有达到 3%，采光均匀度小于 1∶6。针对采光系数和采光均匀度不满足的问题，可以在 1 号和 8 号展厅的东侧、北侧外墙加开窗户来提高展厅天然采光系数和采光均匀度，从而提升用户的室内采光舒适性。

研究对优化之后的展厅天然采光系数分布进行重新计算，计算结果如表 13-4 所示，配合展厅的空间平面形态对方案立面开窗优化之后，展厅平均采光系数和采光均匀度均达到了采光设计标准。

13.2.4 优化策略

本研究基于夏热冬暖地区典型气候特征，采用性能模拟分析技术开展气候适应型建筑形态的研究。研究以该气候区典型示范建筑——南宁园博会园林艺术馆作为研究对象，以强化自然通风、降低辐射得热和建筑能耗、提高采光系数和采光均匀度等性能目标为导向，由宏观到细部分层次开展气候适应型建筑形态研究。南宁地处夏热冬暖地区，潮湿炎热的气象条件成为制约建筑节能和室内环境提升的最主要因素。因此本研究将建筑性能目标依据重要性进行排序，依次为场地和建筑室内自然通风、建筑表面太阳辐射得热、建筑单体室内天然采光；并依据目标重要性排序、从宏观到细部分层次进行模拟分析。综上所述，本研究提出从场地建筑布局、建筑整体遮阳屋盖和建筑单体立面设计的模拟分析优化流程。

本研究提出的优化策略为：①依据南宁地区夏季和过渡季盛行风向，对整个场地的建筑布局进行合理排布，让主导风从前排建筑之间区域顺利通过；前排建筑和后排建筑错落排布，避免后排建筑处于前排建筑造成的静风区内；从而有效引导夏季、过渡季盛行风，在建筑迎风面和背风面营造风压差来强化室内自然通风。②通过在建筑上方营造曲面屋盖来降低夏季屋面的太阳辐射得热，从而降低空调负荷，提升室内热舒适性；另外，通过夏季热辐射削减量和冬季热收益损失量的权衡计算，来保证建

---

① CIE standard overcast sky，国际照明委员会（CIE）1955 年建议的相对亮度分布的全阴天空。

园艺馆部分展厅采光系数分布和采光均匀度计算　　　　　　　　表 13-3

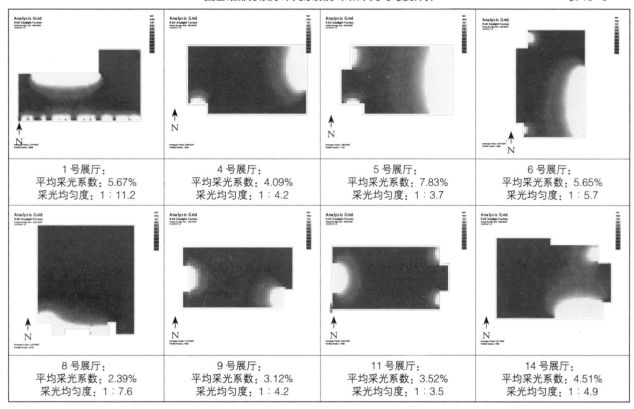

1 号展厅： 平均采光系数：5.67% 采光均匀度：1：11.2	4 号展厅： 平均采光系数：4.09% 采光均匀度：1：4.2	5 号展厅： 平均采光系数：7.83% 采光均匀度：1：3.7	6 号展厅： 平均采光系数：5.65% 采光均匀度：1：5.7
8 号展厅： 平均采光系数：2.39% 采光均匀度：1：7.6	9 号展厅： 平均采光系数：3.12% 采光均匀度：1：4.2	11 号展厅： 平均采光系数：3.52% 采光均匀度：1：3.5	14 号展厅： 平均采光系数：4.51% 采光均匀度：1：4.9

园艺馆 1 号、8 号展厅优化前后室内天然采光系数和采光均匀度　　　　　　　　表 13-4

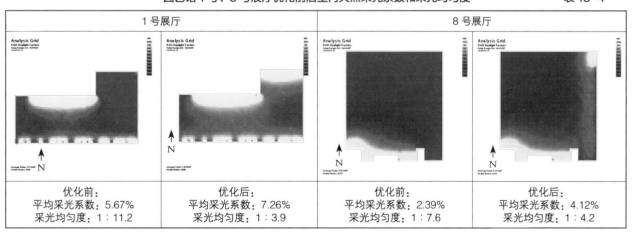

1 号展厅		8 号展厅	
优化前： 平均采光系数：5.67% 采光均匀度：1：11.2	优化后： 平均采光系数：7.26% 采光均匀度：1：3.9	优化前： 平均采光系数：2.39% 采光均匀度：1：7.6	优化后： 平均采光系数：4.12% 采光均匀度：1：4.2

筑遮阳屋盖在全年时间范围内具有良好的热性能。③依据建筑单体室内天然采光系数计算结果，来优化建筑空间平面形态和立面开口位置、尺寸，从而实现室内的天然采光系数和采光均匀度的提升。综合使用以上优化策略，来实现通过形态优化提升建筑气候适应性的目的。

13.3 融入地形地貌的原生乡村聚落肌理的转译

本研究通过探索蚁群算法 [1]，针对广西壮族自治区的古村落路网结构进行模拟，找出路网形成的深层次算法和参数选择，并用同样的程序对南宁园博园的路网进行模拟，得出"园博园路网结构在算法层次上融入了地域文化与村落肌理"结论。

13.3.1 蚁群算法与聚落路网

蚁窝中的路径是一个复杂的空间网络，蚂蚁种群通过长期的群智能行为将储存食物的地方用路径串联起来，天长日久而形成高度复杂而又合理的网络。基于此，20 世纪 90 年代意大利学者 M. Dorigo、V. Maniezzo、A. Colorni 等人加入了生物进化机制，提出了蚁群算法，即通过模拟蚂蚁觅食的行为而提出的模拟进化算法。其基本策略是每只蚂蚁从随机行为开始，当利用随机行为找到食物后便在路径中留下信息素，信息素会随着时间的推移而消散。所以，觅食最优的路径就会得到不断的"正回馈"从而得到保留，随着时间的推移，随机路径变为规则的网络，随机行为也逐步收敛而成为智能行为。

蚁群算法与蚁窝形成的方式相似，可以认为蚁窝中储存食物的地方就是食物点，蚂蚁单体间通过不断的反馈形成优化过的路径。如图 13-19 左图所示为自然界中蚁窝复杂的网络，右图为示意图，蚂蚁将食物点用网络串联。

聚落中道路系统的形成也是与此相关，聚落中的建筑是相对长久的存在，而连接建筑或者聚落群的道路则是由人长期行走而创造出来，即道路是相对短暂、可以随时调整的，在某种意义上来说，聚落中的路网形成也是经过单个人的随机行为而逐步发展而来的群智能网络。

传统聚落路网形成的过程可以抽象为：

（1）对村落进行选址；

（2）在选址的基础上进行房屋的建设；

（3）依据已建设的房屋进行路网的加设；

（4）通过岁月的流逝，不断地对路网进行修正，不断地对合理路网进行选取，对不合理的路网进行舍弃，逐步达到一个合理的路网体系。

如图 13-20 所示为广西昭平县马圣村和福行村的路网结构，在城市主干道的基础上开设聚落之间的通行路线，不断形成路网结构。

蚁窝网络与聚落网络的形成过程相似之处如下：

（1）每一个食物或者建筑都是一个释放体（Emitter），每一个代理（Agent，无论是蚂蚁还是人）都会从释放体中出发，同时每一个食物或者建筑都可视作食物（Food），是代理到达的目标。

（2）形成网络的过程中会出现释放信息素（人的行为是互相交流）、趋向信息素浓度高处行走、随机游走、繁殖、死亡、避障等行为。

蚁窝网络与聚落网络的形成过程不同之处如下：

（1）蚁群中的个体不受地形的影响，形成的是空间的复杂网络，而聚落路网则不然，是二维的路网。

（2）二者所应用的尺度不同。

图 13-21 为单体的行为轨迹分析图，每一个分析图均表现了单体在觅食过程中的一种行为，这些行为交织在一起，形成了群体行为，表现了通过信

---

[1] 蚁群可以在不同的环境下，寻找最短到达食物源的路径。这是因为蚁群内的蚂蚁可以通过某种信息机制实现信息的传递。后又经进一步研究发现，蚂蚁会在其经过的路径上释放一种可以称之为"信息素"的物质，蚁群内的蚂蚁对"信息素"具有感知能力，它们会沿着"信息素"浓度较高路径行走，而每只路过的蚂蚁都会在路上留下"信息素"，这就形成一种类似正反馈的机制，这样经过一段时间后，整个蚁群就会沿着最短路径到达食物源了。

图 13-19　蚁窝复杂网络及示意图

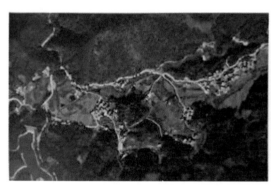

图 13-20　广西昭平县马圣村和福行村的路网结构^①

息素来寻找最优觅食途径的过程。从中可以看到，单体总是行走于几个食物之间的最短路径，遇到障碍物后觅食的路径会变换。如果在觅食过程中不断保持着单体数量的稳定，一些行为组合会转变成群体的、稳定的形态。

图 13-21 从左上到右下依次表示为 Agent 活动中发生的各种行为：①觅食；②行走过程中释放信息素；③行走过程中记步；④发生偶然事件后重新记步；⑤偶然性地发生随机游走；⑥躲避障碍；⑦信息素会随着时间消散；⑧繁殖；⑨死亡；⑩信息素诱导行为趋向；⑪衰老使行为减慢。

基于上述的原因，可以对蚁群算法进行适当改写，以满足对聚落路网进行模拟的目的。

（1）路网形成的特性可描述为：单体初级阶段是多点的随机行为；单体觅食后会留下信息素；单体倾向于朝信息素浓度高的区域行走，信息素会

① 谷歌地球 . 卫星地图 [DB/CD]. https：//www.google.com/earth，2019-10-15.

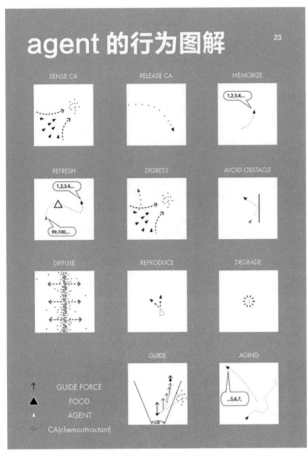

图 13-21 代理的行为图解

随着时间的推移而消散；在觅食过程中，单体会出现随机游走、繁殖、衰老、死亡，并会避开障碍等行为。

（2）在选择聚落进行模拟时，需要对聚落进行挑选，选择地势相对平坦的地区，以满足人的通行要求，对于水域、主干道等需要进行避障。

（3）要挑选尺度相对大的聚落或者聚落群，使建筑尺寸相对来说是"微不足道"、可以抽象为质点的；在模拟过程中要对单体通信行为进行尺度上控制，以满足网络的最终形成。

13.3.2 模拟软件的选取及模拟

基于 Rhinoceros 和 Grasshopper 下的 Physarealm 插件生形的过程与算法规定的动态过程正是上述的过程。Physarealm 由清华大学建筑学院硕士研究生马逸东和张裕翔用 C# 语言编写，运用插件可模拟从开始的随机状态逐步演化为稳定形体的过程。这些稳定形体表现为网状、树状、环状等拓

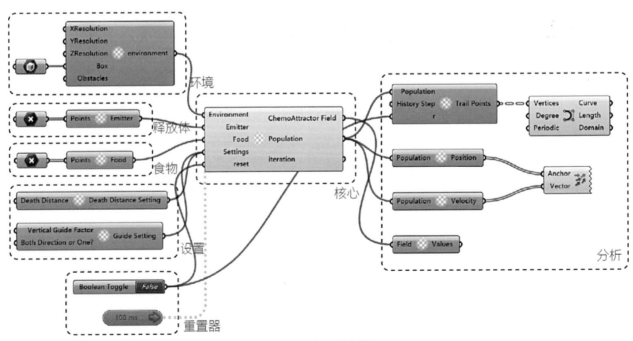

图 13-22 插件基本模块

扑结构，与蚁群运动等生物运动原型形态一致。如图 13-22 所示，该插件有六个类别，分别为核心、环境、释放体、食物、设置和分析。使用插件可模拟代理的运动。将环境、释放体、食物、设置、输出形式的参数进行不同组合，生成的形体也各不相同（图 13-23）。

路网形成过程的形态，首先可设置初始化的代理单体的位置、速度，之后使其随机移动；另外需要设置的是食物的位置和数量，这将决定后续网络的形成，因网络是根据这些食物的信息而来；接着可规定单体运动的上述各种行为及其参数，使每个单体按照这些"规则"进行运动，从而形成群体行为；最后可设置终止的条件，并输出终止时单体的空间位置（图 13-24）。

传统聚落路网的形成过程可以在计算机中进行模拟。本文此处以马圣村和福行村为例进行模拟，首先将已有的主干路设置为线状的释放体，人群单体均以从此处出发并到达此处的状态进行交通；将村落中的已有建筑和路上取的若干点作为食物。利用算法对路网进行模拟，模拟的过程从略，从结果

中可以看到最终形成的路网和聚落中经年累月形成的路网大致相同，可以得知本算法及参数选取得当（图 13-25）。其他诸村的模拟与此相同，从略。

13.3.3　算法及程序的实际应用

通过对南宁园博会规划前的现状分析，现状基地内场地是典型的岭南丘陵地貌，遍布海拔不高的小土丘，上面长有高大的乔木和密集的灌木。范围内以旱地为主，大部分呈细长方形，沿等高线布置，整体为梯田状。局部为采石场，多被废弃，表面裸露，经多年降水以及渗透的积累，形成大小不一的作为养鱼良种场的水塘。场地内有数个较小规模的村庄，村落布局分散，每个村落建筑密度很大，建筑排布整齐，房屋单体为正方形，内有庭院。整体地形地貌环境优越，自然条件丰富，景色优美，优越的自然条件成为园博园建设的有利条件（图 13-26）。

园博园规划方案提出之前，设计团队制定了设计原则，首先，不破坏场地原有风貌，尊重场地原有村落肌理；其次，与周边自然和人文环境的规划原则相协调一致，做到天人合一。因此，规划

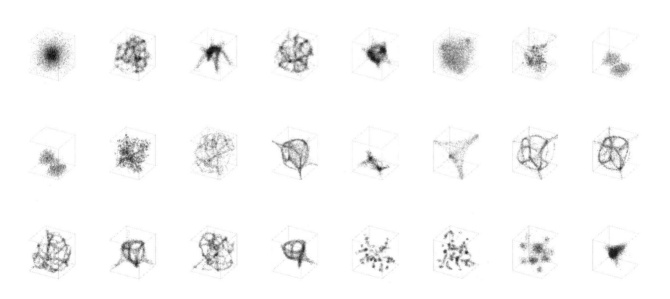

图 13-23　Physarealm 插件生成的形体

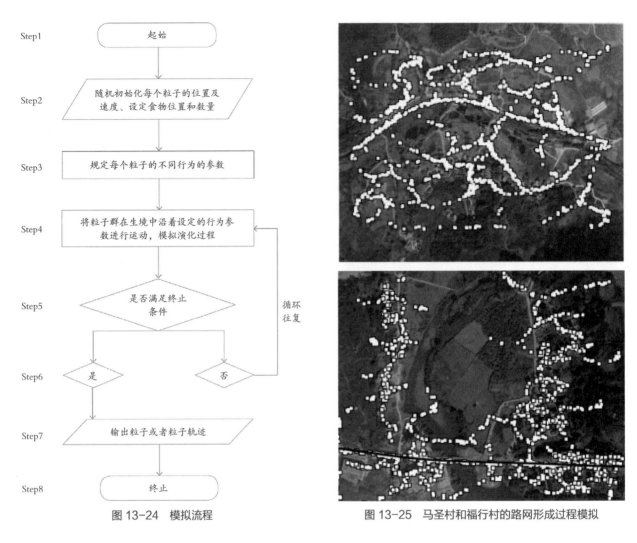

Step1　起始

Step2　随机初始化每个粒子的位置及速度、设定食物位置和数量

Step3　规定每个粒子的不同行为的参数

Step4　将粒子群在生境中沿着设定的行为参数进行运动，模拟演化过程

Step5　是否满足终止条件

循环往复

Step6　是　　否

Step7　输出粒子或者粒子轨迹

Step8　终止

图 13-24　模拟流程

图 13-25　马圣村和福行村的路网形成过程模拟

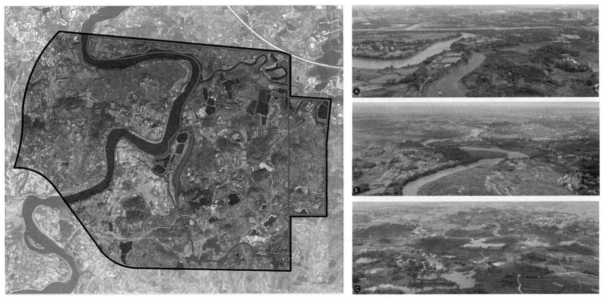

图 13-26　园博园现状用地卫星图与航拍图片

路网的设计便取材于当地聚落的路网规律,对其进行抽象和发展,最终设计为园博园现有的路网形式(图 14-1)。

　　路网的设计在深挖当地聚落的规律的基础上而成,如图 13-27 所示。课题组将前文蚁群算法应用在园博园的路网规划上进行模拟,首先设置重点区域以及重要建筑所在地,设置释放点及食物点(总共172 个点)。调整参数后模拟结果显示,园博园的路网结构在算法层次上融入了当地地域文化,延续了原有村落肌理。如图 13-28 所示,园博园的规划路网与现状肌理基本吻合,尊重了原有的地形地貌特征,追本溯源,设计团队挖掘并提升了乡土景观土生土长的味道,活化传承了自然生态与人文生态风貌,留住了乡愁,构建了适应现代社会的人居环境,使园区地域传统气息历久弥新。

　　课题组通过数据分析和性能模拟,对西部地区地域性传统民居营造策略进行现代转译。研究团队从当地民居建筑和聚落中汲取经验,借助数据分析、性能模拟等工具,通过在建筑布局、建筑形态、建筑局部立面和建筑遮阳模式等方面的设计优化,引导建筑同时实现绿色节能和传承文化的双重目标。中国传统民居和聚落,因其"天人合一"的传统自然观和在长期演化发展中形成的地域适应性,成为当代被动式绿色技术和其他绿色技术革新的智慧源泉。

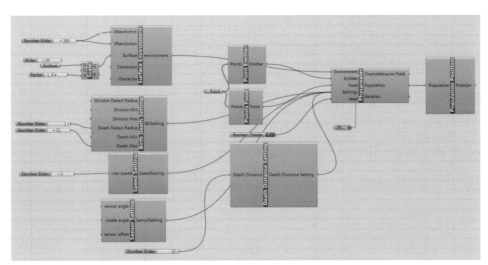

图 13-27　南宁园博会规划路网模拟程序图

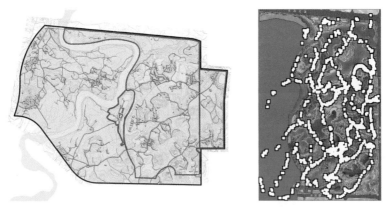

图 13-28　南宁园博园现状路网与规划路网模拟的对比

■ 工程示范篇

第 14 章

第十二届中国（南宁）国际园林博览会园林艺术馆

14.1 南宁园博园及园林艺术馆项目概况

第十二届中国（南宁）国际园林博览会于广西壮族自治区南宁市举办，会址位于市中心东南方向12km的邕宁区西北侧。园区坐落于八尺江畔，该地丘陵起伏，山水相映，景色宜人。

南宁处于云贵高原东南边缘，两广丘陵西部，南边朝向北部湾。区域整体呈山地丘陵性盆地地貌，区内丘陵错综，河流众多，河网密布，地形特征明显。南宁为夏热冬暖地区，属湿润亚热带季风气候，气候特征突出。当地阳光充足，太阳高度角大，太阳辐射强烈，雨量充沛，炎热潮湿。长夏无冬，温高湿重，气温日较差和年较差均较小，多热带风暴和台风袭击，易有大风暴雨天气。

作为第一次在少数民族地区举办的园博会，应如何凸显广西地域文化，成为设计案头的重要课题。园区采取集群化设计思路，将多个建筑场馆置于一个广阔的山水地理环境和较大尺度的园林相地场地之中进行统筹规划。设计团队基于"本土设计"理念，创造性传承了广西地方建筑特色，提炼出诸如"山地""聚落""廊桥""构架""屋顶""材料"等一系列代表性主题（图14-1）。园区整体布局借鉴散落于自然山水中的传统聚落，园区路网规划与南宁地区传统村落道路肌理在形成机制上一致，课题组运用基于蚁群算法及性能模拟的方法，对此进行了证实。园区的每个建筑，都植根于地方传统，并依据各自主题，呈现鲜明特色。

园林艺术馆是本届园博会的主场馆，位于园区的主入口景区，处于核心景观轴线端部，由展厅、多功能厅、商业办公用房、贵宾接待、服务区、后勤配套、设备机房、室外展园、半地下汽车库等构成，还包括走道、交通核、卫生间等辅助空间。展厅以展示园林艺术、园林文化和特色园林及园林技艺为主。园林艺术馆占地面积（建筑基底面积）1.8hm²，建筑面积2.557万m²，是主体地上两层（局部三层）的多层展览建筑（图14-2）。

图 14-1　中国南宁国际园博会总平面图

图 14-2　园林艺术馆远观（张广源 摄）

14.2　园林艺术馆设计分析

14.2.1　设计理念和手法

　　园林艺术馆的设计遵循自然优先的原则，场馆选址于两山之间。为减轻大体量建筑对园区环境的压迫，设计方案让建筑融入自然，利用场地的山地地形，在南侧山体开槽，将园林馆首层嵌入山体，形成半覆土建筑。嵌入山体的首层，主要放置与室外自然环境相对分离的主题大展厅。两山间的山坳，有与城市道路直接连通的半室外停车场（图 14-3）。

　　二层小体量展厅，从地方传统村落中汲取灵感，

聚落式布局于山坡之上，形成丰富的错动肌理。群组式的分散布局，进一步消解了建筑的体量，再次体现"顺应自然，建筑消隐"的设计理念。小展厅主要布置与园林艺术主题相关的展陈，各展厅被半室外的内街所衔接，包围在内街景观、室外展园和自然山体之间。空间从室内向自然过渡，实现了馆园融合。人在游览过程中，仿佛置身于传统街巷、村落之中，并与自然相问答。设计利用大台阶、内街以及各个展厅之间的空隙，创建多个与室外开放展厅对应的室外展园空间，鼓励自然游赏、静态休憩、参观活动和社交活动之间的互动，形成丰富多彩的友好型开放空间。

　　屋盖"天幕"覆盖于展厅和内街之上，既能遮阳挡雨，改善内街环境微气候，又可塑造棚下观景空间，延续山形走势，勾勒天际线，使场馆融入园区环境。

　　园林艺术馆打造融入山体的半覆土建筑，一方面达到了节地的目的，另一方面通过尽可能地保持场地完整和维持高质量的原生生态环境——包括土壤和植被等，有效维护了园区的整体生态系统，帮

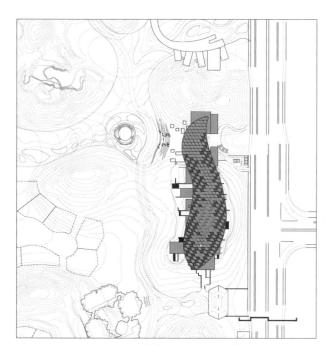

图 14-3　园林艺术馆平面布局简图

助园区形成了完整的生态走廊。

园林艺术馆提取西南民族地区传统特色的"聚落"元素,对建筑的地上部分采用分离式单体群组的布局方式,降低了主体结构的材料用量;并根据西南民族地区典型的"阶地"地貌,设计了随地势起伏的连续型钢结构屋盖体系,有效控制了构材的材料用量,符合节材的要求。

14.2.2　聚落形成

园林艺术馆的聚落式设计,不仅在空间组织方式上传承了地方建筑特色,而且是在探索一种适应当地气候的展览空间组织模式。

为了展开不同主题展览,打造出更丰富的空间体验,设计方案结合广西南宁的自然气候条件,通过转译地方传统村落的空间形式,将大的展览空间打散、划分、组织为聚落化的多个小空间,创造出有别于以往大空间套小空间的大中型展览建筑空间组织模式。"聚落"形成"街道""小巷""广场""院

落""坡坎""沟渠""连桥"等空间意象,营造出有地方传统特色的空间氛围,并与周边自然山水形成良好互动。顶部覆盖延续山形的钢结构"天幕",解决遮阳避雨的问题,将串联展厅的联系空间、公共休息空间置于其下的灰空间中。天幕之下,成为无需空调的室外大厅,从而将大空间的能耗降到最低。

设计方案在中部切开山体,打造出南北方向的下沉内街。通过形成半覆土建筑,降低了大展览空间的能耗。南北向下沉内街、聚落式展厅、下沉边庭、内街水渠、景观圆筒、流线型天幕等空间要素,构成气流廊道,共同营造区域微气候。其利用局部温差与气压差,实现高效的自然通风与气流引导,从而达到节能降耗的目的。

"聚落"式小展厅结合有效组织的半室外共享空间,是一种适应当地气候的展览空间组织模式,是对传统朴素绿色智慧的继承和发展。

14.2.3　天幕营造

园林艺术馆的钢结构"天幕",综合考量遮阳、通风、避雨、绿色能源等需求进行一体化设计,其由建筑下部生长出的树形柱支撑。

天幕的双曲面造型顺应场地地形和周边山势,同时结合考虑区域风环境设计。夏季能够引导下部空间形成良好的自然通风。天幕围护采用防紫外线高透阳光板,在隔挡紫外线的同时,为下部空间提供充足的自然光。钢结构网格与具有厚度的阳光板结构檩条,起到一定的遮阳作用。天幕上部覆盖的由 528 块光伏发电组件所组成的 22 个菱形单元,总装机容量达 71.28kWp,为建筑提供清洁能源,同时也起到外遮阳的效果。在"天幕"下部斜柱支撑处,还设置有随机分隔的遮阳格栅。格栅模拟树冠的意象,"树冠"投下的光影形成类似树荫的效果。在"天幕"下的街巷中行走,仿佛置身于民居间或巷口旁

的巨大树荫下。

地处华南的南宁湿润多雨，建筑物的避雨、排水考虑至为重要。设计方案吸取地方民居的古老经验，将天幕划分为东、西两个排水单元，每个单元分别向东、西侧汇水。分水单元仿佛一个个放大的瓦垄，避免了雨水的大量集中。雨水沿天幕周边均匀排放，汇入建筑东西两侧的展园，形成景观水景，灌溉植被，渗入山体，补充周边地下水，整个排水体系发挥着"城市海绵"的作用。

14.2.4　景观筒构建

设计师在建筑内街南侧打造了一个圆形景观筒。景观筒高18m，下大上小，正处于公共空间序列的高潮与收束位置，是内街的制高点和最重要的视线聚焦点。方案在设计概念上借鉴广西侗族传统村落中的鼓楼，模仿密檐鼓楼与广场以及整个村落的关系，将景观筒立为园林艺术馆内街"聚落"的精神象征。

景观筒外部是朴素的自然生态抹泥墙，内部是直通顶部的高大垂直绿化墙面。筒内种植喜阴的当地岩洞植物，辅以滴灌补给系统，营造出如热带雨林或南亚热带森林般的盎然绿意。筒底的景观水池，与内街水系相连。顶部三角形的钢结构网格与圆形洞口形成对位关系，三角形与圆形的图形叠合，构成一种东西方古典几何之美。幽暗圆筒中茂盛的植物，与照入的绚烂阳光，共同构成了一种生机勃勃的自然秩序。人走上圆筒中的承台，接受穿过叠合图形与一筒幽碧的阳光的洗涤，似乎瞬间便顿悟了人与自然的合一。

14.2.5　地方材料利用

为实现建设的绿色节能和表达建筑的地域特色，设计方案充分采用自然材料和本土材料。一方面从地方传统建筑中提取与转译有特点的建筑材料，如

夯土、毛石、木、砖、瓦等；另一方面结合园区建设过程中产生的建材"废料"，变废为宝，将碎石、红土等材料，经过一定的呈现手法，表达为建筑的特色外立面。

设计方案采用了石笼、夯土、毛石、木色格栅等四种外墙材料。这些呈现不同效果的墙体，并非按照不同的建筑单体来分布，而是被以一种空间构成的思路来设计。建筑空间由不同材料的墙体交搭围合而成、不同材质的墙体相互穿插、彼此交错，将传统与自然的材料元素投射于建筑空间中，令人们在传统与现代、自然与人工交织的空间里不断流转。

材料的多样化选择和自然材料、本土材料的采用，既是建筑地方性格的表达，同时也是绿色建筑设计理念的体现。特色地方材料的使用，不仅使建筑具有了独特的表情，而且由于这些地方材料具有较强的地域适应性，使建筑增强了保温隔热等性能，提升了室内舒适度，降低了建筑的使用能耗，同时因为建材的循环使用，变废为宝，降低了建筑的建造成本。

14.3　园林艺术馆绿色体系建构

地域特色的绿色建筑特征包括气候特征、地形特征、人文特征和建构技术特征等。课题组基于广西民居聚落的充分调研，通过对自然环境因子、人文环境因子和技术因子三方面因素的考察和探讨，构建起适应西南地区气候特征的西南本土绿色建筑体系（图14-4）。

依据广西多民族地区的气候特征和人文环境特点，课题组延续当地传统绿色建筑智慧，结合适宜的技术措施，采用具有地域适应性的西南本土绿色建筑体系，以"嵌入山体、织补大地、馆园结合、融入自然"为设计策略，成功实践了园林艺术馆项

<table>
<tr><td rowspan="9">示范工程</td></tr>
</table>

图 14-4　园林艺术馆绿色建构体系

目的设计和建设，并在当地就绿色建筑发挥了一定的示范性作用。

14.3.1　自然环境因子

首先，自然环境因子，包括日照、降水、风、地形等方面。其中日照因素作为当地气候特点和建筑设计要求，分别从遮阳和隔热两方面考虑。

园林艺术馆位于夏热冬暖地区，日照充足，应首先充分考虑遮阳。园林艺术馆采用立体的屋盖"天幕"延续山形走势，将主体建筑包裹其中，为建筑主要交通空间"内街"提供了避免阳光直接照射的舒适空间。"天幕"面材为防紫外线阳光板以及光伏发电板，"天幕"下部设置格栅作为遮阳。同时，建筑的体块部分出挑，创造了更多灰空间，进一步起到遮阳的作用（图 14-5）。此外，本研究通过大量多样样本的生成和性能模拟，得出南立面水平遮阳出挑长度与其距离窗台的尺寸之间的比值约为 1

时为最佳。课题组将这一研究成果应用于园林艺术馆，有效提升了建筑的遮阳效果。

南宁地区长夏无冬，建筑对隔热的要求较高。园林艺术馆半覆土的建筑形式，充分利用土的热惰性，使建筑具备了良好的隔热性能，从而提高了建筑舒适度，降低了空调降温能耗。另外，毛石、夯土、石块等大量原生材料的使用，让建筑多了一层保温隔热的"皮肤"。高温时其阻热、吸热，降温时其放热、平衡温差，从而减少了建筑的能耗。此外，内部设置的垂直绿化景观"圆筒"与周边打造的环境绿化，有效改善了区域微气候，提高了自然条件下空间的热舒适性，呼应了园林艺术馆的展示主题（图 14-6）。

在降水方面，因南宁地区雨量丰沛，且易有暴雨，建筑需充分考虑防雨。园林艺术馆为保证观展不受降雨天气的影响，屋盖设计为起伏的连续型钢结构屋盖体系，覆盖了绝大部分无顶盖的内街区域。

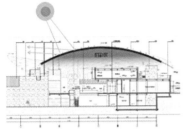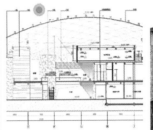

图 14-5　光照设计

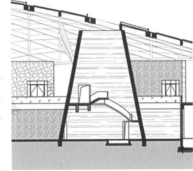

图 14-6　微气候设计

且屋顶划分成竖向单元，每个单元分别设置找坡，令雨水可以均匀排放、迅速排走（图 14-7）。雨水汇入东西两侧展园，形成水景，还可灌溉植物，或渗入山体，以补充地下水。

在利用自然风方面，因南宁地区高湿气候，建筑设计应充分考虑通风防潮。园林艺术馆聚落式的布局，使各展厅之间相互错落，形成宽窄不一的内街，为自然风提供了通道，可有效引导自然风贯穿建筑

内部。"天幕"下部的建筑体量和嵌入山体的内街，共同营造出区域的微气候，促进了建筑整体自然通风效果。通过软件模拟对夏季室外风环境进行分析，夏季主导风向的角度和过道之间的夹角为 22.5° 时刚好可形成穿堂风。而在剖面的设计角度上，有意形成吹拔空间，利用建筑内部空气的热压差，形成烟囱效应。同时利用热空气上升的原理，将污浊的热空气从室内排出，而室外新鲜的冷空气则从建筑

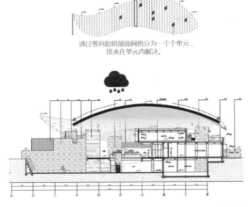

通过竖向肋将屋面网格分为一个个单元，排水在单元内解决。

图 14-7　雨排设计

下层通过或通过各个房间吸入，增强室内通风效果（图14-8）。

在利用地形方面，园林艺术馆设计采用多种手法与山形结合，做到因地制宜。方案在展示丰富多彩的建构关系和保护生态系统的同时，最大化地利用土地。首先参考当地民居的建造手法，利用当地的山地地形，将建筑首层嵌入山体，形成半覆土建筑，并尽可能保持场地完整和维持高质量的原生生态系统。此外，利用与建筑交接的山坡作为室外展园，融入自然的同时也节约了用地。

14.3.2 人文环境因子

在广西地区特殊的地理地貌、气候环境与民族文化的影响下，建筑呈现出其独特的空间组织形式（图14-9）。园林艺术馆提取具有当地传统特色的元素"聚落"，将建筑设计为分离式的单体群组，并利用各单体群组之间的空隙形成室外开放空间；提取当地具有精神象征意义的"鼓楼"，在内街设置通高的垂直绿化"圆筒"，以与"鼓楼"呼应；提取原生材料，充分利用当地的毛石、夯土和石块等，做建筑的蓄热体，减少建筑的能耗。

14.3.3 技术因子

当地传统建筑多采用毛石和夯土等材料，且当地土为红色，色泽艳丽，具有装饰效果。园林艺术馆建筑材料遵循就地取材的原则，其利用当地材料演绎的传统材料墙体，主要采用四种墙体材料，即毛石、夯土、石笼、金属格栅。毛石、夯土、石笼中的碎石均从园区建设中现场取材，金属格栅则是良好的可循环材料。四种材料构筑的墙体，形成丰富的、具有当地传统意蕴的建筑表情，四种墙体相互穿插，围合构成空间与展厅（图14-10）。

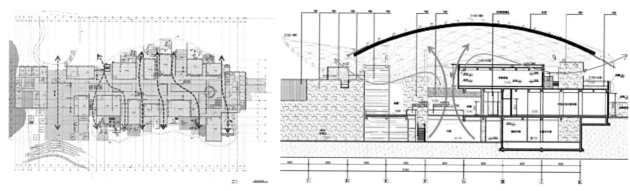

图14-8 风环境设计

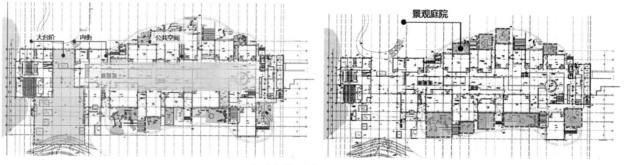

图14-9 空间组织形式

在就地取材的同时，设计也考虑项目节约材料的重要性。园林艺术馆室内建筑功能区域，考虑常规结构单体尺寸及标准柱网属性，选用钢筋混凝土结构体系，简化施工，节约了材料。建筑的大屋盖设计，考虑建筑体型复杂、平面尺寸巨大、竖向构件间距较大等特点，选用钢结构体系，提升了材料可循环利用比例，同时合理控制屋盖钢结构体型，降低了结构内力，控制了材料用量。此外，根据当地传统建筑构造形式，设计树杈形钢结构支撑体系，降低了结构跨度，节约了钢材。

在能源利用方面，当地日照丰富，园林艺术馆充分利用新能源，设置了太阳能光伏发电系统。布置在屋面的阳光板，既能高效利用太阳能，又可起到遮阳效果（图 14-11）。

14.4　东盟馆项目概况

东盟馆位于南宁园博园东盟园，跨越东盟湾，东对次入口和商业街区，西南毗邻东盟展园，建筑面积 7400m²。展会期间，东盟馆展示东盟十国特色的园林

图 14-10　材料应用

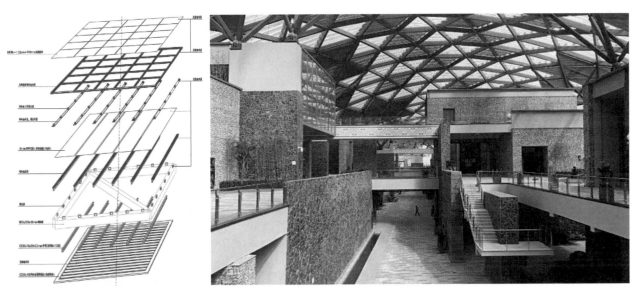

图 14-11　能源利用

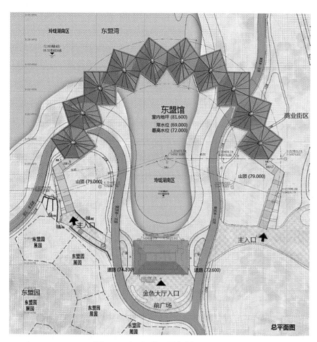

图 14-12　东盟馆总平面图

设计以"桥"为主题，打造了一组极富特色的水上建筑群。桥上设置十国展馆，按照十国的礼宾顺序，排列成线性序列，总体呈"手拉手"状，取"手拉手、心连心"之意。各国展厅对应一个单元体，每个单元体相对独立，保证了各国展示的完整性，又彼此联系。"桥"和"手拉手"的设计意象，象征着十国的联盟，也寓意着东盟各国与中国之间的紧密联系和友好交流（图 14-12~图 14-14）。

建筑因地制宜，保留两侧山坡现状地形，借鉴广西传统风雨桥形式，以一座环形的廊桥，架于东西两山坡之间，跨越东盟湾，联系东盟展园和商业街区。东西两端设两个主出入口，设坡道和台阶联系园区道路与建筑。

廊桥由 10 个相对独立的单体构成，每个单体呈两头小、中间大的梭形，采用上屋顶－中廊道－下桥墩的构型方式。设计方案对传统风雨桥形式进行现代转译，并总结东南亚民居的形式共性，塑造出单元体的形式。单体外层是轻巧的钢结构构架，并被赋予木材的质感。考虑到南宁的亚热带气候条件，建筑单体以防雨木百叶围合展厅，既保证自然采光通风，又遮阳防雨。外层防雨百叶嵌于钢结构竖肋之间，遮蔽外廊，实现了室内外空间交替。外廊处，坡顶、挑檐、条凳，共同塑造了檐下空间。展厅膜结构分隔室内外，展厅内部可调控温度。建筑在结构、

园艺及非物质文化遗产、工艺品等。展会后，整个东盟园将免费开放，东盟馆定位为冷餐、工艺品售卖等，着重夜景设计，其运营模式参考借鉴新加坡克拉克码头，将被打造为充满活力的酒吧街和夜市，经营酒吧、咖啡吧、西餐厅、精品小吃、特色商店等。

14.5　东盟馆设计分析

东盟馆受到广西地区特有的"风雨桥"启发，

图 14-13　东盟馆效果图

图 14-14　东盟馆鸟瞰实景（李季 摄）

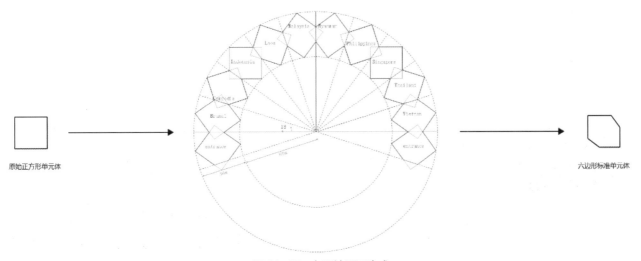

图 14-15　东盟馆平面生成

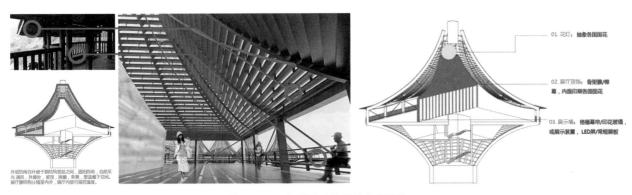

图 14-16　东盟馆建筑单体内部结构

质感、形象和空间感受上，体现了浓郁的东南亚风情（图 14-15~ 图 14-17）。

会展期间，为展示东盟十国园林园艺方面的非物质文化遗产，每个单体从单体顶部的花灯、展厅顶饰和展示墙三方面着手，分别打造各国特色展示，表达各国园林园艺文化的独特性和差异性。行走在半室外游廊，十国园林文化展现眼前，宛如穿行于画卷之中。

建筑设计适应南宁夏热冬暖地区的特点，主要考虑建筑的遮阳通风。遮阳百叶依据太阳高度角仔细推敲，遮阳防雨的同时兼顾采光通风，营造良好的半室外环境。这是吸取当地风雨桥类型建筑特点的基础上，应对气候的传统绿色建构手法。

14.6　东盟馆绿色技术应用体现

14.6.1　示范工程设计创新点

（1）空间利用创新，将传统展览馆的集中式大空间拆分为单元组合式。

（2）设计理念创新，借鉴当地传统风雨廊桥的原型进行现代转译。

（3）结构材料创新，主体采用钢结构及金属格栅系统，可再生利用。

14.6.2　示范工程设计应用的新方法和新工具

示范工程东盟馆借鉴当地传统风雨廊桥的形式，

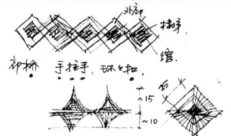

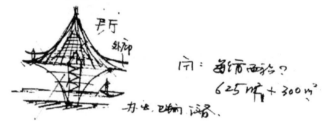

图 14-17　东盟馆设计构思

其将建筑布局于水面之上有利于降温通风。构成廊桥的 10 个相对独立的单体，可拆分运营，以降低整体能耗。大部分展览空间为半室外空间，不需要机械耗能。屋顶叠檐继承了当地传统营造方式，同时能够有效遮阳、避雨、通风以及满足展览活动要求，创造了生态绿色的舒适公共空间。在建筑材料的选择上主体以钢结构为主，可循环利用（图 14-18）。

14.6.3　绿色技术的集成使用情况

示范工程主要在设计方法上加以创新。建筑设计借鉴传统智慧，通过布局、形式适应当地气候。布局方面利用了水面微环境，建筑形式方面考虑了

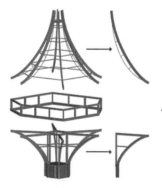

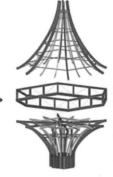

主要构件：弓形桁架加强主构件，化解粗大的主结构，实现结构优化

次级构件：减跨，拉结，形成整体结构，减小构件截面尺寸，得到精巧轻盈的结构框架

对钢结构做仿木色喷涂处理，结合木色转印铝合金格栅，单元体如同一座木楼

图 14-18　东盟馆建筑单体钢结构主体

遮阳、避雨和自然通风采光，从而减少了空调等设备的使用范围。东盟馆在满足使用功能需求、保障舒适性的同时，大大提高了节能性和健康性，最大限度地实现人与自然和谐共生的高质量建筑。

14.7　清泉阁项目概况

清泉阁是第十二届中国（南宁）国际园林博览会内主要的观景建筑，位于广西南宁市中心东南方向园博园区，核心景观轴线的制高点，其与清泉湖相邻，与赛歌台遥相呼应，建筑面积 1500m^2。

14.8　清泉阁设计分析

项目选址于清泉湖的北侧，与赛歌台隔湖相望，成为园区主轴线上的重要节点，并与新增大型活动广场相邻，可达性与昭示性强，与主入口形成中轴

线关系对景（图 14-19）。

清泉阁作为园区内标志性景观建筑，处于园区内制高点，拥有最优秀的观景视野，便于会展时游客登高望远，开阔景观视野，一览园区内所有景观和展馆。

无论传统观光塔还是现代观光塔，由于结构、技术等因素，通常采用"下大上小"的"稳定形态"。这种形态保证了结构的稳定性，同时由于过去缺乏电梯等垂直交通设备，顶层观光人数较少，符合当时的时代特征，但是也牺牲了高层优秀的观光视野（图 14-20）。顶层的观光空间十分有限，大量的游客层被滞留在首层。

清泉阁设计理念原型来源于广西独特的鼓楼，阁身外围为钢结构支撑全开放的层层金属密檐，形成一个具有张力，高耸的密檐阁。设计希望结合现代技术，塑造"上下等大"的观光塔造型，使顶层的观光空间大大增加。结合电梯等垂直升降设备，

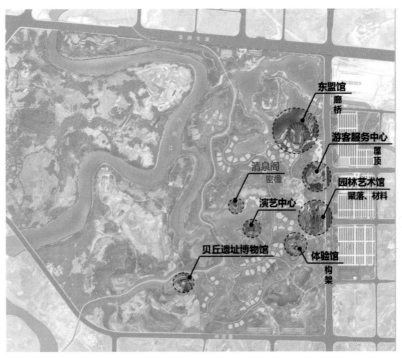

图 14-19　清泉阁与园内各景位置关系

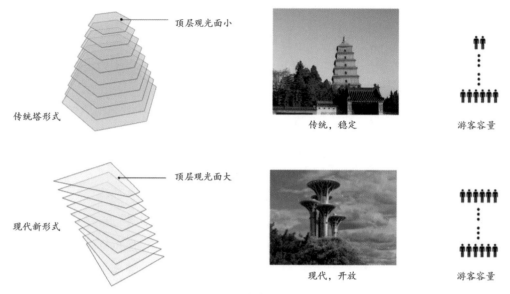

图14-20　清泉阁设计构思

观众既可以在大厅中休憩、游览，同时可以快速方便地到达顶层观光空间。通过形体的扭转，塑造出具有时代感的造型，并且让观众在登高的过程中，体验观景视野逐渐变宽，感受不同的空间变化（图14-21、图14-22）。

通过楼板与外部结构合理搭接，营造错落有致的内部空间，丰富的层次提供了更多优秀的观光空间。平台与平台之间施加斜向支撑，形成丰富的晶格状结构，局部设置百叶，使内部空间层次更加充满趣味。

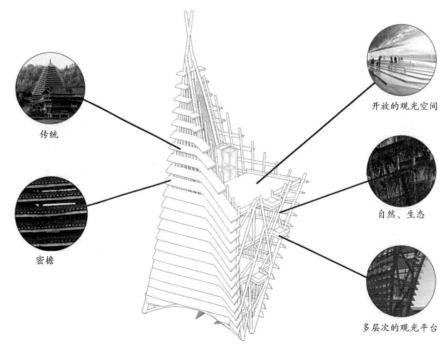

图14-21　清泉阁建筑概念

形体生成

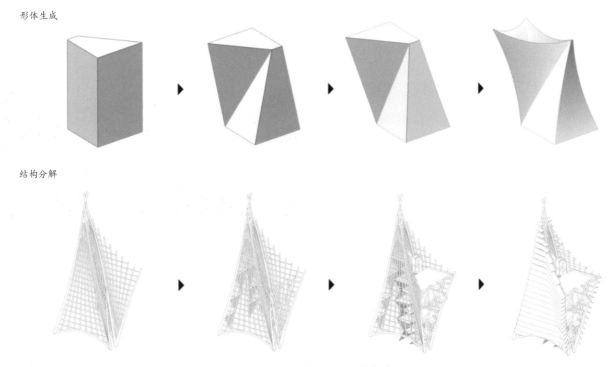

结构分解

图 14-22　清泉阁形体结构生成

该建筑在对西南多民族地区既有建筑研究的基础上，总结该地区应对湿热气候的传统绿色建构手法。其通过层层密檐的处理，实现自然遮阳和通风，体现了结合本土文化的绿色示范建筑的创新性与时代性（图 14-23）。

14.9　清泉阁绿色技术应用体现

14.9.1　示范工程设计创新点

（1）空间利用创新，增大塔顶观光平台面积。

（2）结构材料创新，全钢结构密檐。

图 14-23　清泉阁效果图

（3）设计理念创新，全开放空间使人与自然和谐共生。

14.9.2　示范工程设计应用的新方法和新工具

示范工程清泉阁吸收当地传统生态营造智慧，在设计上有别于传统塔下大上小的造型，增加了塔顶部的空间面积，减少了排队等待时间，使建筑更为适用、高效。全钢结构密檐，完全开放的设计，在保证遮阳避雨前提下，不仅减少了空调等设备的能耗，同时减少了结构材料对环境的破坏，还最大限度实现了人与自然和谐共生，符合绿色建筑的设计理念（图14-24）。

14.9.3　绿色技术的集成使用情况

示范工程清泉阁采用创新设计，通过遮阳避雨、自然通风等手段，减少了空调等设备的使用。清泉阁一方面实现了建筑功能，另一方面又在降低能耗、节约资源的前提下，保障了建筑内部空间的舒适性（图14-25）。

14.10　赛歌台项目概况

赛歌台是第十二届中国（南宁）国际园林博览会内主要的表演观演设施，建筑面积2500m²。赛歌台为开放式的表演中心，依水而建，以山水为舞台背景，满足园博会开幕实景演出、民间赛歌表演、传统节日演出和综合服务等功能（图14-26）。

14.11　赛歌台设计分析

建筑的屋顶由如同生长在土地上的大榕树的树状结构柱支撑，屋顶的三角形构成几何分格，并形成上下凹凸的锥体。屋架铺设遮阳金属格栅和阳光板，

图14-24　清泉阁实景（张广源 摄）

图14-25　清泉阁鸟瞰（张广源 摄）

图14-26　从赛歌台望清泉阁（张广源 摄）

虚实结合，仿佛是大榕树的树冠，自然有机。开放的舞台和看台充分利用自然通风。看台下面建筑及地面缓坡景观采用当地本土的石材砌筑（图14-27、图14-28）。

形体生成

| 如同生长在土地上的树状柱 | 增加了舞台与观演看台 | 树桩柱生长出主体结构 | 主体结构增加细部结构 |

图14-27　赛歌台形体生成

图14-28　赛歌台流线规划图

14.12　赛歌台绿色技术应用体现

14.12.1　示范工程设计创新点

（1）结构材料创新，树杈形钢结构，降低跨度，节约钢材。

（2）设计理念创新，全开放空间使人与自然和谐共生。

14.12.2　示范工程设计应用的新方法和新工具

示范工程吸收当地传统生态营造智慧，打破传统歌剧院封闭场馆的设计概念，将歌剧院以完全开放的形式置入山水环境之中，并依托西南民族地区传统建筑"构造"方式，采用树杈形钢结构支撑体系，降低结构跨度、节约钢材。以榕树下歌唱的设计理念，打造完全开放、融入自然的空间，极大减少了空调等设备的使用，降低了能耗，同时减少了结构材料对环境的破坏，最大限度实现了人与自然和谐共生，符合绿色建筑的设计理念（图14-29）。

14.12.3　绿色技术的集成使用情况

赛歌台通过设计理念创新，摒弃传统演艺类公共建筑的封闭式做法，依据当地气候四季温和的特点，打造全开放式的演艺设施，通过充分利用自然通风，从而减少了空调等设备的使用。设计方案从广西当地的植被景观意象中汲取灵感，运用树杈形钢结构来实现构筑物的主体支撑，同时降低跨度，达到节约用材的目的。因此，赛歌台的设计和建设，是围绕人与自然和谐共生的高品质绿色建筑的一次有益探索（14-30）。

因时就势、因地制宜，是乡土人居环境营造的核心本质。乡土聚落是人对自然环境回应的物质体现，是传统居住文化理念的集中反映。传统民居的建筑设计策略及营建智慧一同构筑了文化生态整合的绿色建筑体系，为现代绿色建筑设计提供了策略支撑。

南宁园博园立足广西南宁独特的气候特征和地形地貌，以应对自然条件、传承地方文化为目标，以广西地方传统民居为原型，通过现代转译和采用多种设计策略，有效实践了基于"文绿一体"的"在地生长"设计理念。其关注空间舒适性与人性化，采用被动式建筑设计策略，选用地域传统材料及建造手法，关注后期运营维护，通过场馆与建筑的化整为零、分散管理、分开运营以节约能源，实现低能耗甚至部分场馆零能耗。南宁园博园引入"前策划"工作思路，使项目在设计阶段即充分统筹全局——考虑建成后的评估和运营，为"文绿一体"目标下的西南地区绿色建筑的"在地"设计提供了良好示范。

图 14-29　赛歌台内景效果图

图 14-30　赛歌台效果图

第 15 章

西宁市民中心

15.1 项目概况

西宁市民中心位于西宁市南川片区,是南部新城发展的重点项目。项目占地面积 5.3hm²,建筑规模约 13 万 m²,设计标准满足绿色建筑二星标准,综合行政审批、市民服务、体育健身、文化展示、数据中心、配套服务等多项功能。基地位于南川片区发展核心位置,交通便利,建成将极大提升整座城市的公共服务水平(图 15-1~ 图 15-3)。

图 15-2 西宁市民中心区位图

图 15-1 西宁市民中心实景鸟瞰(李季 摄)

图 15-3 西宁市民中心效果图(东南方向鸟瞰)

15.2 设计分析

15.2.1 场地布局

根据周边环境及上位规划，场地东西两侧均为城市重要道路，西侧为海南路，往北衔接地铁站及奥特莱斯商业中心，东侧为南川西路，步行可达南川河步行景观带。场地沿西北到东南方向打通，串联城市周边公共空间（图15-4）。

地上根据功能分为行政审批楼和体育文化馆两部分，功能尽量集中设置以便共享，外部创造更多公共空间及环境。东部为行政审批楼，包括行政审批、市民服务、数据中心等功能，西部为体育文化馆，包括冰球馆、冰壶馆、综合运动馆、文化馆等功能，

场地内部打造活力内街，集中设置对外服务功能，向城市开放，内街串联多个下沉庭院，创造有围护的人性化室外空间（图15-5）。

15.2.2 地形利用

场地自然地形西高东低，西南角为最高点，东北角为最低点，最大高差约为9m。建筑布局顺应地形以减小土方量的开挖，室外场地通过退台划分为两部分，建筑主要出入口与室外场地有效对接。西侧体育文化馆室外场地标高为2322.0m，设置两层地下车库，东侧行政审批楼室外场地标高为2317.0m，设置一层地下车库。东西平台高差通过坡道及踏步连接，满足消防及人行要求（图15-6、图15-7）。

图 15-4 西宁市民中心环境分析

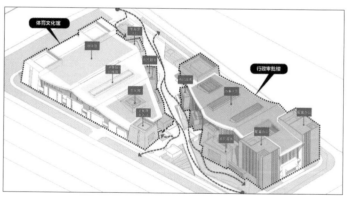

图 15-5 西宁市民中心布局分析

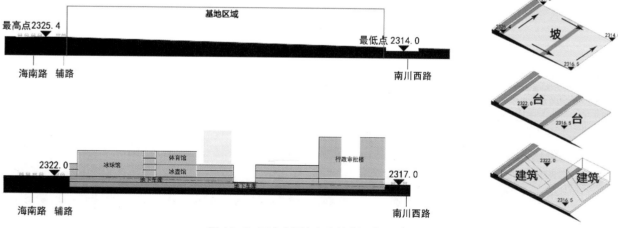

图 15-6 西宁市民中心高差分析（mm）

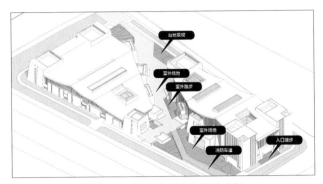

图 15-7　西宁市民中心场地分析

15.2.3　体量生成

河湟地区山川雄浑，形如巨石，庄廓聚落自然生态，内向而居。建筑从自然环境中吸取灵感，从传统栖居中挖掘智慧，主体形象呼应山川，雄浑流畅，庄廓语言增添活力，丰富多变。体量组合与内部功能融为一体，大屋顶创造完整空间，满足对外服务、体育活动等功能对于大空间的需求，内部空间共享；小尺度体量在建筑外围形成入口或能独立对外运营的空间，丰富建筑表情，提升公共服务的可能性。集中的体量能够适应所处严寒环境，通过控制体形系数（行政审批楼体形系数 0.12，体育文化馆体形系数 0.14），有效节约能耗（图 15-8）。

15.2.4　室内空间

除冰球馆、体育馆等独立大空间以外，为实现行政审批、便民服务等功能而在建筑内部设置的多个中庭和内院，通过结合室内及景观设计，提升室内空间品质，创造人性化空间。大进深的平面布局通过内部中庭自然采光，能够减少人工照明，顶部天窗侧开百叶满足夏季自然通风。连续起伏的大屋顶下，层层退台形成连续的空间以增强流动性（图 15-9、图 15-10）。

15.2.5　立面设计

建筑自身的形体组合呈现出丰富的立面效果，材料成为建构的元素。设计化繁为简，不追求多余装饰。错缝搭接的石材形成堆叠的意向，呼应庄廓原型夯土的建造方式，暖色的砂岩与四周延绵山体的背景仿佛融为一体。金属屋面勾勒出屋顶连续的曲线，富有韵律且不失庄重，整座建筑如同从大地中生长出来（图 15-11）。

立面的虚实关系反应内部功能。通过将较少开窗的楼梯、机房等辅助功能布置于建筑外围，对外塑造强烈的实体感以呼应环境，对内营造庇护的人性场所。减少大面积的幕墙能够控制窗墙比，增强围护结构的保温性能。建筑公共大厅及办公区域采用玻璃幕墙或竖向长窗保证均匀采光。出挑的屋檐与竖向格栅形成水平和垂直遮阳，满足节能设计的需求（图 15-12）。

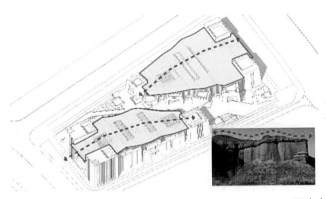

图 15-8　西宁市民中心体形分析

图 15-9　西宁市民中心平面布局

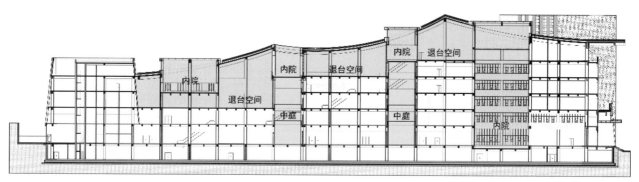

图 15-10　西宁市民中心剖面示意

图 15-11　西宁市民中心人视效果

图 15-12　西宁市民中心北向立面

15.2.6　节约能源

结合严寒地区的气候特性，内部空间除餐厅、多功能厅等人员密集空间，其余不设集中空调，通过合理设置开窗及通过中庭的通风有效降低新风系统的使用。冬季公共空间采用地面供暖的低温辐射采暖系统，保证人员活动区域的舒适性。建筑尽可能地通过自然采光，减少人工照明。结合屋顶的自然曲面设置雨水沟以有效排水，利用地形高差设置水沟并且设置雨水调蓄池以满足海绵城市的设计要求。建筑立面的石材、玻璃、金属等材料均采用模数化控制，以降低材料的消耗。

15.3　绿色体系建构

以青海河湟地区的整体环境为背景，将设计条件提炼为自然环境、人文环境、技术措施三类因子，以此建构设计体系。西部地域广袤，不同地域的自然环境、人文环境和技术应用有显著差异，设计体系能够引导设计者采取针对性的设计方式以及合理的技术措施进行设计。河湟地区属高原严寒地区，冬季寒冷，夏季清凉，西宁市民中心作为城市的标志性公共建筑，既要继承和发扬河湟特色文化，也要植根于当地气候环境，营造适用、绿色的公共场所。

西宁市民中心通过采用多方面的绿色建筑技术，建立起绿色建筑体系。

（1）节地与室外环境技术

节地方面，本方案在设计中充分利用了原有场地及周边环境禀赋，顺应地势西高东低进行功能排布。在地下空间利用方面，合理设计了两层地下室及半地下室，将大部分地下室用作汽车库来减少地上空间利用的压力，同时满足了相关指标。

建筑室外环境技术方面，主要是对建筑施工过程中产生的废弃物进行合理的管理。首先是采用从源头削减的策略，包括避免废弃物的产生和尽量减少废弃物产生两个方面。避免废弃物的产生主要是在建筑方案的策划和设计阶段进行控制；在生产使用过程中尽量减少废弃物产生，则包括在建造过程中，加强现场的施工管理、采用先进的施工工艺、使用可循环环保材料等。其次则是采用先进的技术手段和加强对施工人员意识的引导，对已产生的建筑废弃物通过回收再利用，提高建筑原材料的利用率；或对其进行回收再加工，成为其他产品的原材料，变废为宝。通过以上几个步骤，市民中心的施工建设较好地控制了废弃物的产生量，有效实现了资源节约和环境保护，为西宁城市化的可持续发展和当地资源节约型、环境友好型社会的建立提供了示范。

（2）节能技术

在市民中心项目中，设计师注重减少建筑的能源损失，以及提高能源使用率。首先在建筑布局方面，建筑顺应地势在地上分为东西两栋楼，通过尽量减小体形系数，来降低采暖空调系统的电力使用荷载。建筑采用昼光照明技术，结合玻璃幕墙、天窗等，减少了室内空间对电力光源的需求，从而控制了电力消耗与环境污染。不同的空间在昼光照明下，还能够形成比人工照明系统更为健康和愉悦的环境。在门窗方面，首先在确保效果的基础上，控制了窗墙面积比，用中空玻璃提高了窗户保温性能，加强了门窗的气密性。在资源利用上，该建筑局部采用了太阳能热水系统，充分利用太阳能集热器能把水加热，节约了能源。

（3）节水技术

建筑的节水有三层含义，一是减少用水量，二是提高水的有效使用效率，三是防止泄漏。在本工程中，建筑节水主要从降低供水管网漏损率，强化节水器具的推广应用，实施雨水的再生利用和回灌，合理布局污水处理设施等四个层面推进。应着重抓好设计环节，执行节水标准和节水措施。设计在建筑的场地中布置了储存回收雨水的蓄水池，将屋面雨水、地面雨水通过下水道进水口导入雨水调节池中。在雨水中加入混凝剂，并经过过滤消毒，再存入储水池，当水量过高时会排入市政管线。蓄水池的水可以用于地面浇灌等，减少了水资源的消耗。设计在建筑内部大量使用节水龙头和节水便器，绿化维护则采用喷灌技术，可以比地面漫灌节省30%~50%的水量，适合种植密植低矮植物。

（4）节材技术

本工程使用的建筑材料，以健康型、环保型、安全型为主，在消磁、消声、调光、隔热、防火、抗静电等方面都有良好的性能表现。其性能主要体现在以下几方面：轻质：在西宁市民中心的建筑材料中，大量使用石膏板、轻骨料混凝土等材料，大大减轻建筑物自重，满足建筑向空间发展的要求。高强度：在市民中心建设中，使用一些高强度的金属铸件，减小承重结构中见效材料的截面面积，提高建筑物的稳定性及灵活性。节能环保：项目在建设过程中尽量选用环保、节能、可回收的材料，减少各种化学及人工材料的应用，并在施工过程中通过工艺手段对建筑材料进行处理，以减少污染。填充墙部分多使用轻集料混凝土砌块。这是一种性能非常优越的轻质、保温、用途广泛的内外墙体材料，相较黏土砖，其具有节约能源、节约土地资源、利用工业废渣等诸多优点，同时制造上所产生的能耗也低于烧结黏土砖的能耗。

（5）室内环境技术

室内环境问题首先体现在空气环境上。在市民中心项目中，设计团队首先从源头对污染源进行控制。设计方案充分考虑空间的室内环境问题，最大程度利用自然条件因素来改善室内空气环境。比如利用烟囱效应等自然通风原理，改善建筑通风效果，减少能源消耗带来的污染。设计中注意所有材料的最优组合，使材料的质量符合国标要求，优先选择和开发零污染或低污染、生态、低碳、环保的绿色建筑装饰材料，以减少材料造成的室内环境污染。在室内设置集中吸烟室，减少烟气对其他区域的影响。

室内环境问题其次体现在声环境上。这里的声环境是指建筑内外各种噪声源在建筑内部和外部环境中形成的对使用者在生理上和心理上产生影响的声音环境。市民中心的布局设计基于对建筑周围和内部噪声源情况的分析，结合建筑功能等方面的要求后最终得以确定。在建筑中将不怕噪声干扰的房间布置在临室外噪声源的一侧，作为安静房间的屏障；将吵闹的房间和安静的房间隔离，吵闹的房间集中布置。这样，使安静的房间和吵闹的房间各自上下对应。建筑的平面设计与结构设计相互协调，充分发挥结构墙体优良的隔声性能。建筑中的设备用房如风机房、水泵房，采取了减震、吸声、隔声等措施，以消除其对建筑内部声环境的影响。从构造方面，设计考虑了针对空气声和固体声的隔绝。在体育运动区设置了弹性楼地面层，并在下方增加了隔声顶棚。在门窗设计方面，在结合节能、防盗等功能的基础上，充分考虑了隔声性能。开敞办公之间的隔断均具有符合要求的隔声能力，顶棚、地面有一定的吸声性能。建筑整体建成后对空间噪声的控制效果较好。

再者是光环境的问题。光环境是建筑环境的重要组成部分，良好的光环境可以振奋人的精神，提高工作效率，保障人身安全和视力健康。市民中心是一个集多种功能于一体的建筑，对光环境的要求较为严格。项目中的光环境分为自然光环境和人工照明环境两种情况。自然光环境是借助屋顶天窗、中庭、幕墙侧窗，将天然光引入建筑所形成的光环境，可以有效地减少用于照明的能耗。对于自然光环境不能满足要求的地方，需要设置人工照明来进行补偿。本项目合理运用一般照明、分区照明、局部照明和混合照明，让人工照明与自然光较好结合，有效减少了建筑照明能耗。除让自然光和人工照明有效结合外，项目还对室内的颜色、照度均匀度进行设计，同时在设计中避免眩光的产生，让身处其中的人们视觉感受舒适宜人。

15.4　模拟技术应用

项目在前期设计中，通过建模利用 Energy Plus 初步分析出西宁市民中心逐月室内各功能区的温湿度、太阳辐射得热量、各房间灯光设备能耗、供暖空调能耗数据以及全年冬季供暖、夏季空调总能耗。建成后通过实测进行数据分析，验证与前期分析数据的耦合度。

第 16 章

重庆市南川区大观园乡村旅游综合服务示范区

16.1 项目概况

大观园乡村旅游综合服务示范区位于重庆市南川区大观镇，项目用地距离重庆市区约75km，距离南川区城区约25km，紧邻渝湘高速大观出口，周边自然生态环境优越（图16-1、图16-2）。

南川区位于四川盆地与云贵高原过渡带，境内有金佛山、永隆山等多处知名景区。各处名山山势雄奇秀丽，景色深秀迷人，山间云雾缭绕，缥缈如仙境。境内稻田、茶园、村落等人工元素与山体、云雾等自然元素和谐共生，创造出优美的大地景观。

大观镇毗邻渝湘高速，是联系重庆市区和南川区内周边景区的重要节点。大观园乡村旅游综合服务示范区，依托十二花海及当地优质生态及农业资源，生动打造了一处融入当地山水田园、实现诗意游憩栖居的深度体验旅游项目。

16.2 总体布局

大观园乡村旅游综合服务示范区以"内山外海，浪漫大观"为总体形象定位，项目基于全域旅游总体格局视角，主要面向大观镇和生态大观园乡村旅游度

图16-1 大观园乡村旅游综合服务示范区实景

图16-2 大观园乡村旅游综合服务示范区鸟瞰

假区提供游客服务，同时融山居村落、民艺体验、浪漫花田等功能为一体，是一处地标性乡村旅游目的地。项目围绕山林、花海、田园、建筑，形成仙境梯田、雾影山林、浪漫花田三大体验区域。三大体验区域，分别对应兼具游客服务及商业服务功能的游客中心 A 区“商业街”，和集展览、酒店、商业和综合服务等功能于一体的游客中心 B 区“圆环”，以及提供特色酒店住宿服务的“十二花舍酒店”（图 16–3）。

16.3　生态策略

本项目充分尊重场地原有地势，最大限度地保护和利用当地优质生态环境资源，以最小干扰完成建筑在场地中的置入。

针对总体布局设计，方案结合地块内山地地形走势，采用多种布局类型，并合理布置主要出入口广场和内部道路，使建筑及主要室外空间与地形充分结合。

通过分析周边交通条件及场地内部地形，将主入口、次入口及配套室外停车场分别设置在用地西侧和北侧，此区域场地标高平坦且与西侧南木路和北侧大木路标高衔接顺畅，方便游客及外部车辆快速出入。为联系南北停车区及各主要建筑，园区内共设置两条主要车行道，以用于游客乘车参观、日常货物运输并兼做消防车道。除车行道外，用地内设置多条人行参观道路、景观坡道台阶、小型田垄等，均沿地形走势顺势展开，与景观设计融为一体，满足游客漫游式体验的参观需求（图 16–4）。

对于两个建筑组团，则结合地形采用完全不同的布局方式。其中商业街位于用地西侧，紧邻主入口广场，方便游客获取问询、购票等基本服务。“商业街”建筑以商街的布局方式，将若干商业单元自由布置在逐级升高的地形之上，营造入口处的商业氛围。散落式的建筑布局，以小尺度、自由组合的方式与场地内的景观环境产生互动，内外收缩的建筑体量及不同标高的院落、平台，大大增强了建筑空间与自然环境的接触密度和强度（图 16–5）。

“圆环”建筑位于用地东侧地势最高处，以环形围绕山尖一周，整个建筑体量仅以五个条状支墩和局部平台坐落在场地地面之上，其余全部架空，实现建筑在场地中的“微介入”。环形的布局方式，还能将山顶内外双重优美风景纳入到建筑内部，做到景观资源的最大化利用（图 16–6）。

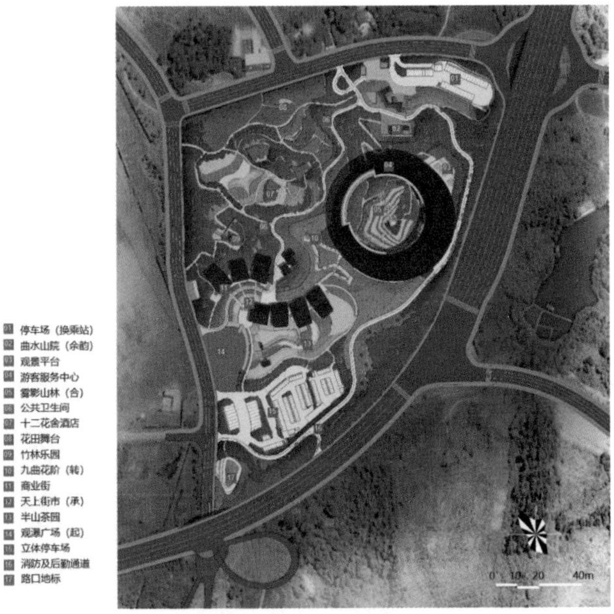

01 停车场（换乘站）
02 曲水山院（余韵）
03 观景平台
04 游客服务中心
05 雾影山林（合）
06 公共卫生间
07 十二花舍酒店
08 花田舞台
09 竹林乐园
10 九曲花阶（转）
11 商业街
12 天上街市（承）
13 半山茶园
14 观瀑广场（起）
15 立体停车场
16 消防及后勤通道
17 路口地标
0 10 20 40m

图 16–3　大观园乡村旅游综合服务示范区总平面图

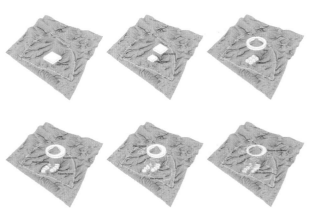

图 16–4　基于尊重利用地形的建筑生成

图16-5 随地形自由布局的商业街

图16-6 充分依托山体的圆环建筑（剖视图）

16.4 文化策略

（1）天人合一

本项目依托场地地形地势，结合周边山水环境，将建筑因地制宜、合理地划分为圆环和商业街两个组团，既降低了建筑对场地丘陵地势的压迫，避免大体量建筑对环境造成的消极影响，又使建筑形成

两组互相呼应的空间、功能组团，塑造了全新的建筑和景观格局，打造了独特的旅游观光体验。

圆环直接依托自然山体进行营建，其环状的独特造型，将山体纳于其内，自然山体仿佛成为庭院中之山石景观。从远处观看游客中心，宛如一巨大盆景。项目在建筑外围借势地形，打造了梯田、花海、茶园，使建筑完全融于田园山林之中。人游于其间，即可感受天人合一、山水和鸣的意境（图16-7）。

（2）山居行旅

各组团建筑融合于自然之中，在山形及自然植物的烘托下，各景点处处隐匿，又处处暗示前进的方向，空间营造如传统山居行旅图中充满曲折但又不断延续的空间叙事。游客在不同空间和时间双重维度上体验场地内的景观建筑环境，在有限的场地内取得丰富的空间体验，实现中国传统审美情趣的当代表达（图16-8、图16-9）。

游人从远及近，随着对建筑和景观的逐步接近，通过遥望、渐进、初探、回望、再探、终回等行进位置和观景方向，移步换景，可感受到丰富的风景层次，获得多样的空间体验，如行进在一幅真实的山水画卷中（图16-10）。

遥望：人尚在远处，遥看游客集散中心。聚落般的小街掩映于山野田园、绿树花海之中，地标性

图16-7 天人合一，山水和鸣

图 16-8　明代周臣《春山游骑图》景观视线分析　　图 16-9　大观园游客集散中心景观视线分析图

入口，聚落街巷顺着平缓的山势自然舒展开来，环形游客中心如吉祥层云结于前方高处。

初探：进入街巷以后，能感受到建筑和景观的别致，楼阁、轩廊、荷池、竹林、山石，给游人带来游园的惊喜。时而舒朗、时而紧密的布局，创造了丰富的行进节奏感。前方的圆环游客中心，吸引着人们继续寻幽探奇。

回望：走过街巷，来到街道的末端，此时地势逐渐升高，圆环游客中心渐渐迫近。站在高处，回望来时经过的街巷、荷池、竹林。街巷两旁建筑疏密有致地顺着悠缓的山势，逶迤延展。层层屋檐，勾画出商街聚落建筑群极富变化的立面。主街道和进入建筑、庭园的小径，自然地联系着各处，组织起街巷内外的游线网络。

再探：继续沿前方，向上登临，只见规模壮观、造型独特的圆环游客中心，升起停落于丘陵山巅。被玉环般的游客中心所环绕的山体，露出翠绿的巅顶。建筑周围一片绚烂的梯田与花海，通往圆环游客中心的小径和台阶，十分自然地顺着山势，逶迤

的圆环游客中心环绕着翠绿的山巅。整个项目如同壮观的大地盆景，融于远处的山水地平线中。

渐进：人逐渐接近游客集散中心，行进过程中不断感受建筑在山林田园之间的呈现角度变化。当游人绕过掩景的平缓丘陵，建筑便映入眼帘。立于

图 16-10　六步换景

盘绕而上，直至圆环入口。整个视觉观感，既充满山水园林意韵，又充满科技未来感。

终回：进入环形游客中心内部，人可信步闲廊，游憩于内部的各个观景空间中。被游客中心环绕的自然山巅，如同庭园中的山石，可观赏可登游。山上林木葱茏、鸟语花香、云烟笼罩、雾霭朦胧时，乍看如海上仙山、蓬瀛仙岛。在游客中心还可向外远望，居高一睹四方，饱览当地的山林田园、乡野村落美景。

（3）农耕传承

丘陵山地的地形地貌环境，参与塑造了当地独特的耕作传统和农耕文化。项目植根于当地农耕文化，通过打造花海、梯田、茶园、山林，使建筑融入当地自然山水和人力田园，营造了独特的景观体验。借由现代农业和观光农业的导入，一方面充分传承了当地的农耕传统，发展了独特的地域文化，一方面完善了旅游业态构成和旅游产品体系，大大丰富了项目的旅游观光体验（图16-11）。

项目充分利用南川当地丰富的农业资源，依托在地农耕文化，打造了多产品品类、高丰富度的农业生态体验区，提升了农田的景观品质，使农田与景观、

休闲设施相结合。这既增强了农田的趣味性和游览性，同时也提升了农业体验的附加值，创造了拥有观光、参与、消费、休闲、娱乐等多维度，无处不景观，无处不农业的生态农业休闲体验区。

（4）地域演绎

项目在设计和建造过程中，通过采用石、木、竹等当地传统材料，以及借鉴屋檐、穿斗、吊脚等地域性传统建筑构造手法，生动诠释了地域性传统建筑文化在当代建筑中的创新和延续。商业街组团在平面布局和空间营造上，学习参考了当地民居村落的布局形态，借鉴了对景等空间处理手法。受村落古镇传统石板路的启发，街巷道路采用石板铺砌。圆环组团的环廊，作为该建筑的主体部分，借鉴了亭台、栈道、廊桥等传统建筑的意象。而借山势蜿蜒而上的道路，则透着巴地山林古道的韵味。

16.5 建造策略

圆环组团采用严密几何逻辑控制下的标准化建造体系。建筑内外X形交叉桁架和屋顶、底板的环向、

图16-11 四大农耕元素

径向交叉梁等结构构件，均在内外圆形和 30 条等分角度放射线控制下进行组织。建筑屋面及地面在半圆范围内有序隆起和下降，各轴线位置处的地面及屋面标高均在线性函数控制之下进行渐变，保证建筑形象完整、对称、统一（图 16-12~ 图 16-15）。

X 形交叉桁架为实现与圆形体量的平顺交接，均在内外皮采用圆弧面；X 形交叉桁架的各个径向面，均为向心的倾斜平面，并环列成等角分布的放射状。

在上下及中部交接节点处，则采用若干不同半径的弧形倒角，保证结构几何严密性，也同时实现整体建筑形象的和谐统一。以上的各种措施保证了结构的几何严密性，便于钢结构构件的标准化处理，降低造价，缩短加工周期。

建筑内部隔墙、幕墙、各部分楼板、屋面板等构件也在内外圆形和 30 条等分放射线控制下组织，以确保构件在统一模数控制下进行变换，便于采用工厂预制、现场快速装配的建造方式。

16.6　绿色体系建构

16.6.1　自然环境因子

（1）建筑光环境设计

项目周边无建筑物遮挡，主要功能房间具备良好的自然采光，室内区域具备良好的景观视野。游

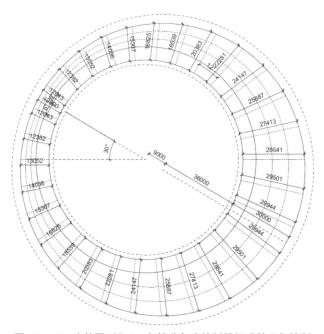

图 16-12　内外圆形和 30 条等分角度放射线组成的几何控制

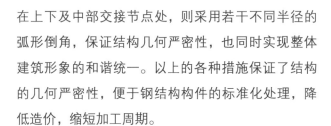

图 16-14　圆环建筑基本结构

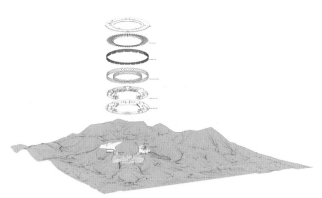

图 16-13　圆环建筑生成

图 16-15　圆环建筑施工现场

客中心B区圆环在进深最大处扬起屋面,开设侧高窗,进一步优化室内采光条件,强化大进深空间自然采光,降低能源消耗(图16-16、图16-17)。

建筑设计中为避免阳光直射造成的内部集热,首先,在圆环内外设置大进深屋面挑檐(外环4.3m、内环1.3m);其次,在围护结构之外设置进深3~5m的外廊区,保证室内空间始终处于阴影区,降低太阳辐射。同时,大进深挑檐和外廊相共同作用下,形成室外环境与室内空间之间的"过渡区",弱化二者之间的直接换热(图16-18)。

结合大进深外廊及屋面挑檐,在外围设置闭合的斜向格栅遮阳板。斜向格栅与主体结构采用相同的斜向布置方式,结合X形桁架杆件,形成一层致密的外皮,隔绝外部太阳辐射(图16-19、图16-20)。

(2)建筑风环境设计

建筑内部空间设计充分考虑自然通风,内部各功能空间以岛式布局方式分布在环形室外廊道之内,外部覆盖的X形钢结构杆件和开放式室外遮阳格栅保证环内外的空气流通,实现整体建筑的"对流换热",达到通风与节能目的(图16-21、图16-22)。

图 16-16 南川大观园项目光环境设计

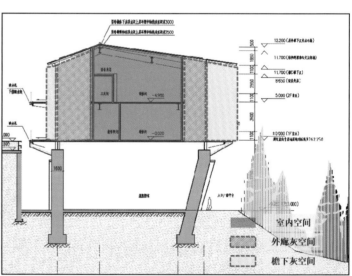

图 16-17 圆环建筑的多重空间

图 16-18 圆环建筑挑檐和外廊

图 16-19 南川大观园项目近观效果

图 16-20　南川大观园项目远观效果　　　　　图 16-21　X 形钢结构营造的通透空间

图 16-22　建筑风环境设计

剖面设计考虑冷热空气的对流规律，通过屋顶抬升形成侧向高窗，室内外墙高处设置侧向通风窗，形成室内空间顶部和底部的空气温度梯度，进而创造"气泵"作用的热压差，实现内部气流的高效流动，提升室内舒适度，同时减小空调能耗（图 16-23）。

（3）建筑地形环境设计

建设时充分利用原有地形地貌，通过因地制宜、分别顺应地形地打造商业街组团、圆环组团和花海酒店组团，将项目谦逊地介入场地，从而减少土方石方工程量，减少开发建设对场地及周边生态环境

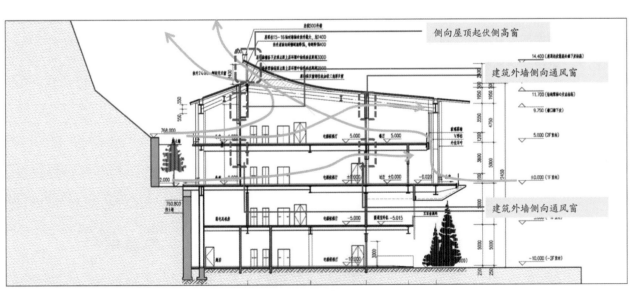

图 16-23　热压拔风

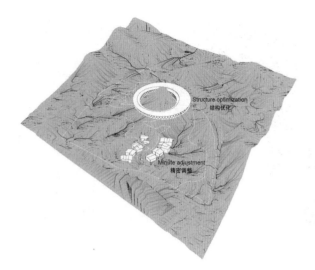

图 16-24　依借地形，布局天成

的破坏（图 16-24、图 16-25）。

在建设阶段采用生态恢复的措施，场地表层土回填用于绿化种植。场地内采用乔木、草皮等复层绿化措施，保证生物多样性，并尽可能多地保留原有地形地貌和植被。

16.6.2　人文环境因子

（1）借鉴地域建筑形式

项目在平面布局和空间营造上，参考地域民居村落的布局形态，将聚落、古镇的街巷形态，转译用于商业街组团的设计中，使商业街成为富有当地传统民居、老街韵味的文化体验性建筑空间。设计

借鉴传统聚落、园林中对景等空间处理手法，丰富游人的视觉体验，使远近前后的建筑、景观发生有机的联系和互动。

设计还借鉴和学习地方传统建筑形式，从吊脚楼、廊桥、亭台、栈道、穿斗架、竹编夹泥墙、大出挑悬山屋顶等地域传统营造方式中汲取创作灵感。"悬空"的圆环游客中心，来自吊脚楼、廊桥、栈道、亭台的意象，其充满未来感的造型，实际上深深根植于当地的建筑传统。穿斗架、竹编夹泥墙，帮助设计师形塑了商业街建筑独特的山墙立面肌理。而当地民居和其他建筑中常见的大出挑的悬山屋顶，则为设计师在塑造商业街建筑舒展、层叠的屋檐和连续的灰空间时所借鉴和效法（图 16-26、图 16-27）。

（2）采用本土自然材料

设计中充分采用当地自然材料，如毛石、砂岩、瓦片以及竹材等，降低建造成本，呼应周边自然环境，同时凸显建筑的地域特色（图 16-28~ 图 16-31）。

毛石：商业街组团及圆环组团在建筑底部的支撑墙体大量采用毛石砌筑，以毛石墙粗犷自然的特点加强建筑与周边景观环境的融合。

石笼墙：圆环建筑的内部管井等附属空间，采用石笼墙进行围挡分隔。景观化的附属空间墙体，有效避免了空间氛围的沉闷呆板。

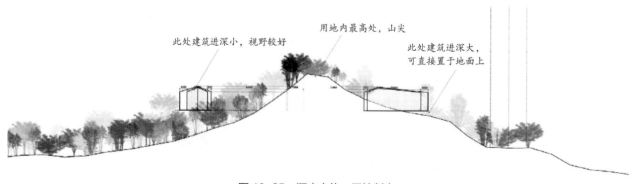

图 16-25　顺应山势，因地制宜

| 青城山朝阳洞 | 峨眉山清音阁 |

图 16-26　巴蜀建筑中常见的穿斗架和竹编夹泥墙[①]

图 16-27　商业街建筑山墙立面

毛石
用于圆环钢结构支座

石笼墙
用于内部管井等附属空间

竹材
用于室内装修

水刷石
用于隔墙

图 16-28　就地取材

水刷石：部分隔墙采用当地生产的水刷石，以使墙体呈现出独特质感。

砂岩：场地主入口广场大面积铺设当地砂岩板材，与广场北侧瀑布景观处的巨型砂岩石块相呼应。

石板铺砌的商街路面，透着当地老街古镇的味道。

瓦片：商业街及圆环两个组团均采用瓦屋面，通过瓦片深浅、颜色的变化，呼应当地民居特有的屋顶肌理。

---

① 图片来自德国建筑学家恩斯特·柏石曼所著《中国的建筑与景观》。Ernst Boerschmann.Baukunst und Landschaft in China[M]. Berlin，1926.

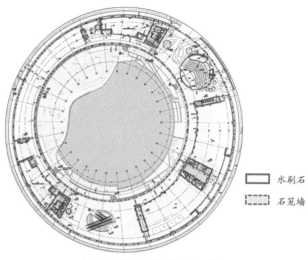

	水刷石
	石笼墙

图 16-29　部分材料使用分布

竹材：栏板、遮阳等装饰性构件大量采用竹材，通过对竹片的劈斩、弯折等构造措施，实现竹材的多样化利用。

16.6.3　技术因子

（1）立面设计：多色渐变的格栅设计

建筑外立面采用一体式倾斜遮阳格栅，格栅外观设计灵感取自稻田景观。阳光下，不同景深范围内的稻田在整体绿色调的控制下，由于光影条件及生长状态的影响而呈现出不同的明度及色相，表现为一种"五彩斑斓的绿色"。设计师提取这种色彩分布方式，将其适当简化后用于格栅系统的着色。整个格栅系统可分为四种绿色，通过参数化设计工具，按照"上深下浅、整体随机"的原则，将这四色共 2289 根绿色格栅，均匀布置在圆环外环面之上，形成一套有机、自然的绿色立面系统。多色渐变的格栅设计，使建筑立面和空间实现了与当地自然生态和农耕田园的对话（图 16-32、图 16-33）。

图 16-30　商业街建筑瓦屋面

图 16-31　商业街建筑山墙立面和栏杆的竹材饰面

图 16-32　稻田景观中丰富的绿色

图 16-33　圆环建筑色泽渐变的绿色格栅

（2）结构选型：环境友好的玲珑结构

针对圆环环绕山体的建筑形式，设计采用整体式桁架的架构体系，利用建筑高度实现少支点、大跨度的设计原则。方案最终仅以 5 个条状支墩和局部平台的方式，支撑起直径 140m 的圆环，最大限度地减少了大尺度建筑对场地自然环境的干扰。整体式桁架的交叉斜柱立面语言，加强了建筑、结构一体性，与相同几何逻辑控制下的斜向格栅组合，形成东方建筑特有的"玲珑"特质。

（3）空间设计：严密几何逻辑控制下的连续空间设计

整个圆环建筑的顶板、底板、支撑结构、外立面遮阳格栅、维护墙体、幕墙系统、天窗、屋顶等构件，均在内外圆形及 30 条等角放射轴线的控制下进行组织。通过环向等角均匀变化、径向等距均匀变化等控制方法，实现空间层高、进深逐渐放大一缩小—再放大的环形循环，其余建筑构件也均依照这一逻辑进行渐变，建筑整体几何逻辑严密、清晰，形象浑然一体。

各部分的形态变化还与实际功能需要相结合。如在最佳观景位置的西北侧，进深最浅、高度最小，此处廊道空间内外通透，尺度宜人，便于游客获得最佳的观景体验。而在建筑的东南侧，进深最大，高度最高，大部分的室内功能便设置在此。为了加强室内采光，高度联系变化的天窗也在此处变为最大。凡此种种，各部分构件的变化均在满足使用功能前提下进行有组织的连续变化。建筑在严密几何逻辑的引导下，打造出理性且富有创意的连续空间，实现了高效工业化条件下的工程控制，达到了经济节约、绿色环保的目的。

第 17 章

雅安市芦山县飞仙关镇三桥广场

17.1 项目背景

2013 年 4 月 20 日，四川省雅安市芦山县发生 7.0 级地震。地震最大烈度 9 度，受灾范围 18.682km²，震区共发生余震 4045 次，受灾人口 152 万。"4·20" 芦山地震造成社会经济和人民财产重大损失，国家启动灾后一级应急预案，不遗余力进行抢险救援和过渡安置工作，灾区随之迅速进入恢复重建阶段。为贯彻落实党中央、国务院和四川省委、省政府关于 "4·20" 芦山地震灾后恢复重建的决策要求，依照习近平总书记 2013 年 5 月 2 日在《中共四川省委关于 "4·20" 芦山强烈地震抗震救灾工作有关情况的报告》的重要批示 "全面准确评估灾害损失，按照以人为本、尊重自然、统筹兼顾、立足当前、着眼长远的科学重建要求，尽快启动灾后恢复重建工作"，社会各界迅速组织力量，积极开展灾区救援和重建工作。为保障芦山地震灾后恢复重建工作科学、高效、有序地开展，积极、稳妥地恢复灾区群众正常的生活、生产、学习、工作条件，促进灾区经济社会的恢复和发展，省住建厅组织专家团队，成立了 "4·20"

芦山地震雅安市灾后重建规划指挥部。

三桥广场项目作为援建工作的重点项目，在设计中遵循国家对整个灾区的宏观思想及区域规划的总体调控。"灾后地区的建设是一个重建的过程，在这个过程中，规划的前瞻性与历史性同样重要。" 改革开放后修建的 318 国道被誉为我国最美公路，目前仍是进藏的主要道路，有不计其数的背包客、自行车队途经飞仙关进藏，而芦山县飞仙关镇三桥广场就在这个被称作是川藏线上的 "第一咽喉" 的关口。基地呈三角状，一侧面向荥经河与宝兴河，另两条边界分别由国道和省道与天全、芦山两个灾区县相连，占据其中交通交汇的要处，形成赈灾重建的第一站。项目所处环境较为复杂，设计面临多重考验，其理念在整合 "4·20" 地震灾难的表达主题的同时，还需要同时遵循上位规划的宏观思想，在落实中综合考量基地位于茶马古道和进藏要道必经之路的重要地理交通区位、飞仙关镇位于芦山县入口处的重要地缘优势等自然环境要素，以及川北民居的地域特点、红军桥和桥头堡等历史价值及周边民众和未来游客的使用需求等人文环境要素。

17.2　规划布局

广场本身的纪念性决定了形象的地标性与设计的特殊性,三桥广场又是规划中三条重要旅游线路——地域文化线、传统商业休闲线与康体生态线的重要交汇节点,因此应以"宜居、宜业、宜游",紧贴民生为发展定位,并作为重振灾区旅游开发、商业经营和重建灾区旅游服务系统的重要组成部分。项目依靠独特的自然地貌环境与深厚的历史文化底蕴,将成为芦山县旅游观光的重要节点和节庆

活动的主要场所,其充分考虑灾区人民群众实际需要,切实改善城乡人居环境,并为引领片区发展提供有力抓手。从长远来看,三桥广场项目统筹考虑灾区建设现状、灾损情况和震后发展方向,合理调整灾区城、镇、乡、村基础设施和生产力布局,使其具有极强的历史意义、现实意义和未来可能(图 17-1~ 图 17-3)。

设计将山体与场地引入大地网格体系,利用不断向下的游览路线平整场地高差,创造出地景式的建筑形态。沿江界面的栈桥、广场内的商业、丰富

图 17-1　芦山县飞仙关镇三桥广场区位分析图

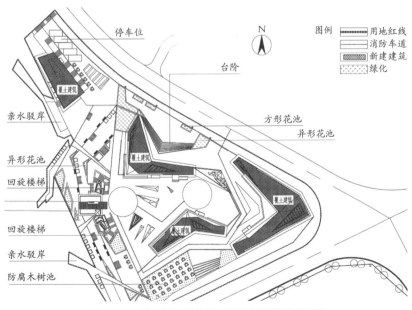

图 17-2　芦山县飞仙关镇三桥广场顶部总平面图

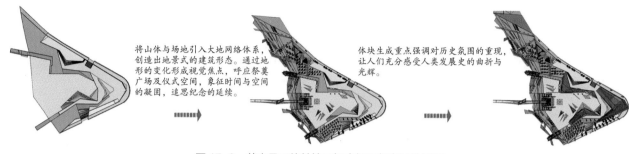

将山体与场地引入大地网络体系，创造出地景式的建筑形态。通过地形的变化形成视觉焦点，呼应祭奠广场及仪式空间，象征时间与空间的凝固，追思纪念的延续。

体块生成重点强调对历史氛围的重现，让人们充分感受人类发展史的曲折与光辉。

图 17-3　芦山县飞仙关镇三桥广场顶部布局分析图

的景观休憩设施配置和独特的文化隐喻使广场具有丰富的可读性，既象征时间、空间的凝固以及追思纪念的延续，又强调对历史氛围的重现，让人们充分感受人类发展历程的曲折与光辉。

17.3　对自然环境的应答

现实中与大量亟待解决的问题相对应的是——有限的基地面积与复杂功能需求的矛盾，旅游观光、纪念活动、商贸集市、生活服务、应急避难、地域标志、文物保护……这些需求的满足，都需要集中开敞的广场。纪念性的表达已不是三桥广场建设的主要内容，传统的纪念性广场设计手法无法适应当地的土地利用与现实需求情况，需要另辟蹊径。

17.3.1　节约土地资源

设计摒弃了以形式凸显纪念意义的概念表达方式，转而选择了用生活参与来解读纪念价值的思路。正如齐康先生所认为的，纪念性广场"已不再被认为是死者的房子，而是一种更加广泛的含义，体现一种活着的纪念物，以纪念人和事；不止是纪念用地，而且是公共活动用地"。为了让广场真正为民所生、为民所用，设计突破用地限制，将原有滩涂地块纳入景观广场，以非对称的自由形态突破用地限制，充

分注重利用地势高差，采用端承桩解决滩涂地质条件的缺陷，将支撑柱打入滩涂下方岩层内，并利用"防水涂料包浆"手段对混凝土柱防水采取加固处理，以蓄水水位为基准，设计滨水景观木质栈桥、廊道，将广场面积大幅增至 5668m² ，增幅达 30% 。设计方案将原有滩涂地块充分利用、纳入景观广场，结合飞仙关桥与滨湖水景，最大限度地扩充场地，缓解了用地紧张的难题，使三桥广场容纳游赏眺望、休憩娱乐、纪念展演、赶集商贸等服务功能为一体，并于广场与周边市场对接的区域设计了桥下连通廊道，使原本面积不足的区域市场获得了场地补充，从而将公共开放空间的使用还给灾区民众（图 17-4）。

17.3.2　利用自然资源

广场利用地形优势在水边海拔 624m 处设置 112m² 茶室，其屋面为景观平台，既修复了生态广场的绿化界面，又是视野极佳的"观景台"。在海拔 628m 处的广场上设置 770m² 的纪念品商店等服务性设施，采用种植屋面。在屋面布置植物种植，能够显著改善顶层房间室内热环境。植物通过光合作用和蒸腾作用吸收太阳辐射得热，遮挡屋顶的直接太阳辐射；又可通过植物培植基质的热阻降低传热。同时，种植屋面通过植物的光合作用，将建筑的 CO_2 排放量转换成植物的吸收量，有效降低了广

图 17-4　芦山县飞仙关镇三桥广场航拍图

图 17-5　芦山县飞仙关镇三桥广场实景图

场场域的 CO_2 浓度（图 17-5）。

该地区空气相对湿度较大，通过蒸发来降温会使空气湿度进一步加大，因此通风降湿是本建筑设计需要考虑的问题。除了门窗洞口之外，在墙面上可以开设专门的孔洞进行自然通风，以达到被动式节能的效果。在本项目中，方案将迎风墙设计成"实多虚少"的立面墙体，背风墙保持开敞。这样，两墙之间即便在气流平稳的情况下，也能产生徐徐微风。方案通过充分利用自然通风降湿，为建筑减少了在通风设备上的能耗。同时，大屋顶、宽大的遮阳檐口等水平构造，可形成良好的整流导风作用。此外，建筑平面的凹凸、矮墙、室外的成排绿植等均可作为导风构件。

屋面设置天窗自然通风采光，为建筑后期运营节约了成本。自然采光可以帮助减少白天室内的人工照明，而人工照明是建筑能耗的一个重要组成部分。充分利用自然采光不但可节省大量照明用电，还能提供更为健康、高效、自然的工作环境，同时冬季的阳光照射能够为室内提供热源，减少空调制暖的能耗。本项目采用了倾斜的平天窗，相比水平平天窗，倾斜平天窗能在夏季引入较少的光线，又能够在冬季引入较多的光线。

17.3.3　适应周边环境

三个商服建筑设计以山崖的褶皱为概念，利用覆土绿植屋面及墙体大量的尖角与转折借喻周边大地、山川、怪石的肌理；景观设计以大地的断裂为契由，地面设置层叠、断裂的沟壑，内填河石隐喻地震后造成的大地的伤痛；材质方面充分运用地方材料和川西特有的垒砌方式，大量采用河石、红砂岩、混凝土仿制石材、竹木等乡土建材构筑地景，实现乡土营建。芦山县属亚热带气候，四季分明，雨量充沛，气候宜人，冬无严寒，夏无酷暑，年平均气温 16.8℃，年总日照时数 837.6h。当地特有材料的使用，使建筑更好地适应了当地的气候条件，同时也与当地建筑风格实现了统一。滨水栈桥沿水面曲折延展，并向水面伸展出 3 个约 4m×10m 的平台，延伸至水面上。在水库蓄水时，平台与水的距离无限接近，形成了一个独立于广场人造物的禅意空间（图 17-6）。

图 17-6　三桥广场与周边环境

17.4　对人文环境的呼应

延续文脉，紧贴民生，留住乡愁与营建乡土是设计关注的另一重点。茶马古道、进藏要道、红军古桥、震后援建项目、318 国道，三桥广场因其独特的自然环境背景及文化背景，承担着设计应记录芦山县的自然与人文历史、并见证芦山灾后援建的全过程的责任，因此在本次设计任务中，需应答三桥广场设计中的自然环境呼应及文化环境隐喻的问题，丰富三桥广场的景观层次及体验内涵。在整合"4·20"地震纪念性表达主题的基础上，诠释其位于茶马古道必经之路的地理位置、入藏要道的交通价值、芦山县入口的重要地缘优势等自然环境因素，以及川北民居的地域特点、红军桥和桥头堡的历史价值及周边民众、入藏游客的使用需求等人文环境因素。

17.4.1　场所建构

飞仙关所在的芦山县是我国著名的汉代文物之乡，汉代文化遗存丰富。设计方案充分利用飞仙关险要的地势，恢复飞仙关关门意向，打造"门户"景观形象。作为文化旅游线路的重要空间节点，有必要梳理其文化景观脉络，综合参考飞仙阙、飞仙阁、

二郎庙、王母殿以及地区建筑形式，对三桥广场中的建筑风貌进行控制。广场内建筑造型提取汉代建筑及村落的屋面折线走势，完成以传统川西风貌为基调的空间延续，使得场地融入群山起伏的背景轮廓中。为保留当地自然生态的山水质朴气质，整体布局利用折线母题，将山体地景艺术引入大地方格网络体系，通过线条的扭动和异变，将广场与建筑有机结合，表现大地颤动并定格于瞬间的意象，以强烈的视觉冲击力突显自然山水与地域文化的碰撞。材质方面大量采用河石、红砂岩、混凝土仿制石材、竹木等乡土建材构筑地景，并充分运用地方材料和川西特有的垒砌方式，实现乡土营建（图 17-7）。

17.4.2　人文表达

人文植根于自然而依托于历史，三桥广场在经历"4·20 地震"的同时，也见证了茶马古道及川藏通路的历史，现存于基地中央的红军桥及其桥头堡正是芦山历史的缩影。芦山县是有 2300 多年历史的古城，是川藏茶马古道的必经之路，四川红色文化的重要节点。飞仙关作为"芦山南大门，川藏第一关"，其作为进藏驿站历来是天、芦、雅、荥四县的货物集散地之一，现仍遗留当年"茶马互市"繁荣一时的历史痕迹。由于红军桥及桥头堡年久失修并经历过地震，其结构已不再安全，故对于三桥广场历史建筑红军桥及其桥头堡的保护，设计者采用封闭性展览的手法，利用植被封闭桥头堡四周通路，并以红军桥桥头堡为中轴左右布置的两个挑出的观景亭作为观桥场所。观景亭由与红军桥材质呼应的黑钢所构成的三角形框架拼合而成，由脊线向两侧下坡，布置竹木坡屋面，形成类三棱柱体，两侧结构向上扬起，隐喻川西民居，形成整合地域气质与形态隐喻的特色观景亭。防腐木通道伸出亭外，提供了 360°观赏红军桥与自然山水的场所。通过这一载体，设

图 17-7　山色映衬下的三桥广场　　　　　　　图 17-8　三桥广场与红军桥

计者整合了广场与文化环境、现实与历史纪念之间的关系，为红军桥及其桥头堡提供了可无限扩张的情感空间，丰富了游览者的时空体验（图 17-8）。

17.4.3　情景对话

　　广场建造邀请当地受灾群众共同参与，将受灾群众的真实所感定格于凝固的建筑之中，既增强了群众认同感又使建筑承载了更为厚重的历史纪念价值。广场采用下沉方式层层退进，减少了交通对场地内部的干扰，使得人们能够更亲近水面，并创造一片净土，

静静地诉说着对历史的缅怀。故事以场所中的线性构筑物为线索展开，转折的建筑布局及折线的屋面形式，象征芦山地震时惨痛的历史，展现对人类曲折发展进程的纪念。设计方案以广场中散落布局的景观树为节点，寓意着重建的蓬勃朝气与希望。广场以观江栈道为止，面向平静的江面，凝固时间与思绪，为人们提供曲折思绪后的宁静。当人立于栈道之上，凭栏而望，仿若任何伤疤都恍若时间长河中的一缕尘埃，青山长河，恒静无言，未来依旧滚滚而来（图 17-9）。

图 17-9　三桥广场观江栈道和观景亭

第 18 章

重庆两江协同创新区三期房建项目

18.1　项目背景

重庆两江协同创新区三期房建位于中国首个国家级开发新区重庆两江新区，当地山谷交织，峻岭林立，气候湿润。项目以高品质生活、高目标发展为宗旨，以"山清水秀、绿色智能、开放共享、活力多元"为战略目标，力求打造具有示范作用的国际绿色先进智慧园区。基地周边自然与人文环境复杂，项目设计从自然环境、社会文化、技术经济三个层面，体现对文绿表达的运用（图18-1）。

图 18-1　重庆两江协同创新区三期项目整体鸟瞰

18.2　自然环境因素

18.2.1　适应气候

项目在以下方面进行了适应气候的设计。

采光适宜。重庆地区气候温和，雨多风少，当地建筑多以地形决定朝向，以灵活的方式满足建筑在采光、通风方面的要求。本项目以顺应地势、保障观景视线、营造共享园区为原则，进行建筑组织和排布，采用天窗采光、中庭采光等方式，为每栋建筑提供舒适的采光条件。

排水顺畅。重庆为多雨地区，项目合理控制建筑的屋顶坡度，采用屋顶内排水，满足技术要求的同时，保障外观效果。园区合理组织雨水沟和下水井，保障园区内部的雨水尽快排净。

保温隔热。重庆地区应当注意冬季保温和夏季隔热，因此项目中采取了一系列措施，如合理控制窗墙比、智能遮阳、节能玻璃等。

通风防潮。当地气候湿润，在本项目中，建筑多采用板式建筑组群，通风效果好。同时，建筑结合抽风和拔风设备，为科研人员提供舒适健康的室

图 18-2　智创社区

图 18-3　科创内街

内工作环境。

坡地绿化和立体绿化相结合。由于重庆气候条件适宜，可以实现四季常绿，因此在方案设计中将绿植灵活地运用在建筑当中。根据环境条件和景观需要，灵活地采用种植覆盖式、遮挡式、吸附式、辅助式、垂吊式和复合式等多种种植方式，同时结合当地的气候和土壤条件，选择适合当地种植的花草林木，打造种植屋顶、绿化墙面、室内绿厅等，以期起到冬暖夏凉、净化空气、提升景观品质的效果，进而实现建筑与景观的共生共融（图 18-2、图 18-3）。

18.2.2　协调地形

基地位于山城丘陵地带，场地总体呈四周高、中间低的态势。场地最大落差约 50m，内部规划道路多高于场地，最大落差超过 10m。项目充分尊重青山绿水、落日白鹭的生态本底，建筑设计依山就势，顺势而为，其巧借山色，营造出建筑庭院、屋顶平台、室外露台等特色空间，使建筑与环境融为一体。项目尊重自然风貌，保护和强化用地的自然地形和地貌特征，降低土石方工程的挖填规模，并以重点绿化为主，基础绿化为辅，充分发挥植物群落的生态作用（图 18-4）。

北侧高地为国有林地，在设计中保持为山景。

图 18-4　滨湖绿谷

穿山越岭的慢跑步道，成为科研人员的天然休闲运动场。东侧小丘进行平整，作为科研建筑组群的一部分；中部、南部洼地进行填土，以保证建筑用地与城市道路相连接。

园区中结合自然地形肌理，利用高差设置都市梯田景观，同时打造屋顶绿化，为人们提供绿色的开敞空间，使场地被生态绿色所包围。

园区中建筑以组团化形式出现，避免冗长硕大的建筑体量出现。不同组团依山就势灵活组织，实现私密空间和公共空间关系的微妙平衡。另外，项目场地使用面积相对紧张，因此设计方案结合场地高差，将部分功能空间嵌入地下和半地下，在满足大量功能需求的同时，营造多元立体、活力共享的现代科创园区。

18.2.3　能源利用

（1）太阳能。项目合理控制了建筑的体形系数和窗墙比；采用建筑自遮阳和智能遮阳系统相结合的方式，增强冬季室内的得光率，减少夏季太阳辐射；采用 low-E 节能玻璃，利用其优异的热学性能和良好的光学性能；部分采用光伏太阳能板，以节能环保。

（2）地源热能。项目采用经济节约、技术纯熟的地源热泵技术，为园区供能。

18.3　社会文化因素

18.3.1　建筑文化

（1）群落式布局。三期项目设计中，延续山地地域文脉，将不同建筑划分为大大小小 7 个不同建筑组团。每个组团各具特色，可以独立使用，而公共空间的连续性实现了不同组团的交流，使得不同的聚落散而不乱。

（2）院落的衍生。重庆普通民居院落一般十分窄小，形成极小的天井，仅供采光通风所用，易保持阴凉，且因势就形，占地面积较小，布局相对自由。只在较为平坦的地方，有一些名门望族较大的院落。在较大的民居院落中，敞廊、敞厅较多，并成为居民生活中交往的场所。而三期房建项目为科创园区，使用人群和建筑尺度不同于民居，因此在保障院落感的同时，将院落的交往性充分的表达：用 C 形楼代替"回"形楼，用组合式院落代替单元式院落，增大院落的共享性和灵活性，打造亲人、近人、宜人的院落场所。

（3）出挑和露台。当地民居屋顶多使用出檐以及山墙，出挑深远，不仅使得屋前有回廊，也使得墙体避免雨淋。本项目中，每个建筑组群均拥有大大小小的露台，为科研人员提供交流、观景、休闲的室外场所。通过露台的打造，减小建筑与自然的边界感，让"山体的跌落"和"建筑的叠退"进行对话。

（4）立体的都市。重庆的天然地貌造就了建筑处在不同标高平面上的奇丽景象。人们行走其中，会有"登山、下山"之感，也会遇到从某一建筑的一层直接进入其他楼的顶层的情况。空间和建筑的立体性，得益于重庆得天独厚的自然条件。在园区三期的中央共享组团设计中，方案即以立体复合为核心思想，将多种不同功能的单元盒子通过不同标高的平台连接在一起，使它们共同形成了一个立体交流中心。在这里，拥有包括屋顶的篮球场、架空的跑道、半地下的商业街、狭长的休闲书吧、滨水的教室……多种功能空间（图 18-5、图 18-6）。

图 18-5　高校科研办公楼

图 18-6　康体中心

18.3.2　地区文化

（1）开放与包容。重庆是一个具有鲜明山地特征的城市，同时又深受移民文化影响，大山大水的环境与曲折的历史进程造就了重庆建筑鲜明的地域性与自成一派的特征——对于新潮设计理念和规划思想的开放和包容。方案以"科创小镇、活乐社区"为设计理念，探讨新潮的科研模式和教育理念，以为使用人员提供健康、活力、品质和具有未来感的科技家园（图18-7）。

（2）集约与共享。山地建筑设计当中面临的一个较大困境是，自然用地很多，然而适宜营建的场地较少。有限的基地面积与复杂功能需求之间的矛盾推动了项目建筑空间多样性的塑造，独特的文化隐喻使三期项目中的公共空间具有丰富的可读性。项目注重立体空间的发展，充分利用地下和上层空间营造多种空间体验，将私密性较强、采光需求较低的个人空间置于半地下，通过内院、高侧窗为其采光；将开放性较强、采光需求较高的交往空间上移至二、三层，从而提高建筑密度，实现土地资源的集约利用。

18.4　技术经济因素

18.4.1　乡土材料

项目采用本土材料和现代材料相结合的方式。例如科研建筑的底层采用当地的深灰色石材，上部采用混凝土、玻璃、金属等现代材料，部分露台采用当地的木材；展览展示中心的外壳采用当地的青砖作为外挂材料；场地中的石材和铺地均取自于当地的本土石材。

18.4.2　传统技术

重庆的传统民居在结合地形的探索中，经历了干栏式、寺庙式、园林式、西洋式等多种样式，产生了"筑台""悬挑""吊脚""拖厢""梭厢"和"爬山"等多样化的手法，根据地形形成多层出入的多层民居。

18.4.3　传统向现代的转译

传统技术由于受到材料使用、施工条件等方面的影响，具有一定的局限性。为顺应时代的发展，当代营建者结合新型材料和现代技术手段，对传统技术进行现代转译。例如传统的坡屋顶和挑檐是为了排雨和遮阳而产生，具有屋顶形式单一、屋顶厚重、建造麻烦、耐久性差、维护成本高等缺点，项目中采用平顶找坡、自组织排水、智能遮阳等现代技术弥补了其不足；又如传统的悬挑和架空是为了防潮和安全，具有悬挑不宜过大、需要支撑等条件限制，项目中的钢结构、钢混结构已经弥补了其缺点，能够实现更大的悬挑，同时取消了下部的支撑柱，使建筑获得了更加完整的使用空间和更加纯粹的建筑效果（图18-8）。

图18-7　科创小镇

图18-8　入口景观

18.5　绿色特征总结

　　地域环境造就了重庆建筑因地制宜、依山就势的特点；移民文化带来多样性，极大地丰富了重庆建筑的外形构造和细节装饰；自然材料赋予经济环保性，在经济实用之外体现出天然的亲和力。呼应在地环境、融入地域文化、采用自然材料，这些都是在重庆两江协同创新区三期项目中文绿地域特色存在的鲜明标志（图18-9）。

图18-9　项目施工现场（2021年7月）

■ 效用测评篇

第 19 章

效果测评思想与总体方案

课题按照"设计模式—技术集成—工程实证—设计反馈"的逻辑关系建构。首先,针对本课题所开展的富含青藏高原地域特征的绿色建筑工程示范和富含西南多民族聚居区地域特征的绿色建筑工程示范,研究各评估指标(主观/客观)的评测方法。主要是从建筑本土化、经济适用性、自然地理气候适用性等角度对示范工程的绿色性能后评估测试方法进行研究。开展关于示范工程性能的综合评价,对设计示范成果开展实证性检验,与示范项目管理方法中的设计目标开展比对分析研究,提出反馈,为示范工程运行情况提供数据支撑。①基于适用于西部地域文化建筑示范工程的绿色性能指标开展预评估;②基于适用于西部地域文化建筑示范工程的绿色性能指标开展实测,并分析项目实际运行效果与项目预评估的差异及其原因(图19-1)。

19.1 评价体系研究

(1)资料与数据收集

运用多个数据库(百度学术、万方数据库、中国知网、scopus 与 sciencedirect)收集的国内外大量的建筑使用后评估相关技术文献,通过查阅国内外有关使用后评价、居住区使用后评价、绿色建筑评价体系的相关资料,在对使用后评价方法进行梳理、研究的基础上,结合示范工程的特点,为评价指标的构建寻找理论依据,科学构建评价指标体系。除此之外,通过收集相关研究客体的背景、发展概况和所选取的示范工程案例的相关资料,对其进行充分了解,为调研及问卷做准备。

(2)调查问卷

结合前期调研,在已筛选出的评价指标基础上制作调研问卷,通过抽样收集数据,对绿色住区的居民发放及回收问卷,获得研究数据。这是国内很多社会学研究中十分常用的一种调查方式,其基本思想和技术方法来源于社会研究的调查研究方法,理论体系较为成熟。

(3)数据分析

使用均值分析法,收集完调查问卷后,采用基于 SPSS 的主成分分析法着重对相应指标进行权重分析。

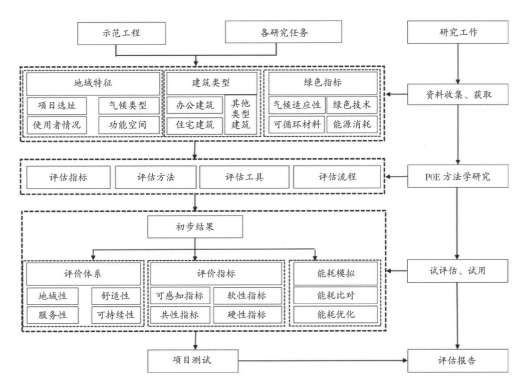

图 19-1 效果测评技术路线

19.2 实测研究

（1）前期能耗模拟研究

针对该课题后评估研究，运用能耗模拟软件对南宁园林艺术馆与西宁市民服务中心展开能耗模拟分析。主要目的为预分析广西展览馆设计建成后年能量消耗，大致掌握该馆建成后的能源使用情况。针对本课题所开展的富含青藏高原地域特征的绿色建筑工程示范和富含西南多民族聚居区地域特征的绿色建筑工程示范，研究模拟软件能耗评测方法，通过对该项目的能耗模拟过程熟悉模拟软件的评测方法，为其他示范工程的能耗模拟提供经验。对

设计示范项目的能耗与绿色设计点开展模拟性预检验，为之后的现场实测提供数据支持。依据模拟验证方法以及不同运行工况的能耗对比，提出节能设计策略。

（2）现场实测研究

研究选取了"十三五"国家重点研发计划课题"西部典型地域特征绿色建筑工程示范与设计工具"的示范项目——南宁园博会园林艺术馆、东盟馆与西宁市市民中心作为研究对象，依据本课题评价指标体系，针对示范项目绿色设计点对其采用的被动式绿色建筑技术开展现场实测检验，并将实测结果与模拟结果结合，分析得出示范项目设计后评估结论。

第20章

评价指标体系研究和建立

20.1 国内外绿色建筑评价体系现状

根据国内外的资料，关于使用后评估的评价内容体系大致可分为三类（图20-1）。

将评价内容分为定性评价和定量评价。定性评价，侧重于使用者感受，也就是软性指标。定量评价，侧重于技术测量，也就是硬性指标；[1][2][3] 采用与评价对象相关的特性（如生态性、经济性、社会性、综合性等），将指标按照相关特性进行分类；[4][5] 基于与评价内容相关的权威评价标准，同时基于评价对象的相关特性，将评价标准进行改动或者删减，最终形成评价内容。[6][7]

基于上述评价体系的总结，结合课题中示范工程特性，并加入使用者感知这一因素进行考量，从而确定评价体系。加入使用者感知这一因素，是因为使用后评价主要考虑使用者感受，将使用者感知

图20-1 使用后评价体系总结

① Alborz&Berardi.A post occupancy evaluation framework for LEED certified U.S. higher education residence halls[J].energy procedia，2015.

② Kansara&Ridley.Post Occupancy Evaluation of buildings in a Zero Carbon City[J].Sustainable Cities and Society，2012.

③ 朱炜，郭丹丹，周益琳，陈健.绿色办公建筑使用满意度调研及分析[J].建筑科学，2016, 32（8）: 143-146.

④ 甘玉凤.建筑节能示范工程后评估研究[D].重庆：重庆大学硕士学位论文，2011.

⑤ 浅见泰司.居住环境评价方法与理论[M].高晓路，张文忠等，译.北京：清华大学出版社，2006.

⑥ 宋凌，酒淼，李宏军.针对办公和商店建筑的绿色建筑后评估指标体系研究[J].建筑科学，2016, 32（12）: 37-46.

⑦ 唐学玉，黄丽莉.南京市生态住宅环境质量模糊综合评价研究——基于住户的视角[J].生态经济，2011（5）: 178-182+191.

视为评价中的关键。国内外围绕居民感知开展的研究多集中于旅游地居民对于旅游影响的感知，但也有许多学者将"感知"一词引入居住环境研究。多数研究侧重于人居环境的评价和分析，也有部分学者对城市内部居住环境的空间特征进行了研究。其次是居住满意度影响因素分析。如 2008 年，张玉萍用期望感知理论评析了城市居民对周围居住景观环境的满意程度，研究发现城市居民对居住景观的实际感知与期望表现出显著差异性；[1]2014 年湛东升等人，从居民感知切入，对北京市居民居住满意度与行为意向进行了研究，并构建出北京市居民居住满意度感知评价指标体系，主要由居住环境、住房条件、配套设施和交通出行四个维度构成。[2] 针对绿色建筑的使用后评价也有相关研究应用。[3]

因为建筑与人的使用联系密切，所以在确定评价体系时，不仅要考虑客观内容，还需考虑主观内容，为了更好地对建筑进行反馈，评价体系需要结合定量定性指标。而为了更好地指导设计，更方便地对示范工程形成指导，我们摒弃依照相关国家条文逐条评定和定性定量完全分开评价的做法，选择根据评价对象特性将评价体系分类。[4][5] 根据使用后评价的评价特点，以及公共建筑相关评价特性，将评价体系分为地域性、舒适性、服务性、可持续性，由此得出使用后评价体系（图 20-2 ）。

20.2 选取评价指标

在评价体系的基础上选择具体的评价指标，考虑使用者感知、建筑特色、地域特色、绿色指标等方面因素，确定具体的指标（图 20-3 ）。

图 20-2 使用后评价体系

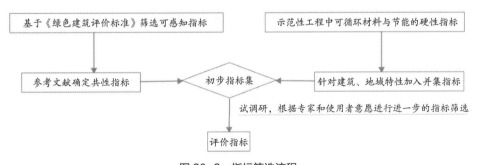

图 20-3 指标筛选流程

① 张玉萍 . 基于居民期望与感知的城市居住景观差异分析——以大连市南关岭街道为例 [J]. 现代城市研究，2008（9）：60-64.
② 湛东升，孟斌，张文忠 . 北京市居民居住满意度感知与行为意向研究 [J]. 地理研究，2014，33（2）：336-348.
③ Mi Jeong Kima, Myoung Won Oha, Jeong Tai Kimb.A method for evaluating the performance of green buildings with a focus on user experience[J].Energy and Buildings，2013.
④ 浅见泰司 . 居住环境评价方法与理论 [M]. 高晓路，张文忠等译 . 北京：清华大学出版社，2006.
⑤ 肖娟 . 绿色公共建筑运行性能后评估研究 [D]. 北京：清华大学硕士学位论文，2013.

围绕绿色建筑的使用后感受，课题组将《绿色建筑评价标准》GB/T 50378—2014作为指标筛选的基础，以使用者是否可感知为筛选条件，筛选出可感知指标49个（表20-1）。

在可感知指标的基础上，课题组参考国内外公共建筑使用后评价指标，筛选出其中的共性指标，构成最后评价指标中重要的部分，见表20-2。

通过对示范工程案例建筑特性的考察，可以发

"绿标"条文中可被感知指标筛选

表20-1

绿色公共建筑评价因子			可被感知			
			地域性	舒适性	服务性	可持续性
节地与室外环境	土地利用	建成容积率		√		
		建成绿地率		√		
		地下空间开发利用			√	
	室外环境	场地光污染		√		
		场地声污染		√		
		场地风环境		√		
		废弃污染物排放		√		
		室外活动场地			√	
	交通设施与公共服务	汽车停车设施			√	
		交通满意度			√	
		公共服务满意度			√	
	场地设计与场地生态	生态复原				√
		雨水外排总量控制				√
节能与资源利用	节能率	供暖通风与空调系统节能				√
	照明系统节能	照明系统节能率				√
		照明系统自动调控面积				√
	动力设备节能	电梯、自动扶梯节能控制				√
	可再生能源利用	可再生能源利用情况				√
	节能管理及维护	节能操作与资源管理规程				√
节水与水资源利用	水系统规划	建筑平均日用水量				√
		雨污分流				√
		景观补水采用非传统水源				√
	节水器具	冷却节水				√
		绿化节水				√
	节流措施	管网漏损情况	√			
	非传统水源	非传统水源利用率				√
	用水规划	用水计量装置和分项统计				√
		用水水质	√			
		用水器具				√
		供水水量	√			
节材与材料资源利用	节材设计	土建装修一体化设计施工				√
	材料选用	结构维护材料的耐久性、易维护性				√
		可循环材料				√

续表

绿色公共建筑评价因子			可被感知			
			地域性	舒适性	服务性	可持续性
室内环境质量	声环境	室内噪声级		√		
		室内声环境满意度		√		
	光环境	天然采光		√		
		人工照明		√		
		室内光环境满意度		√		
	热环境	室内温湿度		√		
		热舒适可控性		√		
		室内热环境满意度		√		
	空气品质	室内污染物浓度		√		
		新风量		√		
		室内空气环境质量满意度		√		
运营管理	管理制度	绿色教育宣传			√	
		环境服务满意度			√	
技术管理	技术管理	设备系统调试			√	
		设备维修改造			√	
	管理制度	垃圾分类			√	

共性指标筛选　　　　表 20-2

评价体系中的特性	共性指标
舒适性	建筑温湿度
	热舒适度可控性
	建筑空气环境质量
	建筑声环境
	建筑热环境
	建筑光环境
	天然采光
	人工照明
	绿化布局
	绿化面积
服务性	室外活动场地
	汽车停车设置
	公共服务情况
	场地内交通设置
可持续性	电梯、自动扶梯节能控制
	建筑水资源消耗（建筑平均日用水量）

现案例中的公共建筑有其自身特点。其与使用者关系最为密切，因其公共性而与私人建筑不同，评价目标除经济目标外还侧重社会评价和目标。使用者的满意度是评价重点。公共建筑的建设与国情、地方财力相适应，设计要重视保护和体现城市的历史文化、风貌特色。

其中与使用后评价相关的特性主要有空间特性、使用者特性以及使用特性。示范工程中的展览建筑在空间特性上的主要特点是室内空间包含展览区域和后勤区域，空间跨度较大；在使用者特性上的主要特点是展览建筑使用者包含了参观人员和后勤人员；在使用特性上，展览建筑的室内环境要求较高。示范工程中的办公建筑在空间特性上的特点有室内空间包含办公区域和公共区域，主要组织形式为内廊式、外廊式以及高层核心筒。室外空间包含室外门前广场和人行区域。在使用者特性上，办公建筑使用者包含了上班人员和后勤人员。在使用特性上，办公建筑的照明能耗大，室内发热量大，多采用全空气系统，输配能耗大。能耗存在时间上的周期特性，在休息日、节假日以及午休时段能耗较少。

基于上述考虑，在指标筛选上需要考虑空间感受和建筑的服务性能；考虑照明智能化、室内环境质量、窗强比等相关指标；还需要考虑建筑的节能、水资源回收利用的相关指标。除此之外针对地域、气候特性的考量，指标需要考虑西部地区湿热或寒冷的天气，建筑需要采用节能保温措施；针对文化特性考量，指标需要考虑西部地区的文化特性，注意公共建筑的文化传承。

于是在共性指标的基础上，再参考上述针对地域、示范工程建筑特性而形成特性指标，见表20-3。

最后再考虑课题中要求的硬性指标即能耗比。参考《民用建筑能耗标准》GB/T 51161—2016，要求比同气候区同类建筑能耗的目标值低10%，可再循环材料使用率超过10%。

特性指标选定　　　　　　表20-3

评价体系中的特性	共性指标
地域性	建筑与周边环境协调程度
	地域文化传承
	建筑体量
	建筑造型
	建筑立面
舒适性	围护结构保温
	外围结构气密性
	屋顶保温
	窗墙比

20.3　评价指标集研究总结

根据上述筛选结果，参照住房和城乡建设部办公厅关于印发《绿色建筑后评估技术指南》（办公和商店建筑版），对指标进行分级和筛选，列出初步评价指标集，见表20-4，为本课题对示范项目的设计后评估提供依据。

本课题评价指标集　　　　　　表20-4

总目标层	一级指标	二级指标	三级指标
绿色公共建筑使用后评价	A 地域性	地域特色	建筑与周边环境协调程度
			地域文化传承
		建筑设计	建筑体量（尺度大小、通透感）
			建筑造型（科技感、人文性）
			立面（色彩、材料）
	B 舒适性	保暖性能要求	围护结构保温
			外围结构气密性
			屋顶保温节能
			窗墙比
		室内环境质量	建筑温湿度
			热舒适性可控性
			建筑空气环境质量

续表

总目标层	一级指标	二级指标	三级指标
绿色公共建筑使用后评价	B 舒适性	室内环境质量	建筑声环境
			建筑热环境
			建筑光环境
		室外环境	绿化布局
			绿化面积
	C 服务性	交通与公共服务设施	公共服务情况
			场地内交通设置
			汽车停车设置
			室外活动场地
		场地设计	废气污染物排放
			场地安全性
		室内空间及设施	办公空间（展览空间）
			交通组织形式
			其他空间使用情况
			无障碍设计
		管理服务	垃圾分类
			维护管理
			绿色教育宣传
	D 可持续性	土地利用	合理选址
			合理开发利用地下空间
		场地生态	生态复原
			雨水外排总量控制
			雨污分流
		资源节约	可循环材料利用率
			可再生能源利用情况
			供暖通风与空调系统节能
			照明系统节能率
			电梯自动扶梯节能控制
			能耗比《民用建筑能耗标准》同气候区低 10%
			节水措施
			建筑水资源消耗
			结构维护材料的耐久性、易维护性

第 21 章

示范工程实测方案研究

21.1 示范工程概况

使用后评估研究中，在项目正式落地建成之前依据评价指标集对项目进行预评估，有利于在设计阶段优化设计、施工、运维以及设备选型，从而达到优化能耗的目的。本课题中的示范项目为第十二届中国（南宁）国际园林博览会——园林艺术馆、东盟馆（西南多民族聚居区）与西宁市市民中心（青藏高原）。南宁园林艺术馆与东盟馆位于南宁市市中心东南方向 12km 的邕宁区西北侧，用地面积 5.01 万 m²，园林艺术馆建筑面积 2.557 万 m²。该展馆共分为 3 层，重要展厅分布在 1 层和 2 层。该项目利用山地地形，首层嵌入山体四周，外围被土壤覆盖，形成半覆土建筑。顶棚为独立钢结构，并设置太阳能光伏发电系统。东盟馆建筑面积 7400m²，建筑高度 35m，建筑形式为钢结构。

西宁市市民中心位于西宁市南川片区，规划范围北起规划路，南至郁金香大街，东临南川西路，西接海南路。建筑形态结合自然环境，借鉴传统"庄廓"聚落，从形体特征、组合方式、材料色彩、采光通风等方面突显地域特征。选取评价指标集对应的示范项目绿色技术点，对其进行前期模拟分析，为之后的现场实测提供数据支撑。

21.2 示范项目绿色技术点

南宁园林艺术馆项目依据南宁市气候特征，运用传统技法以及现代建构技术勾勒出被动式绿色设计策略。第一，广西的气候类型为亚热带季风气候，主要表现为夏季高温多雨，冬季温暖少雨，降水主要表现为初夏多、秋冬少，针对气候特征的设计策略主要为通风防潮以及遮阳。其次，该项目利用园区建造过程中开挖的石材以及当地红土，制作成毛石、石笼及夯土，以砌筑主要展馆的外墙，利用传统材料高效热工性能并且通过增加墙厚，减少传热系数，达到被动调节。最后，利用现代建构技术使首层嵌入山体，使建筑成为半覆土建筑，从而提高建筑舒适度，降低能耗。东盟馆充分结合地形地貌，在其下方设置人工湖，营造微环境。整体采用钢结构，内部空间集中，通过设置合理的遮阳顶棚，降低制冷能耗。

西宁市民中心作为城市的标志性公共建筑既要继承和发扬河湟特色风貌，植根于当地气候环境，营造适用、绿色的公共场所。行政审批、便民服务等功能空间可通过在建筑内部设置多个中庭、内院以及结合室内、景观设计的方式，形成缓冲空间，减少用能，提升室内空间品质，创造人性化空间。大进深的平面布局通过设置中庭减少人工照明的使用，顶部天窗的侧开百叶可满足夏季自然通风。西宁市民中心在建筑设计中对主要使用空间采用大空间中庭加屋顶天窗的做法来保证自然采光，建筑尽可能利用自然光满足日常照明的需求，以减少人工照明的使用，降低建筑能耗。

因此，根据评价指标集与示范项目绿色技术点，得出本课题对示范项目的后评估测试指标。南宁园林艺术馆的设计后评估测试指标为：①聚落通风廊道与烟囱通风的实际效果；②传统材料（毛石、石笼、夯土）墙体保温隔热效果；③覆土隔热效果。南宁园博园东盟馆的后评估测试指标，为非空调灰空间温度。西宁市民中心的模拟测试指标为：①针对大空间中庭及大型功能空间的温湿度监测；②针对标准办公房间室内温湿度监测；③针对屋顶天窗的自然采光照度测试。

21.3 前期能耗模拟

21.3.1 模拟方法

该模拟部分主要分为两大部分，分别为预测示范项目在未来运行中的年平均能耗与典型日室内温度。第一部分为，以整个示范项目为基础，调整设计参数进行能耗模拟比对；第二部分为，围绕后评估模拟测试指标，对示范项目的典型房间，依据典型日进行舒适温度模拟比对，探讨缩短空调使用时间，提高空调系统 COP，优化能耗。南宁园林艺术

馆本次模拟运用基于 Energyplus 的 DesignBuilder 作为模拟软件，运用广西南宁与青海西宁当地的天气数据进行能耗模拟。本章节将对模拟所使用模型的参数来源与模拟分析所使用方法进行系统阐述。

21.3.2 模拟过程——以南宁园博园园林艺术馆为例

（1）降低能耗

为了解南宁园林艺术馆的能耗情况，将分为 3 种工况进行能耗模拟（表 21-1）。假定展览园区 1 月份开园，针对开园后的一年（即 1~12 月）进行模拟。展馆实际开幕时人流量可能比设计值偏大，改变人员密度进行能耗模拟对比。工况 1 为空调运行时间为每天 9：00-24：00，展厅人员密度为设计值；工况 2 为空调运行时间为每天 9：00-24：00，展厅人员密度提升 50%；工况 3 为空调运行时间为每天 9：00-24：00，展厅人员密度 1 到 6 月为设计值提升 50%，7 到 12 月为设计值。

模拟工况　　　　　　　　表 21-1

运行工况	运行时间	展厅人员密度 P/m²
1	9：00-24：00	0.3
2	9：00-24：00	0.45
3	9：00-24：00	0.45
		0.3

经过模拟之后，全年能耗量可由图 21-1 看出。工况 1 人员密度为设计值，展馆全年总能耗为 3136357.23kWh。若展馆开馆后人员密度比设计值增加 50%，全年能耗量为工况 2，则总能耗增加 10%。当展览馆开园后前半年人员密度比设计值高 50%，后半年人员密度恢复为设计值，该工况下全年能耗比设计的基准能耗高 7%。从上述分析中可以看出，人员密度越大，展馆的年能耗量越大。

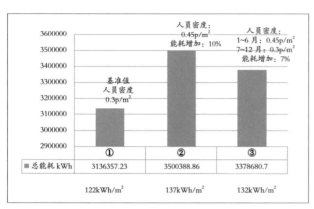

图21-1 不同工况下的能耗量

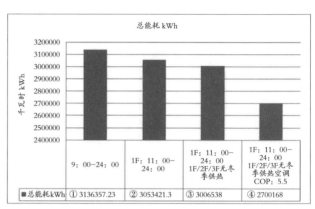

图21-2 优化后的能耗量对比

将能耗优化手段分为3个步骤，第一步将展厅1层夏季制冷时间缩短2个小时，从9：00-24：00调整为11：00-24：00；第二步在缩短空调时间的基础上取消全展厅冬季供暖；第三步为将所有空调COP从3.3提升至5.5，这项对于实际情况是可操作的。确定这三步后开始进行能耗模拟。如图21-2所示，工况①为未做优化的展厅总能耗；工况②将空调运行时间从9：00-24：00改为11：00-24：00；工况③是在工况②基础上，进一步取消全展厅供暖；工况④是在工况②③基础上，再将空调COP从3.3提升为5.5。经过能耗模拟，各工况能耗表现为图21-2，经过各步骤优化，全展厅能耗有明显下降。其中夏季制冷空调时间缩短后，能耗降低3%；将空调制冷时间缩短后并取消全展厅冬季供暖，能耗值降低4%；将空调制冷时间缩短、取消全展厅冬季供暖以及增加空调系统COP至5.5后，总能耗降低14%。

（2）实测指标效果模拟

分别选取夏季典型日与冬季典型日，在展馆运营时间内对南宁园林艺术馆覆土隔热效果进行对比测试。首先，根据Energy Plus分别选取南宁当地夏季平均温度最高日和冬季平均气温最低日。南宁夏季典型日为8月4日，冬季典型日为1月12日（图21-3）。

为对比覆土的保温隔热效果，分别选取园林艺术馆1层有覆土展厅和2层无覆土展厅在夏季和冬季典型日进行无空调工况下的室内温度模拟（图21-4）。

图21-5为冬季典型日的1层覆土房间与2层非覆土房间室内逐时温度，结果显示1层覆土房间在营业时间均比2层非覆土房间温度高。通过室内温度对比，模拟结果说明了冬季覆土对建筑的保温效果。

图21-6为夏季典型日的1层覆土房间与2层非覆土房间室内逐时温度，结果显示1层覆土房间在营业时间均比2层非覆土房间温度低。通过室内温度对比，模拟结果说明了夏季覆土对建筑的隔热效果。

21.3.3 模拟结果——以南宁园博园园林艺术馆为例

模拟得出南宁园林艺术馆全年能耗，运用能耗优化手段，通过缩短空调运行时间，取消展厅冬季供暖，以及提高空调COP可有效降低展馆全年能耗。通过对覆土被动式绿色设计技术的模拟得出，覆土对南宁园林艺术馆有明显的保温隔热效果。

1月	室内温度	室外温度	8月	室内温度	室外温度
1	24.90	15.72	1	27.21	28.37
2	24.70	13.80	2	27.86	29.51
3	24.35	11.33	3	28.00	29.68
4	24.42	11.52	4	28.45	30.89
5	24.45	11.83	5	28.39	30.04
6	24.69	13.50	6	28.30	29.94
7	24.79	13.39	7	26.94	26.66
8	24.47	10.47	8	26.60	26.56
9	24.62	13.85	9	26.71	27.01
10	24.58	13.23	10	27.17	28.25
11	23.97	8.38	11	27.69	29.34
12	23.45	7.71	12	28.15	29.99
13	23.56	8.81	13	27.64	28.53
14	23.57	8.21	14	27.56	28.56
15	23.75	9.87	15	27.47	27.71
16	23.83	9.03	16	26.56	25.91
17	23.58	8.24	17	26.53	26.51
18	23.67	10.10	18	26.28	26.01
19	24.03	12.61	19	26.32	26.32
20	24.22	13.22	20	27.07	27.67
21	24.38	13.49	21	27.03	27.49
22	24.78	16.55	22	27.35	28.26
23	25.20	19.40	23	27.56	28.29
24	25.45	19.33	24	27.47	27.99
25	25.57	19.51	25	27.74	28.88
26	25.58	19.29	26	28.02	29.59
27	25.66	21.18	27	27.67	28.50
28	25.47	18.73	28	26.61	26.15
29	25.21	17.98	29	26.51	26.58
30	25.27	19.54	30	26.90	27.26
31	25.62	21.45	31	27.27	27.84

图 21-3　夏季和冬季典型日

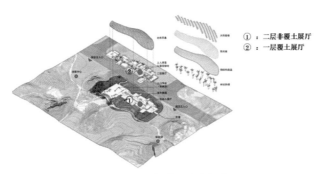

①：二层非覆土展厅
②：一层覆土展厅

图 21-4　覆土与非覆土房间位置

21.4　现场实测方法研究

21.4.1　测试方法

根据获取的示范项目的后评估测试指标制订对应的现场实测方案，并针对课题考核指标——能耗比《民用建筑能耗标准》GB/T 51161—2016 所规定的同气候区同类建筑能耗的目标值低 10%、可再循环材料使用率超过 10%，制订测试方案。示范项目

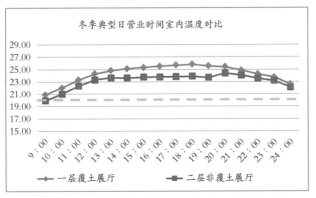

图 21-5　覆土与非覆土房间冬季典型日室内温度对比

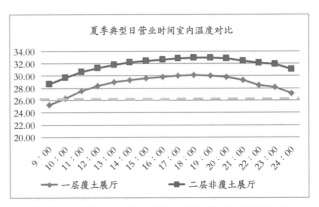

图 21-6　覆土与非覆土房间夏季典型日室内温度对比

拟采用的测试方法主要有以下几种：①现场核查（对评测对象的技术措施及其运行效果进行现场核查）；②现场测试（对测试对象的指标参数进行特定工况下的短期测试，如室内照度、换气率等）；③长期监测（对测试指标进行长期、连续监测，如室内温湿度、空气品质等；对项目运行情况进行长期跟踪，掌握整体运行情况，如人员考勤、设备运行情况等）；④问卷调研（对使用人员随机抽样并进行问卷调研）；⑤模拟计算分析（用数值模拟实验作为辅助手段，对关键指标进行分析评估）；⑥数据统计分析（对项目建设运营关键数据进行统计分析，如建筑材料用量、能耗、水耗等）。

21.4.2 关键指标测试——建筑能耗

《民用建筑能耗标准》GB/T 51161—2016 规定：夏热冬暖地区公共建筑非供暖能耗进行管理，非供暖能耗指标应包含建筑所使用的所有能耗（空调、照明、通风、生活热水、办公设备、水泵等），其中设置的信息机房能耗、厨房炊事能耗需要排除。建筑能耗指标实测值应包括建筑运行中使用的由建筑外部提供的全部电力、燃气和其他化石能源，以及由集中供热、集中供冷系统向建筑提供的热量和冷量，并应符合下列规定：①通过建筑的配电系统向各类电动交通工具提供的用电，应从建筑实测能耗中扣除；②应政府要求，用于建筑外景照明的用电，应从建筑实测能耗中扣除；③安装在建筑上的太阳能光电、光热装置和风电装置向建筑提供的能源不计入建筑实测能耗中。

针对建筑能耗的测试目的，主要是为定量衡量绿色建筑使用阶段在建筑综合能耗方面的实际性能表现，判断项目的建筑能耗与《民用建筑能耗标准》GB/T 51161—2016 所规定的同气候区同类建筑能耗的目标值相比的降低幅度（表 21-2）。

测评方法主要采用运营期分项能耗统计分析与能耗模拟修正相结合。通过示范工程的能源管理系统，现场采集记录逐时能耗分项计量值，建筑的空调系统、照明插座、动力等各部分能耗实行独立分项计量，各能耗数据进行远程集中监测与记录，并有优化管理功能。电力分项计量如下：照明插座用电，包括室内照明和插座、应急照明、室外景观照明用电；空调用电，包括冷热源机组、冷却水泵、冷冻水泵、热水泵、冷却塔、空调末端用电；动力用电，包括电梯、水泵、非空调区域通风设备用电；特殊用电，包括充电桩、消防控制室、变电所、厨房、弱电机房。

（1）运行能耗统计

示范工程运行阶段的能耗的评估，通过持续采集建筑综合能耗监测系统数据，统计空调系统、照

办公建筑非供暖能耗指标的约束值和引导值 [kWh/（m² · a）] 　　　　　　表 21-2

建筑分类		严寒和寒冷地区		夏热冬冷地区		夏热冬暖地区		温和地区	
		约束值	引导值	约束值	引导值	约束值	引导值	约束值	引导值
A 类	党政机关办公建筑	55	45	70	55	65	50	50	40
	商业办公建筑	65	55	85	70	80	65	65	50
B 类	党政机关办公建筑	70	50	90	65	80	60	60	45
	商业办公建筑	80	60	110	80	100	75	70	55

注：表中非严寒寒冷地区办公建筑非供暖能耗指标包括冬季供暖的能耗在内。

明插座、动力、特殊用电各分项能耗数据，分析其各阶段能耗运行情况。发现能耗异常，及时反馈并改进。通过连续 12 个月的监测统计，计算出项目年用电量（图 21-7）。

（2）能耗模拟修正

在空调季时期，为避免人为或其他因素导致示范工程室内空调温度高于或低于设计温度而造成能源浪费，示范工程能耗量应对通过能耗计量获取的数值加以修正。

能耗分项计量数据修正操作步骤：使用温湿度自记仪记录示范工程在空调季的室内温度，根据《公共建筑节能检测标准》JGJ/T177—2009，对设有空调的建筑物，温度检测数量应按照空调系统分区进行选取。当系统形式不同时，每种系统形式均应检测。相同系统形式时应按系统数量 20% 进行抽检。同一种系统检测数量不应少于总房间数量的 10%。将此实际测试温度、室内设计温度代入能耗模拟软件中的示范工程

模型进行全年能耗模拟（图 21-8、图 21-9）。通过能耗模拟获取实际测试温度、室内设计温度对应的示范工程能耗量，计算实际测试温度模拟能耗量与设计温度模拟能耗量两者之间的百分比，将此百分比作为修正量修正通过能耗计量得到的示范工程能耗量，即为示范工程在设计温度下的实际能源消耗量。

21.4.3　关键指标测试——可再循环利用材料

根据课题任务书，示范工程可再循环材料使用率需超过 10%。《绿色建筑评价标准》GB/T 50378—2014 定义了可再循环材料是指通过改变物质形态可实现循环利用的材料。主要包括：①金属材料（钢材、铜等）；②玻璃、铝合金型材；③石膏制品；④木材。

为定量分析示范工程项目建筑工程材料中可再循环和可再利用材料用量比例，测评方法主要采用统计分析。课题组织单位联系示范工程建设方提供工程材料决算清单，课题组结构专业完成可循环材料比例计

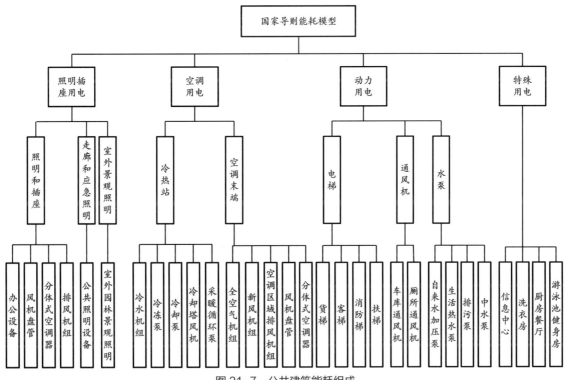

图 21-7　公共建筑能耗组成

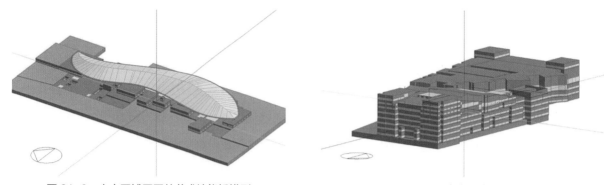

图 21-8 南宁园博园园林艺术馆能耗模型　　　　　图 21-9 西宁市民中心能耗模型

顶棚铝合金方形板吊顶

屋盖钢结构

钢斜撑

内墙石膏

1、2层外窗玻璃

楼面、屋面钢筋、屋面可上人木地板

南宁园博园园林艺术馆可再循环材料

图 21-10 南宁园博园园林艺术馆可循环材料使用情况

算书，确保课题验收时示范工程达到可再循环材料使用率超过 10% 的考核指标（图 21-10、图 21-11）。

21.4.4 关键指标测试——覆土隔热、传统材料墙体

通过测试覆土与非覆土房间室内温湿度，对比分析覆土技术的保温隔热的效果；通过测试不同材料墙体房间室内温湿度、墙体传热效果，对比分析不同传统材料墙体的隔热的效果。测试方法为选取过渡季、夏季、冬季典型周连续监测，采样间隔为 30 分钟。

（1）覆土隔热（表 21-3）

覆土隔热效果的分析同样基于图表分析法，将一层有覆土房间与二层无覆土房间的 48 小时温湿度数据进行对比，分析室内热环境舒适度。

（2）传统材料墙体（表 21-4）

对于不同墙体热工性能分析，采用三种方法进行分析。第一，墙体内外壁温度离散率的差值。对于墙体动态传热的计算方法，可以使用基于离散数学的方法，即用空间与时间内有限个节点的温度近似值代替连续分布的温度场。[1]分散程度反映了一组数据远离其中心值的程度，可以说明外壁温度的波动对内壁温度的影响情况，内外墙壁离散差越大，墙体隔热性能越好。第二，采用日较差分析墙体热工性能。日较差代表 24 小时内气温的最高值与最低

---

① 王雪锦. 新型墙体传热特性研究 [D]. 北京：北京建筑工程学院硕士学位论文，2006.

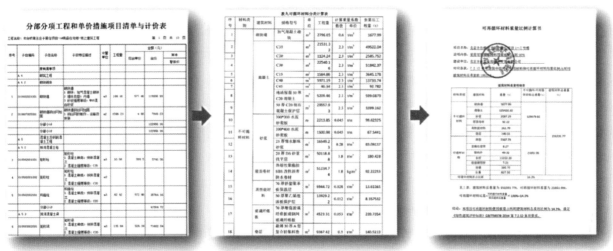

工程材料预算清单　　　　　　　　　　可循环材料比例计算书

图 21-11　工程材料决算清单示例

覆土隔热测试方案　　　　　　　　　　表 21-3

测试内容	测试仪器	测试地点
房间内温度	温湿度自记仪、热成像仪	温湿度自记仪放置在覆土房间与非覆土房间内，避免阳光直晒；热成像仪测试覆土与非覆土空间，比较空间内温度差异
测试方法		
连续监测		
测试时间	温湿度自记仪选取过渡季、夏季、冬季典型周连续监测；热成像仪选取过渡季、夏季、冬季典型日现场测试	
采样间隔	30 分钟	
依照标准		
标准名称	《公共建筑节能检测标准》JGJ/T 177—2009	
具体规定	温度测点应设于距地面（700~1800）mm 范围内有代表性的位置 温度传感器不应受到太阳辐射或室内热源的直接影响	

传统材料墙体测试方案　　　　　　　　　　表 21-4

测试内容	测试仪器	测试地点
墙体传热（热流密度）	热巡检仪与热流计片、热成像仪	热流计片放置在不同传统材料墙体内外壁；热成像仪测试不同传统材料墙体表面温度差异
测试方法		
连续监测		
测试时间	热巡检仪与热流计片选取过渡季、夏季、冬季典型周连续监测；热成像仪选取过渡季、夏季、冬季典型日现场测试	
采样间隔	48 小时连续监测	

值的波动幅度，不同墙体的日较差有差异，并且其与墙体的热交换方式（传导放热）有关。[①]日较差越大，表明墙体的隔热蓄热性能越好。第三，采用类似于谐波分析法的墙体内外壁温度延迟性与衰减性分析，从而为墙体热稳定性优劣提供依据。[②]最后，通过对不同墙体展厅室内的温湿度数据分析，辅助判断不同墙体对室内温湿度舒适程度的影响。

（3）测试仪器（图 21-12）

测试仪器主要为便携式温湿度记录仪、用来进行墙体传热测试的热巡检仪以及热成像仪。温湿度记录仪温度测量范围为 -30~70℃，测量精度为 ±0.5℃，温湿度记录仪的电池续航能力为 1 年。热巡检仪需要现场接电源测试。

房间内温度测点布置，对于覆土隔热测试有影响。分别选取相同位置的有覆土与无覆土房间进行

布点测试。测点分布的两个测试房间，面积、位置朝向均相同，且均为同种材料墙房间。温度测点应设于距地面 700~1800mm 范围内有代表性的位置。温度传感器不应受到太阳辐射或室内热源的直接影响。房间内墙体传热测试，应选取同一朝向墙体，将热流计片分别放置于墙体内外对应表面进行测试。应将热流计片放置于距地面一定高度处，防雨水，以及避免太阳辐射或室内热源的直接影响。

21.4.5 关键指标测试——聚落通风廊道、烟囱效应（表 21-5）

通过测试聚落通风廊道内的空间自然风速，分析聚落式布局对风环境的影响效果，测试方法为选取过渡季、夏季、冬季典型周连续监测，采样间隔为 30 分钟。

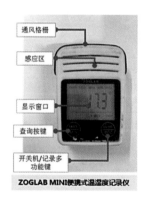  

图 21-12 室内温度与墙体传热测试仪器

聚落通风廊道、烟囱效应测试方案　　　　表 21-5

测试内容	测试仪器	测试地点
聚落通风、烟囱效应廊道风速	RS-FSJT-N01 风速变送器	聚落内进行对角线式布局，确保测点布局合理 在竖向排布的通风廊道中按照竖向梅花式布局抽样选取测点
测试方法		
连续监测		
测试时间	选取过渡季、夏季、冬季典型周连续监测	
采样间隔	30 分钟	

① 杨艳红，李亚灵，马宇婧等. 日光温室北侧墙体内部冬春季的温度日较差变化分析 [J]. 山西农业大学学报:自然科学版，2017，37（8）：594-599.
② 刘民科，张学景. 谐波反应法在计算自保温墙体负荷时的分析与评价 [J]. 砖瓦，2011（07）：9-12.

聚落空间自然风速的数据分析主要包含两个方面，第一，对于二层的空间聚落通风效果分析。对现场宽窄不同以及朝向不同的通风廊道，采用数据对比法进行分析。第二，对于通风烟囱效应分析，通过对比竖向风速大小，并用验证法对空间风速数据进行分析以验证其通风效果。

自然通风的测试仪器为多通道风速变速器，多个聚碳型风速变速器通过对插线线缆与智能主机相连，可以一次测量多个测点的自然风速。该测试仪器的测量范围为 0~30m/s，正常记录间隔为 1~65535 分钟（图 21-13）。

聚落通风廊道测点布置满足抽样选点要求：在横向排布的聚落通风廊道中，抽样选取对角线上及中心线上的测点进行测试，测点示例如图 21-14 及表 21-6。

烟囱效应测点布置满足抽样选点要求：在竖向排布的通风廊道中，按照竖向梅花式布局抽样选取对角线上及中心线上的测点，兼顾上、中、下位置进行测试，如图 21-15 所示。

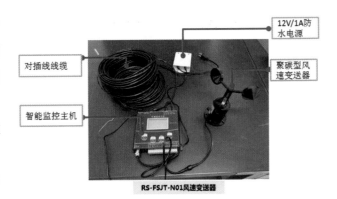

图 21-13　自然风速测试仪器

南宁园博园园林艺术馆聚落通风廊道测点布置　　　表 21-6

测点	测点位置	测点特征
①	南侧	窄风廊道（3~10m）
②	中侧	宽风廊道（15~30m）
③		宽风廊道（15~30m）
⑤		宽风廊道（15~30m）
⑥		窄风廊道（3~10m）
⑦		窄风廊道（3~10m）
④	北侧	宽风廊道（15~30m）
⑧		宽风廊道（15~30m）

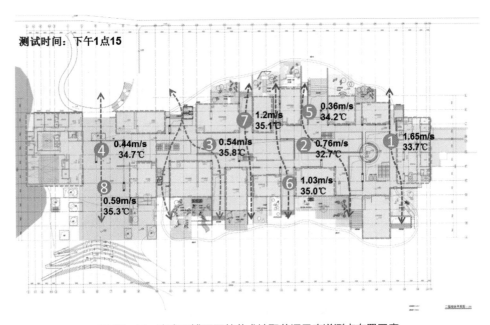

图 21-14　南宁园博园园林艺术馆聚落通风廊道测点布置示意

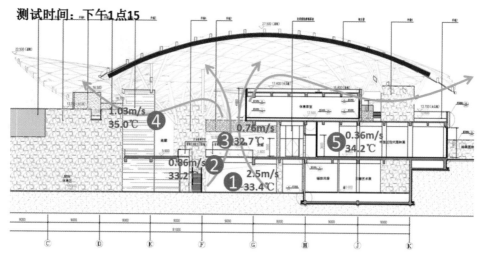

测试时间：下午1点15

1.03m/s
35.0℃ ④

0.76m/s
③ 32.7℃

0.36m/s
② 33.2℃

2.5m/s
① 33.4℃

0.36m/s
⑤ 34.2℃

图 21-15　南宁园博园园林艺术馆烟囱效应测点布置示意

21.4.6　关键指标测试——充分结合地形地貌

示范工程在设计过程中充分结合地形地貌，合理设置遮阳设施，巧妙处理人工微环境，紧凑布局室内空间，以降低日后建筑使用过程中的空调使用能耗。以南宁园博园东盟馆风雨桥为测试对象，测试方法为使用温湿度自记仪选取过渡季、夏季、冬季典型周连续监测，采样间隔为30分钟；使用红外热成像仪测试各空间温度分布（表21-7）。

根据温湿度自记仪测试结果分析室外—风雨桥—展厅内温度梯度变化，对室外与风雨桥内温度进行舒适范围分析，研究风雨桥设计的节能降耗效果。根据红外热成像仪的测试结果，研究室外—风雨桥—桥底人工湖温度梯度变化，分析人工湖微环境对半室外空间的影响作用。

测试仪器主要为便携式温湿度记录仪、热成像仪。温湿度记录仪温度测量范围为–30~70℃，测量精度为±0.5℃，温湿度记录仪的电池续航能力为1年（图21-16）。

风雨桥测试方案　　　　　　　　　　　　　　　　　　　　　　　　　　　　　　表 21-7

测试内容	测试仪器	测试地点
室外—风雨桥—展厅内温度	温湿度自记仪、热成像仪	温湿度自记仪分别放置在室外—风雨桥—展厅内，避免阳光直晒；热成像仪测试室外—风雨桥—展厅内空间，比较空间内温度差异
测试方法		
连续监测		
测试时间	温湿度自记仪选取过渡季、夏季、冬季典型周连续监测；热成像仪选取过渡季、夏季、冬季典型日现场测试	
采样间隔	30分钟	
依照标准		
标准名称	《公共建筑节能检测标准》JGJ/T 177—2009	
具体规定	温度测点应设于距地面（700~1800）mm 范围内有代表性的位置；温度传感器不应受到太阳辐射或室内热源的直接影响	

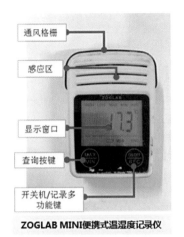

ZOGLAB MINI便携式温湿度记录仪

热成像仪

图 21-16 风雨桥测试仪器

21.4.7 关键指标测试——大空间中庭（表 21-8）

通过内庭院设计、天窗、大空间、每层连通共享等设计，充分运用自然通风，形成缓冲空间，提升室内热环境，减少用能。测试方法为使用温湿度自记仪选取过渡季、冬季连续监测，采样间隔为 30 分钟。

温湿度数据分析方法为各类大空间与室外的逐小时平均温度，并根据《民用建筑室内热湿环境评价标准》GB/T 50785—2012，通过非人工冷热源热湿环境体感温度舒适范围，采用图示法对灰空间内与室外情况进行对比。

本测试采用Ⅱ级舒适区为评价舒适范围，根据在Ⅱ级舒适区范围的各个温度时刻，分析对比各空间舒适小时数。

采用图示法评价时，非人工冷热源热湿环境应符合下表的规定。室外平滑周平均温度应按下式计算：

$$t_{rm} = (1-\alpha)(t_{od-1} + \alpha t_{od-2} + \alpha^2 t_{od-3} + \alpha^3 t_{od-4} + \alpha^4 t_{od-5} + \alpha^5 t_{od-6} + \alpha^6 t_{od-7}) \quad (1)$$

式中：t_{rm}——室外平滑周平均温度（℃）；

α——系数，取值范围为 0 ~ 1，推荐取 0.8；

t_{od-n}——评价日前 7d 室外日平均温度（℃）。

等级	评价指标	限定范围
Ⅰ级	$t_{op\,I,b} \leq t_{op} \leq t_{op\,I,a}$ $t_{op\,I,a} = 0.77t_{rm}+12.04$ $t_{op\,I,b} = 0.87t_{rm}+2.76$	$18℃ \leq t_{op} \leq 28℃$
Ⅱ级	$t_{op\,II,b} \leq t_{op} \leq t_{op\,II,a}$ $t_{op\,II,a} = 0.73t_{rm}+15.28$ $t_{op\,II,b} = 0.91t_{rm}-0.48$	$18℃ \leq t_{op\,II,a} \leq 30℃$ $16℃ \leq t_{op\,II,b} \leq 28℃$ $16℃ \leq t_{op} \leq 30℃$
Ⅲ级	$t_{op} < t_{op\,II,b}$ 或 $t_{op\,II,a} < t_{op}$	$18℃ \leq t_{op\,II,a} \leq 30℃$ $16℃ \leq t_{op\,II,b} \leq 28℃$

大空间温湿度测试　　　　　　　　　　　　　　　　　　表 21-8

测试内容	测试仪器	测试地点
室外—大空间中庭—标准办公区温度	温湿度自记仪、热成像仪	温湿度自记仪分别放置在室外—大空间中庭—标准办公区内，避免阳光直晒，比较空间内温度差异
测试方法		
连续监测		
测试时间		温湿度自记仪选取过渡季、冬季连续监测

续表

测试内容	测试仪器	测试地点
采样间隔	30 分钟	
依照标准		
标准名称	《公共建筑节能检测标准》JGJ/T 177—2009	
具体规定	温度测点应设于距地面（700~1800）mm 范围内有代表性的位置； 温度传感器不应受到太阳辐射或室内热源的直接影响	

21.4.8 关键指标测试——屋顶天窗自然采光（表21-9）

示范工程在建筑设计中对主要使用空间，采用大空间中庭加屋顶天窗的做法，来保证自然采光。通过内庭院设计、天窗、大空间、每层连通共享自然光等设计，充分运用自然光。测评主要目的为考查建筑主要功能房间的自然采光系数。测试方法为选取过渡季、夏季、冬季典型周全阴天日进行现场测试，采样间隔为 10 分钟（白天全天）。

测试仪器主要为多通道照度测试仪与手持式照度计，其中以多通道照度测试仪为主。多通道照度测试仪由多个照度传感器与测试仪主机相连构成，可同时测试多个测点的自然采光效果（图21-17）。

测点布置满足《采光测量方法》GB/T 5699—2017 要求：室外测点应选择周围无遮挡的屋顶。接收器与周围建筑物或其他遮挡物他形成的挡角 α 应小于 10° 或满足 l 与 h 之比大于 6 倍。室内测点布置应满足以下要求：分别选择首层、中间层和顶层的开敞办公区域作为主要功能空间，在场地内均匀布点，测点间距为 2m，测点距墙的距离应根据测试场地面积满足下表（表21-9）要求；另外分别选择首层、中间层和顶层靠近中庭的走廊作为检测对象，测点在长度方向的中心线上按 2m 的间隔布置。办公

空间应取距地面 0.75m 水平面为参考平面，走廊应取地面或距地 0.15m 的水平面（图21-18）。

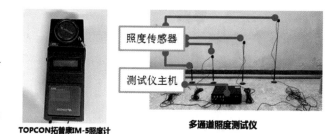

TOPCON拓普康IM-5照度计　　多通道照度测试仪

图 21-17　自然采光测试仪器

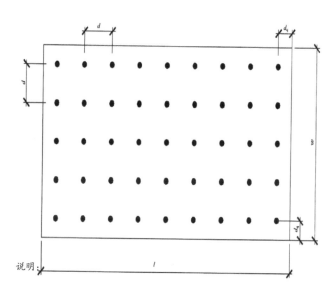

l——长度；w——宽度；d——网格间距；d_q——测点与墙或柱的距离。

图 21-18　室内采光测量布点图

大空间中庭、屋顶天窗测试方案　　　　　　　表 21-9

测试内容	测试仪器	测试地点
室内照度	多通道照度测试仪	3 层及以下建筑逐层抽样选取区域进行测试，3 层以上建筑应在首层、中间层和顶层分别抽样选取区域进行测试
测试方法		
现场连续测试		
测试时间	选取过渡季、夏季、冬季典型周全阴天日进行现场测试	
采样间隔	间隔 10 分钟读数（白天全天）	
依照标准		
标准名称	《照明测量方法》GB/T 5700—2008	
具体规定	室内照明照度测量测点的间距一般在 0.5~10m 办公建筑的照明测量测点高度在 0.75m 水平面	

第 22 章

示范工程实测结果分析

22.1 南宁园博园园林艺术馆实测结果分析

22.1.1 能耗计量统计

课题组与该项目运营人员对接，完成园林艺术馆2019年1月开园到2019年12月的能耗数据读取与采集。项目展馆内使用VRV空调，均有独立控制面板；在非运行时段由运营人员关闭空调与照明，节省用电。

各时期能耗数据由图22-1所示。其中，2019年1~2月能耗最高，达到15.07 kWh/m²；2019年3~4月项目能耗有所降低；2019年5~6月项目用能降至最低；到2019年7~8月又有明显回升，增至略高于3~4月、未达到1~2月的水平。1~2月开园前期，项目内有施工活动，大量工程设备用电导致用能较高。南宁属于夏热冬暖地区，冬季空调采暖用能应少于夏季空调制冷用能，由于项目1~2月的非常规用电，在今后进行能耗计量时，应将这部分能耗排除。由图22-1所示，项目3~4月属于开园前期，游客数量达到峰值，此时期馆内空调、设备与照明用能

高于5~6月。项目7~8月为夏季典型月，期间空调用能增加，导致整体能耗增加。

综上，园林艺术馆2019年1~2019年12月单位建筑面积年能耗为53.9kWh/（m²·a）。

因《民用建筑能耗标准》GB/T 51161—2016没有列出博物馆类建筑的非供暖能耗指标，以B类商业办公建筑作为参照，夏热冬暖地区B类商业办公建筑非供暖能耗的约束值为100kWh/（m²·a），引导值为75kWh/（m²·a）（表22-1）。

经计算，园林艺术馆非供暖能耗较《民用建筑能耗标准》GB/T 51161—2016中规定的非供暖能耗

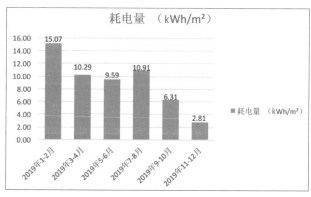

图22-1 南宁园博园园林艺术馆全年各双月能耗

办公建筑非供暖能耗指标的约束值和引导值 [kWh／(m²·a)]　　表 22-1

建筑分类		严寒和寒冷地区		夏热冬冷地区		夏热冬暖地区		温和地区	
		约束值	引导值	约束值	引导值	约束值	引导值	约束值	引导值
A 类	党政机关办公建筑	55	45	70	55	65	50	50	40
	商业办公建筑	65	55	85	70	80	65	65	50
B 类	党政机关办公建筑	70	50	90	65	80	60	60	45
	商业办公建筑	80	60	110	80	100	75	70	55

约束值降低 46.1%，较引导值降低 28.1%。

南宁园博园园林艺术馆通过运用覆土隔热技术、采用隔热性能良好的墙体以及设置通风廊道等被动式设计技术，使其预期全年能耗值控制在 53.9kWh／(m²·a)，比约束值降低 46.1%，比引导值降低 28.1%，达到课题任务书能耗考核指标要求。

22.1.2　覆土遮阳隔热测试结果

针对项目中覆土被动式技术进行实测分析，选取一、二层上下相同位置、相同面积、相同墙体（石笼墙）的展厅进行对比测量。由图 22-2 可知，其中一层覆土展厅的室内温度在测试时间内比二层无覆土展厅室内温度低 1℃左右。温差在各个时间点上基本一致，证明了覆土在夏季对房间的隔热作用，有效降低今后的空调系统能耗。由于南宁市湿度大，一层覆土展厅平均相对湿度达到 80% 左右，比二层无覆土展厅高 5% 左右，人在室内需要通过除湿达到舒适。在今后的研究中会将房间温度与相对湿度相结合，综合测量评估房间温湿度对人体热舒适的影响。

针对园林艺术馆中覆土与非覆土空间使用热成像仪进行温度分布测试，选取一、二层上下相同位置覆土与非覆土空间。如图 22-3 所示，测试当日项目顶棚温度达到 30℃，由于顶棚的遮阳效果和项目内良好的自然通风效果，二层非覆土空间温度为

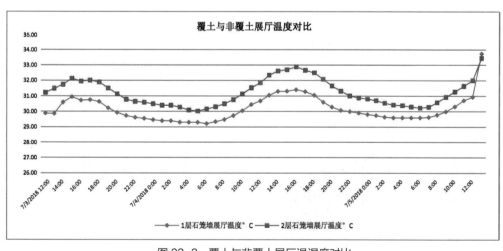

图 22-2　覆土与非覆土展厅温湿度对比

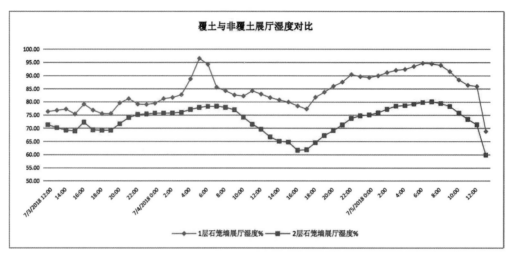

图 22-2 覆土与非覆土展厅温湿度对比（续）

23.5℃，一层覆土空间温度为 22.9℃。一层覆土空间比二层非覆土空间分布温度低 0.6℃左右，验证覆土技术良好的隔热效果。

22.1.3 墙体隔热性能测试结果

图 22-4 表示不同墙体的内外壁温差大小。通过计算得出：石笼墙的内壁温度离散率为 0.60，外壁温度离散率为 1.79，其内外壁温度离散差为 1.19。毛石墙内壁温度离散率为 0.56，外壁温度离散率为 1.68，内外壁温度离散差为 1.12。夯土墙内壁温度离散率为 0.61，外壁温度离散率为 1.66，内外壁温度离散差为 1.05。水泥墙内壁温度离散率为 0.78，外壁温度离散率为 1.66，内外壁温度离散差为 0.88。以上结果可以看出，四种不同墙体的外壁温度离散率差别不大。石笼墙的内外壁温度离散差最大，隔热性能最好。运用传统技法的被动调节措施效果明显，由于现场石笼墙与毛石墙的厚度全部为 500mm，夯土墙与水泥墙的厚度全部为 400mm，其内外壁离散差与墙体厚度的关系还需进一步研究确定。

针对这四种墙体的隔热性能进行了日较差分析，如图 22-5 所示。测试小组选取了 7 月 4 日为典型分析日，当天天气晴朗无云，室外温度为测试三天中

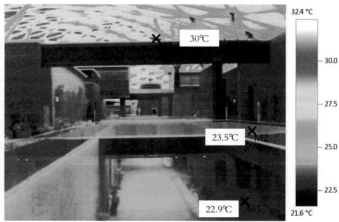

图 22-3 覆土与非覆土空间热成像温度分布

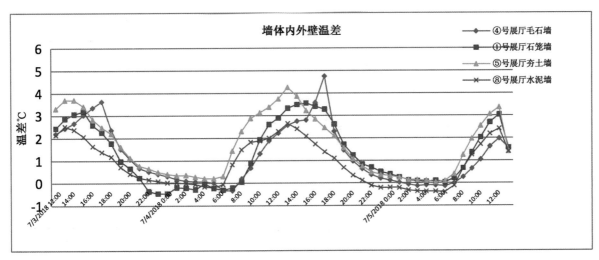

图 22-4　不同墙体内外壁温差

最高。由图可知，水泥墙的内壁日较差为 2.7℃，外壁日较差为 5.49℃。石笼墙的内壁日较差为 1.47℃，外壁日较差为 5.40℃。夯土墙的内壁日较差为 1.5℃，外壁日较差为 5.49℃。毛石墙的内壁日较差为 1.8℃，外壁日较差为 5.49℃。

对比发现，四种墙体的外壁日较差基本一致，

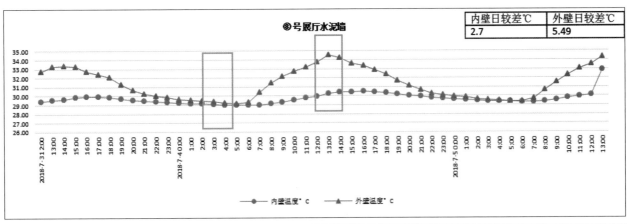

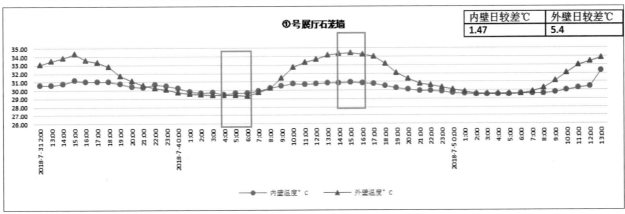

图 22-5　不同墙体内外壁日较差

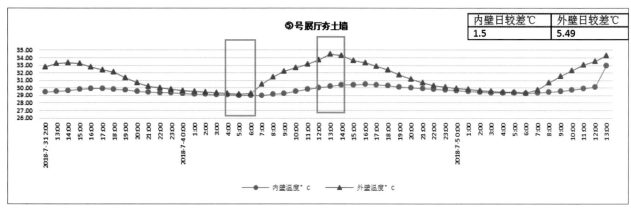

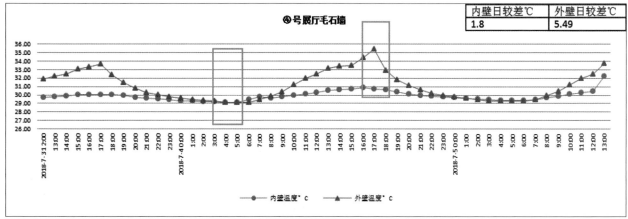

图 22-5　不同墙体内外壁日较差（续）

其中石笼墙的内壁日较差最小，由此可知，石笼墙的隔热延迟性能最好，墙体传热最稳定。其次为毛石墙，接着为夯土墙，最后为水泥墙。日较差佐证了石笼墙体内壁温度波动最小，隔热性能最好。

对各个墙体的延迟性与衰减性进行了分析，如图 22-6。石笼墙在外壁温度达到最高时，内壁温度到最高的时间延迟达到 60 分钟，其次为夯土墙和水泥墙各为 20 分钟，然后为毛石墙的 5 分钟。其中，石笼墙外壁最高温度到内壁最高温度衰减 3.0℃，夯土墙衰减 3.3℃，毛石墙衰减 2.8℃，水泥墙衰减 2.2℃。综合得出，石笼墙墙体性能最优，墙体内壁温度受外壁温度波动影响最小，传热延迟

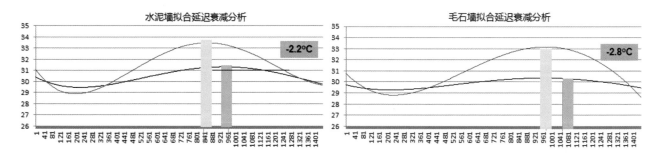

图 22-6　不同墙体内外壁拟合延迟性与衰减性

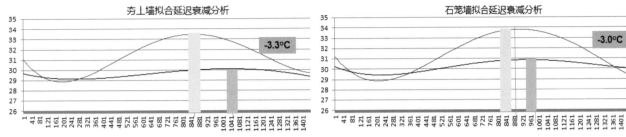

图 22-6　不同墙体内外壁拟合延迟性与衰减性（续）

性最大。

石笼墙内外壁离散差最大，日较差最小，温度高峰延迟时间最长以及温度高峰衰减程度相对较大。夯土墙的日较差、延迟时间以及衰减程度位居第二，综合考虑其隔热性能低于石笼墙，但优于其他两种墙体。毛石墙虽然离散差较大，但延迟时间和衰减程度小，隔热性能较差。水泥墙的隔热性能排列在上述墙体之后（表 22-2）。

不同墙体综合性能对比　　　　表 22-2

墙体	厚度（mm）	离散差	日较差（内壁/外壁）℃	延迟时间（高峰）min	衰减程度（高峰）℃
水泥	400	0.88	2.7/5.49	20	2.2
石笼	500	1.19	1.47/5.4	60	3.0
毛石	500	1.12	1.8/5.49	5	2.8
夯土	400	1.05	1.5/5.49	20	3.3

针对不同材料墙体，使用热成像仪测试其表面温度分布。由图 22-7 所示，室外温度为 34.5℃，项目顶棚内表面温度为 29.4℃时，此时夯土墙表面温度为 25℃，水泥墙表面温度为 26.6℃，石笼墙表面温度为 23.4℃。项目顶棚内外温度差 5.1℃，夯土墙与顶棚内表面温差为 4.4℃；水泥墙与顶棚内表面温差为 2.8℃；石笼墙与顶棚内表面温差为 6℃。其中石笼墙表面温度最低，与项目顶棚内表面温差最大，其墙体受外部温度影响最小，隔热性能最优。

22.1.4　聚落通风廊道、烟囱效应测试结果（图 22-8、表 22-3）

经过现场测试，各点的风速风温可由图 22-8 看出，在二层的展厅聚落内通风效果明显，平均风速在 0.36~1.65m/s 之间。其内街的主要风向为南向，

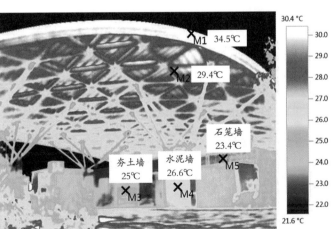

图 22-7　不同墙体内外热成像温度分布

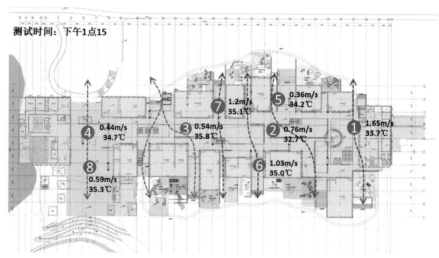

图22-8 风廊道通风效果

风廊道通风效果 表22-3

测点	测点位置	测点特征	平均风速	实际感受
①	南侧	窄风廊道（3~10m）	1.65 m/s	风感强烈，体感舒适
②	中侧	宽风廊道（15~30m）	0.76 m/s	风感一般，体感较舒适
③		宽风廊道（15~30m）	0.54 m/s	风感较弱，体感较热
⑤		宽风廊道（15~30m）	0.36 m/s	风感较弱，体感较热
⑥		窄风廊道（3~10m）	1.03 m/s	风感强烈，体感舒适
⑦		窄风廊道（3~10m）	1.2 m/s	风感强烈，体感舒适
④	北侧	宽风廊道（15~30m）	0.44 m/s	风感较弱，体感较热
⑧		宽风廊道（15~30m）	0.59 m/s	风感较弱，体感较热

测点①风速最高，且由南向北逐渐降低。在测试期间，风速越高的测点，风温相对越低。现场测试时，各个测点通风效果明显，人体在其中相对舒适，有效降低了体感温度。由图22-8可以看出，风廊道宽窄程度对风速有显著影响。窄风廊道（3~10m）测点风速是宽风廊道（15~30m）测点风速的2~3倍。风廊道越宽风速越低。

对建筑内部竖向布点进行风速风温测试后，如图22-9及表22-4所示，一层风速在0.27~2.5m/s之间，空气由一层各展厅通过上空天窗流向二层的风廊道排出，风主要为南向向上流动。其次，建筑

内部烟囱效应明显，由图22-9可知，风速自下而上逐渐降低，有效改善一层覆土区域的室内舒适与空气质量。烟囱效应使得相邻展馆内通风效果明显，其达到了0.3m/s。

竖向通风效果 表22-4

测点	平均风速	实际感受
①	2.5m/s	风感强烈，体感舒适
②	0.36m/s	风感较弱，体感较热
③	0.76m/s	风感一般，体感较舒适
④	1.03m/s	风感一般，体感较舒适
⑤	0.36m/s	风感较弱，体感较热

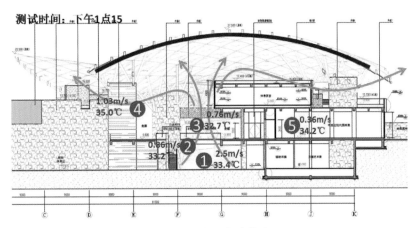

图 22-9　通风烟囱效应

为验证通风廊道对项目内温度分布的影响，选取一处典型通风廊道，使用热成像仪对其周边空间温度分布情况进行测试。由图 22-10 所示，风廊道内温度为 22.3℃，靠近风廊道周边温度为 23.5℃。风廊道内温度比周边温度低 1.2℃左右。风廊道的设计使周边温度降低，提高项目内人体舒适感。

22.2　南宁园博园东盟馆实测结果分析

22.2.1　能耗计量统计

南宁园博园东盟馆主要涉及能耗为空调系统能耗、室内照明系统能耗、电梯系统能耗和办公设备

能耗。东盟馆 2018 年 12 月至 2020 年 12 月电表能耗账单数据值，即由此四方面能耗值构成。东盟十国各馆 2019 年 1 月至 2019 年 12 月能耗数据由图 22-11 所示。

东盟馆建筑造型源自于广西侗族的风雨桥，设计是以"桥"为主题的极富特色的水上建筑群。东盟馆的能耗值变化规律与游客及室内工作人员人流量相关，1~2 月处于开园前期，游客与展馆工作人员人流量较多，馆内设备、照明及空调能耗较大。1~2 月期间南宁室外气温较适宜且游客数量未达峰值，无需过多开启空调设备。3~4 月游客数量明显增加，且伴随室外气温的升高，展馆内空调能耗增加，

图 22-10　风廊道通风热成像温度分布

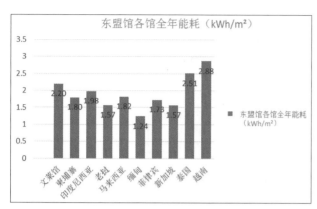

图22-11　南宁园博园东盟馆各馆全年能耗

造成能耗值上升。5~8月，随着展区游客及工作人员人流量减少，设备部分关闭，能耗值下降。

综上，东盟馆2019年1~12月单位建筑面积年能耗为19.3kWh／（m²·a）。

因《民用建筑能耗标准》GB/T 51161-2016没有列出博物馆类建筑的非供暖能耗指标，以B类商业办公建筑作为参照，夏热冬暖地区B类商业办公建筑非供暖能耗的约束值为100kWh/（m²·a），引导值为75kWh/（m²·a）（表22-5）。

经计算，东盟馆非供暖能耗值比《民用建筑能耗标准》GB/T 51161—2016中规定的非供暖能耗约束值降低80.7%，比引导值降低74.2%。

东盟馆各展厅的独立单元体设计、展厅室内空间的紧凑集中设计、遮阳设施的合理设置、人工微环境的巧妙处理以及运营方合理的用能设备管理办法，使其预期全年能耗值控制在19.3kWh/（m²·a），比约束值降低80.7%，比引导值降低74.2%，达到课题任务书能耗考核指标要求。

22.2.2　结合地形地貌优化空间——风雨桥测试结果

针对无空调风雨桥气温调节效果的验证测试，选取室外、东盟馆风雨桥走廊、人工湖三处作为测试点，使用热成像仪进行温度测试。如图22-12所示，室外温度为32.6℃时，馆内无空调风雨桥处的温度为24℃，比室外降低8.6℃。此时人工湖处温度为22.6℃。室外—风雨桥—人工湖微环境温度从上至下呈下降梯度分布。良好的顶棚遮阳设计与人工湖微环境，使风雨桥走廊空间形成过渡空间，起到良好的降温效果，增加人体舒适感。

为验证人工湖景观对周围环境的温度调节作用，选取另一处人工湖附近环境，使用热成像仪进行测试。如图22-13所示，人工湖面水面温度为21.5℃，水的蓄热能力比土壤与绿植的蓄热能力低，由于靠近人工湖且设置绿植景观，湖边景观处温度为18.7℃。马路边温度为20.1℃，马路表面温度达到24.9℃。马路边景观处温度比马路表面温度降低4.8℃，因此，绿植具有显著的温度调节功能；湖边

办公建筑非供暖能耗指标的约束值和引导值[kWh／（m²·a）]　　　　　　表22-5

建筑分类		严寒和寒冷地区		夏热冬冷地区		夏热冬暖地区		温和地区	
		约束值	引导值	约束值	引导值	约束值	引导值	约束值	引导值
A类	党政机关办公建筑	55	45	70	55	65	50	50	40
	商业办公建筑	65	55	85	70	80	65	65	50
B类	党政机关办公建筑	70	50	90	65	80	60	60	45
	商业办公建筑	80	60	110	80	100	75	70	55

图 22-12　东盟馆热成像温度分布

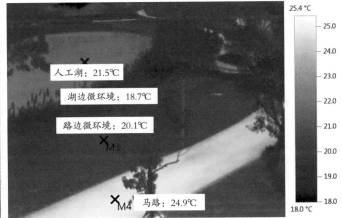

图 22-13　人工湖微环境热成像温度分布

景观处温度比马路边景观处温度低 1.4℃，因此人工湖可使景观的温度调节功能明显提升。

22.3　西宁市民中心实测结果分析

22.3.1　能耗计量统计

西宁市市民中心项目主要涉及能耗为供暖能耗（包括热源能耗和热源的水泵输配电耗）、空调系统能耗、通风系统能耗、室内照明系统能耗、生活热水能耗、电梯系统能耗、办公设备能耗以及建筑内供暖系统的热水循环泵电耗、供暖用的风机电耗等建筑使用过程中发生的所有能耗。

供暖能耗包括供暖系统的热源所消耗的能源和供暖系统的水泵输配能耗，图 22-14 为 2020 年 2 月 1 日至 2021 年 1 月 31 日能耗记录数据值。

综合各月，建筑供暖能耗值为 11.66 Nm³/（m²·a）。由《民用建筑能耗标准》GB/T 51161—2016 表 6.2.1-2 可知西宁市集中供暖建筑供暖能耗指标的约束值为 13.5Nm³/（m²·a）（表 22-6）。

经计算，西宁市市民中心供暖能耗值比《民用建筑能耗标准》GB/T 51161—2016 中规定的供暖能耗约束值降低 13.6%。

图 22-15 为 2020 年 2 月至 2021 年 1 月配电室运行记录数据值，包括锅炉热水循环泵电耗及非

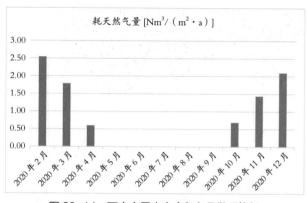

图 22-14 西宁市民中心全年各月供暖能耗

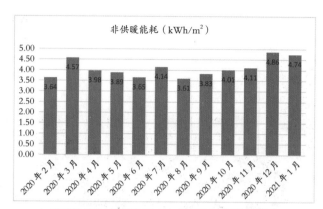

图 22-15 西宁市民中心全年各月非供暖能耗

建筑供暖能耗指标的约束值和引导值（燃气为主）　表 22-6

省份	城市	建筑供暖能耗指标 [Nm³/（m²·a）]					
		约束值			引导值		
		区域集中供暖	小区集中供暖	分栋分户供暖	区域集中供暖	小区集中供暖	分栋集中供暖
北京	北京	9.0	10.1	8.7	4.9	6.6	6.1
天津	天津	8.7	9.7	8.4	5.1	6.9	6.4
河北省	石家庄	8.0	9.0	7.7	3.9	5.3	4.8
山西省	太原	10.0	11.2	9.7	5.3	7.3	6.7
内蒙古自治区	呼和浩特	12.4	13.9	12.1	6.8	9.3	8.6
辽宁省	沈阳	11.4	12.7	11.1	6.8	9.3	8.6
吉林省	长春	12.7	14.2	12.4	8.5	11.7	10.9
黑龙江省	哈尔滨	13.4	15.0	13.1	8.5	11.7	10.9
山东省	济南	7.4	8.2	7.1	3.6	4.9	4.5
河南省	郑州	7.0	7.9	6.7	3.1	4.2	3.8
西藏自治区	拉萨	10.0	11.2	9.7	3.9	5.3	4.8
陕西省	西安	7.4	8.2	7.1	3.1	4.2	3.8
甘肃省	兰州	9.7	10.9	9.4	5.1	6.9	6.4
青海省	西宁	12.0	13.5	11.8	6.1	8.3	7.7
宁夏回族自治区	银川	10.7	12.0	10.4	6.1	8.3	7.7
新疆维吾尔自治区	乌鲁木齐	12.4	13.9	12.1	7.3	10.0	9.3

供暖能耗——空调系统能耗、通风系统能耗、室内照明系统能耗、生活热水能耗、电梯系统能耗、办公设备能耗以及建筑内供暖系统的热水循环泵电耗、供暖用的风机电耗等。

计算得西宁市民中心非供暖能耗值为 49.03kWh/m²。由标准《民用建筑能耗标准》GB/T 51161—2016 表 5.2.1 可知西宁市供暖建筑非供暖能耗指标

的约束值为 80kWh/（m²·a）（表 22-7）。

经计算，西宁市市民中心非供暖能耗比《民用建筑能耗标准》中的约束值降低 38.7%。

综上，西宁市市民中心 2020 年 2 月至 2021 年 1 月建筑供暖能耗值为 11.7Nm³/（m²·a），节能率为 13.6%，非供暖能耗值为 49.03kWh/（m²·a），节能率为 38.7%。

办公建筑非供暖能耗指标的约束值和引导值[kWh/(m² · a)]　　　　表 22-7

建筑分类		严寒和寒冷地区		夏热冬冷地区		夏热冬暖地区		温和地区	
		约束值	引导值	约束值	引导值	约束值	引导值	约束值	引导值
A 类	党政机关办公建筑	55	45	70	55	65	50	50	40
	商业办公建筑	65	55	85	70	80	65	65	50
B 类	党政机关办公建筑	70	50	90	65	80	60	60	45
	商业办公建筑	80	60	110	80	100	75	70	55

22.3.2　大空间热环境测试结果

　　图 22-16 为西宁市民中心室内标准办公空间与室外逐小时温度对比。数据时间对为 9 月 24 日至 10 月 14 日。根据项目能耗评估报告，市民中心在该时段内建筑内部无供冷或供暖，属于自然运行状态，以下分析均采取该时间段。西宁在过渡季期间，室外温度介于 13.2~25.9℃之间。室内标准办公空间温度并没有随室外温度剧烈波动，总体较为平稳，大部分时间在 18~22℃之间。

　　分析 10 月 1 日至 10 月 14 日 336 个小时数据，计算标准办公空间温度在舒适区域内的小时数，并与室外温度舒适小时数进行对比，判断各类大空间室内热舒适调节能力。室外温度在 2 级舒适区的小时数为 72，标准办公空间舒适小时数为 194。因此，西宁市民中心标准办公大空间在非供暖与制冷情况下，舒适小时数是室外的 2.69 倍。

　　根据 9 月 24 日至 10 月 14 日，共计 480 个小时的夏季温度实时数据，分析测试各类大空间中庭与室外的逐小时温度平均值差异，如图 22-17 所示。各类大空间中庭内平均温度由高到低分别为 5 层中庭处标准办公室、3 层中庭处、6 层中庭处，逐小时平均温度最高值比室外分别低 5.86℃、7.23℃、7.87℃。室内大空间温度波动较为平缓，均在 17~20℃之间，

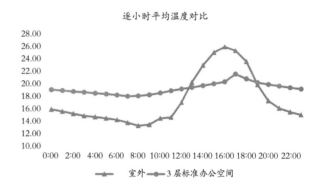

逐小时平均温度对比

图 22-16　室外与标准办公空间逐小时平均温度（℃）对比

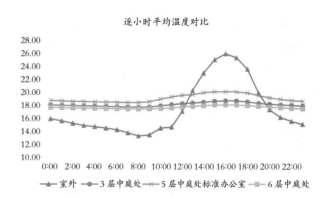

逐小时平均温度对比

图 22-17　各类大空间中庭与室外逐小时平均温度（℃）对比

受室外温度变化影响小。

　　分析 10 月 1 日至 10 月 14 日 336 个小时内各类大空间中庭与室外温度在舒适区域内的小时数。室外温度在 2 级舒适区的小时数为 72，3 层中庭处

在2级舒适区舒适小时数为276，5层中庭处在2级舒适区舒适小时数为296，6层中庭处在2级舒适区舒适小时数为224。

3层中庭处舒适小时数是室外的3.83倍，5层中庭处舒适小时数是室外4.11倍，6层中庭处舒适小时数是室外的3.11倍。综合得出，在室内空间设置大空间通风中庭有利于改善室内在过渡季时期的环境舒适度。大空间中庭良好的通风、遮阳条件形成缓冲空间，可以有效改善空间内的热舒适情况。

22.3.3 自然采光效果

2020年9月24日下午12：50，在无人工光源下，课题组分别测试了行政办公楼一层的照度，见图22-18。测试区域①~⑥为行政办公楼一层屋顶天窗边缘处机动车管理所旁边休息等待区，以及测试区域⑦为一层室内庭院处。

一层机动车管理所旁边休息等待区内照度可以达到748~845lx范围，一层室内庭院处内照度从10：00-11：10逐渐增大，可以达到423lx。测试

范围照度均满足国家标准规范要求。在临近天窗的区域内，自然采光可以减少一部分人工照明的使用。

2020年9月24日下午1：50，在无人工光源下，课题组测试了体育文化馆二层的照度，见图22-19。测试区域①~⑤为体育文化馆二层书店，其顶部为屋顶天窗。

二层书店内照度可以达到2250~3170lx范围。测试范围照度远高于国家标准规范要求。良好的自然采光设计，合理的遮阳措施，使室内在运营时间段内通过自然采光即可满足要求，不需要额外人工照明。

22.3.4 大型功能空间温度分析

本项目冰球馆、冰壶馆为特殊功能空间。图22-20为2020年9月至2021年3月冰壶馆与室外温度对比。室外温度在一天内昼夜温差很大，而冰壶馆在测试期间温度变化较小，大部分时间保持在

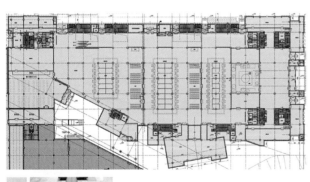

测点	照度lx	测点	照度lx
①	810	④	830
②	770	⑤	796
③	865	⑥	748

测点	照度lx				
	10:50	10:55	11:00	11:05	11:10
⑦	384	355	332	400	423

图22-18 行政办公楼一层室内照度

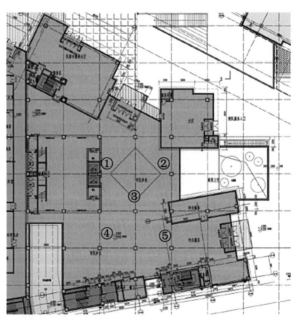

测点	照度lx	测点	照度lx
①	2410	④	2250
②	2120	⑤	3170
③	2500		照度均满足国家标准规范要求

图22-19 体育文化馆二层书店室内照度

4~8℃之间。2021年2月底，春节期间未营业时间内冰壶馆室内制冷关闭，冰壶馆内温度有所上升。

图22-21为冰壶馆逐小时平均温度与湿度。冰壶馆逐小时平均温度在全天24小时内在6~7℃之间，相对湿度在86%~88%之间。说明冰壶馆全天持续运行已保证冰场所需温度条件。课题组现场调研发现，冰壶场由于湿度较大，吊顶出现发霉等情况。现场有除湿机，但其并未处于运营状态。运营团队应在后期优化现场管理，定期维护设备。

篮球馆与室外在过渡季逐小时平均温度对比见图22-22。在馆内未开空调制冷或供暖情况下，室内温度维持在14~16℃之间，且受室外温度变化影响较小。由此可知，良好的通风与日照设计，使篮球馆在过渡季无须制冷或供暖，室内即可维持较为舒适的热环境。

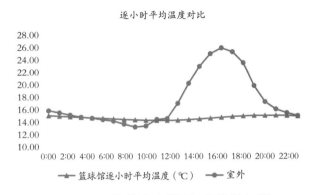

图22-22 篮球馆与室外逐小时平均温度对比

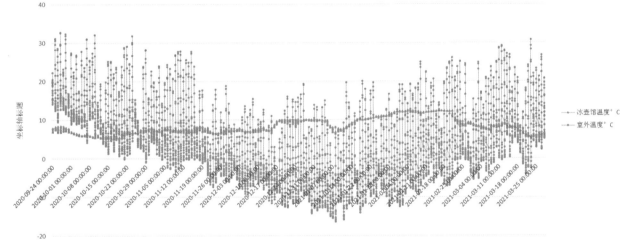

图22-20 冰壶馆与室外温度对比

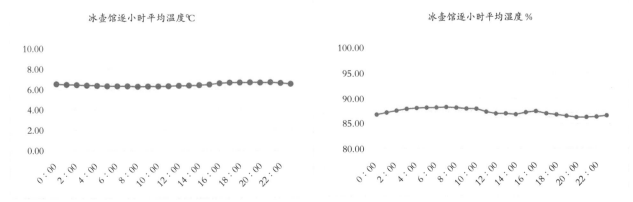

图22-21 冰壶馆逐小时平均温度（℃）与湿度（%）

第 23 章

示范工程测评结论

23.1 示范工程能耗测评

23.1.1 示范工程预期能耗值可满足课题考核指标

南宁园博园园林艺术馆通过运用覆土隔热技术、采用隔热性能良好的墙体、设置通风廊道等被动式设计技术以及合理的用能设备运营管理办法，使其全年能耗值比约束值降低 46.1%，比引导值降低 28.1%，达到课题任务书能耗考核指标要求。

南宁园博园东盟馆，其风雨桥的造型设计、各展厅的独立单元体设计、展厅室内空间的紧凑集中设计、遮阳设施的合理设置、人工微环境的巧妙处理以及合理的用能设备运营管理办法，使其全年能耗值比约束值降低 80.7%，比引导值降低 74.2%，达到课题任务书能耗考核指标要求。

西宁市民中心通过应用各项被动式技术及馆内节能运营策略取得良好的节能效果，使其全年供暖能耗值比约束值低 13.6%，全年非供暖能耗比约束值低 38.7%，达到课题任务书能耗考核指标要求。

23.1.2 用能设备运营管理对降低能耗具有重要作用

南宁园博园园林艺术馆、东盟馆以及西宁市民中心运营方制订合理的用能设备管理办法，项目空调、照明等设备的启停按照实际人流量决定。游客人流量少时，运营方及时降低空调、照明使用率，极大程度降低了使用能耗。合理的用能设备管理办法可以实现对项目全年总能耗的有效管控。

23.2 示范工程各项绿色技术及其实现性能测评

23.2.1 覆土和墙体

（1）覆土被动式设计有显著隔热作用

南宁园博园园林艺术馆采用覆土设计。覆土在夏季对房间具有有效的隔热作用，可有效降低今后的空调系统能耗。覆土房间湿度较大，对于人体的热舒适不利。

（2）传统被动式墙体热工性能良好，有效降低

房间温度

南宁园博园园林艺术馆充分利用了传统材料良好的墙体隔热性能。在四种被测墙体中，其中石笼墙隔热性能最优。在测试期间，基于传统材料墙体的展厅室内温度比基于水泥墙体的空间室内温度低。各展厅的室内平均温度在 32℃ 以下，相对于室外最高可达 45℃ 的高温，传统被动式墙体具有有效的遮阳隔热效果。

23.2.2　内外空间营造

（1）无空调灰空间发挥良好的过渡空间作用，降低能耗，增加人体舒适感

南宁园博园东盟馆，良好的顶棚遮阳设计加人工湖的微环境影响，使馆内无空调空间成为温度过渡的灰空间，从而起到良好的降温效果，增加了人体舒适感。绿植景观具有显著的温度调节功能，人工湖可使景观的温度调节功能明显提升。

（2）标准办公大空间过渡季改善人体热舒适，减少用能空间

以西宁市民中心为例，标准办公大空间内的温度没有随室外温度剧烈波动。在 2 级舒适区内的舒适小时数是室外的 2.69 倍。

（3）大空间中庭形成缓冲空间，有效改善室内热环境

西宁市民中心室内大空间中庭温度波动较为平缓，受室外温度变化影响小。在室内空间设置大空间通风庭院有利于过渡季节改善室内环境舒适度。具备良好通风、遮阳条件的大空间中庭，成为缓冲空间，有效改善空间内的热舒适情况。

23.2.3　通风和采光措施

（1）传统被动式通风设计有效地制造了风廊道，通风效果明显

南宁园博园园林艺术馆采用的传统聚落布局，有效地制造了风廊道。二层内街的通风效果明显，人体在其中相对舒适。相对较窄的通风廊道风速更高，有风的概率更大。风廊道的设计，使周边温度降低，建筑内人体舒适感提高。建筑内部的烟囱效应明显，覆土空间室内通风效果明显，大大改善了室内通风环境。

（2）屋顶天窗有效改善室内采光条件

西宁市民中心行政审批楼与体育文化馆临近天窗的区域内，自然采光照度均优于国家标准规范限值。良好的自然采光设计、合理的遮阳措施，使室内在运营时间段内通过自然采光即可满足要求，不需要额外人工照明。

23.3　示范工程使用者评价

23.3.1　点评数据词频分析

通过对示范工程微博点评数据进行词频分析，从空间使用者的角度出发，汇总出公众关心的关键词与热点，包括"共享""国际""便捷""舒适""智能"等（图 23-1）。

从中可以判断，南宁园博园园林艺术馆等示范工程诠释了现代绿色建筑设计理念的同时，向公众传递了智能现代的生活体验，提供了感受自然、品味地域文化的窗口，具有较高的示范意义。

23.3.2　游客和专家采访

课题组通过对游客和专家的采访，得到使用者对于南宁园博园园林艺术馆的总体评价。游客对场馆的游线设计、空间组织、空间舒适度和特色元素运用等方面，都给予了充分肯定如：

"空间灵活利用率高、便于组织多个展览。"

"内外游走，欣赏园林景观与观看展览相得益

图 23-1　南宁园博园园林艺术馆和西宁市民中心点评数据词频分析

彰，有序呼应。"

"温度适宜，凉爽舒适。"

"使用了壮锦、绣球，体现了南宁特色。"

AECOM 董事副总裁、大中华区景观设计总监梁钦东，对园博园整体进行了评价："从园博园的建筑设计可以看到，建筑师在不断反省自己，探讨这个世界怎样才能更和谐、生态、宜居，而不是一味突显自己。"

北京林业大学教授、全国工程勘察设计大师何昉则点评道："规划思路尽量减少大拆大建，尊重了原有的地形地貌特征，保持现状或少量修复，以简约的方式进行设计。"

23.3.3　使用者满意度调查

课题组通过纸质调查问卷的形式，进行南宁园博园园林艺术馆的使用满意度调查，2020 年 8 月共发放 100 份纸质调查问卷，针对不同人员类型进行现场调研，以了解建筑内部使用人员对建筑整体设计在空间布局、热舒适性及视觉舒适性等方面的主观感受情况（图 23-2）。

问卷包括基本信息，有性别、年龄、工作性质、在本建筑内工作时间、办公空间类型、工位具体信息等。问卷参与者男性占 57%，女性占 43%。问卷对象涵盖多种人员类型，包括办公人员、普通游客以及服务人员，其中普通游客占比最高，为 67%，办公人员占比 28%。

调查结果显示，52% 的受访者认为园林艺术馆室内温度舒适，76% 的受访者对园林艺术馆的室内空气品质感到满意。71% 的受访者对园林艺术馆室内湿度感到满意。

此次实测运用相关仪器设备，对南宁园博园园林艺术馆、东盟馆以及西宁市民中心的被动式设计

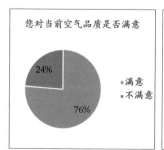

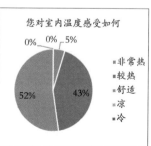

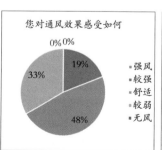

图 23-2　南宁园博园园林艺术馆各项满意度调查

策略效果进行了测量，并选取具有代表性的测点，结合对比分析法与数学统计方法进行分析，得出被动式技术的效果及其相关规律。这不仅有助于评估设计效果，而且是被动式技术测试手段的一次成功应用。对于被动式技术的实测方法，其需要经过大量的工作进行摸索，通过此次实测积累经验，为以后的被动式技术实测提供方法依据。

此次实测结合国内外建筑使用后评价相关文献、国内绿标以及西部地域特色，在共性指标的基础上再参考地域特征、示范工程建筑特性，对指标进行分级和筛选，列出评价指标集。根据评价指标集制定示范工程测试方案，并通过前期模拟了解建筑绿色设计技术的有效性及基本能耗情况，为建筑创作阶段的策划和设计提供数据支撑，同时也为建筑落成后的现场实测提供数据对照和参考。另外，本次测评体现以人为本，通过点评数据搜集、词频分析，和对话采访、问卷调查等手段，获取建筑使用者的使用感受，从而将使用者的评价纳为测评的重要参考指标和设计的最终回应目标，体现了建筑创作对设计初心和设计目的的呼应和回归。示范工程测评方案为今后建筑项目的后评估提供了依据和参考。

此次开展的测评工作，使本课题构成理论研究—技术研发—工程示范—效果评估的闭环链条，形成对技术体系的验证及反馈修正，从而完善了理论方法体系，为示范工程提供了切实的数据支撑，有助于研究成果的有效转化和工程实践的成功示范。

第 24 章

"在地生长"示范工程设计实践意义

建筑创作的过程是基于建筑所在的场地，从生态、文化与经济的维度出发寻找思路，再以理性、科技的现代建筑语言表达出来，从而创造出建筑独特的意境。建筑设计用自然体现生态性，用文化体现地域性，用经济贯彻人本性，用意境传达精神性，最终通过技术实现时代性。"在地生长"立足中国社会的现实，借鉴原生的乡土智慧，回应现代语境下的挑战，设计符合历史语境与当代文化的建筑形象，使人们可以更加诗意地栖居在其归属之地。

"在地生长"建筑创作设计理论，以"在地性"和"过程性"思维，将建筑和城镇的建设视为一个与多种内在因素和周边条件密切互动、动态反馈的有机系统。在此次西部地区地域性绿色建筑创作的理论探索中，通过基于中国西部传统乡土和民居深入调研的跨学科探讨，"在地生长"创作设计理论得以进一步成熟。在随后的示范工程项目设计实践中，"在地生长"理论充分尊重和利用建筑场地及其所在地域的在地性因素，引导设计方案扬长避短，有效指导了项目的设计和施工实践，并通过竣工后对示范工程的后评估，实现了对理论自身的完善。

24.1 在地性思维引导西部地域性绿色建筑创作设计

24.1.1 在地性自然因素引导西部地域性绿色建筑设计

"在地生长"理论主张让建筑在自然生态中"生长"。其充分考虑场地与所在区域在气候、地质、土壤条件等方面的联系，尊重场地原有山水林田湖草的天然格局，创造与地域气候相适应的建筑。人类活动与环境相适应，这也是人类文明发展到生态文明阶段的必然要求。

在南宁园博园园林艺术馆项目中，设计团队充分尊重在地自然地形，巧妙利用场地山地起伏，将场馆建筑首层打造为半覆土的建筑空间。既节约了土地，减轻了建筑对环境的压迫，使建筑融入自然，又有效地实现了建筑的保温隔热，使建筑很好地适应了南宁当地的气候特点。园林艺术馆还采用"天幕"屋盖，将各展厅和内街覆盖在内。"天幕"既遮阳挡雨，改善了场馆的内部环境微气候，回应了南宁夏热冬暖、多雨潮湿的气候特征，又生动塑造了棚下的观景灰空间。屋盖延续山形走势，勾勒了建筑的整体天际线，使场馆建筑进一步融入场地山形水系之中。

在西宁市民中心项目中，充分利用了场地及周边的原有自然环境禀赋，顺应地势西高东低进行功能排布。建筑布局顺应地形，减少了土方量的开挖，有效节约了用地，并使建筑依托地形与周边场地高效对接。

24.1.2 在地性文化因素引导西部地域性绿色建筑设计

"在地生长"理论主张让建筑在地域文化中"生长"。设计师需要对建筑所在地域的传统营建智慧进行挖掘与现代转译，对乡土材料、乡土智慧进行当代发展。地方居住文化是人类在特定地域条件下，通过长期生产生活活动形成并积累下来的关于人居和生存的经验、惯例和习俗，作为悠久的历史文化传统，它包含了民族和地域长期积累的民间生产生活智慧，它们是建筑设计的灵感源泉，也是当代建筑需要发扬传承的宝贵财富。

南宁园博园园林艺术馆从地方传统民居文化中汲取灵感，将场馆二层以上展厅以聚落式布局于山坡之上，使其形成丰富的错动肌理。群组式的分散布局，节约了建筑用材，消解了建筑体量，实现了"融入自然，建筑消隐"的美学效果。

西宁市民中心所在的河湟地区，山川雄浑，宛如巨石。当地庄廓聚落自然点缀其间，聚落内各院落内向而居。项目从自然环境和传统人居文化中挖掘智慧、汲取灵感，打造出呼应山川的雄浑流畅的建筑主体形象，和如同庄廓语言般丰富多变的内外大小空间和建筑表情。

24.1.3 在地性经济因素引导西部地域性绿色建筑设计

"在地生长"理论主张让建筑在经济、人本的导向中"生长"。经济性的本质，是人们通过一定的行动，以较小的成本获得较大的收益，借由交换交流实现物资和信息的获取，从而满足生产生活所需。因此，经济维度的考量，既包括经济、节约的考虑，又包含对人们交流和交互的关注。建筑设计在兼顾前瞻性的同时，强调建筑所采用的规模、技术和方法的经济适宜性。经济、人本的考量，也要求建筑设计重视建筑和城市中的物资信息交流和人际交互，要求设计师关注人们在生产和生活过程中产生的各种联系——包括城市中的市政交通联系，甚至互联网时代的网络虚拟联系，强调建筑应便利地满足人们多种联系和交往的需求。经济性依托人本，最终落脚于人的行动和切身感受，其以人实实在在的体验为尺度，衡量建筑与城市形态的"美"与"丑"。

南宁园博园园林艺术馆借鉴传统营造智慧，运用现代建筑科技，采用半覆土、"天幕屋盖"等经济节约的被动式绿色技术，适当结合一定的主动式技术，来实现建筑的保温、遮阳和隔热，有效降低了建筑的运营能耗。建筑的地上部分所采用的聚落式群组布局，有效减少了建筑结构用材，并积极塑造了有趣的观景和交互空间。项目还广泛采用夯土、毛石、木、砖、瓦等在地传统材料和建设中产生的可再利用材料，既使建筑展现了地域文化性格，又降低了建筑的建造成本。特色地方材料的使用，不仅使建筑具有了独特表情，而且因其地域适应性，降低了建筑运营能耗，让建筑更加经济、绿色和环保。

西宁市民中心通过顺应自然地势、优化建筑体形，和采用自然采光、自然通风等被动式绿色技术，以及合理布局节水和雨水再利用设施，以经济的方式实现建筑的节能、节水和室内外环境改善。建筑内部设置多个中庭和内院，通过结合室内及景观设计，最大程度运用自然因素来提升室内空间品质，创造人性化空间。

"在地生长"理论，从自然、文化和经济三个维度，考察建筑项目的场地特征和地域环境要素，研究当地包括民居在内的地域性传统营造，探讨民居等传统营造为应对当地自然、文化和经济因素而形成的适应性营造原理、独特空间组织构成和地方性原材料使用等，结合现代建筑科技，将传统营造策略通过原型提炼和现代转译，转化为适应西部地区的当代绿色建筑营造理念和设计手法。"在地生长"理论指导设计师运用这些融合传统与现代的营造理念和设计手法，通过具体项目实践，打造出"文绿一体"的西部地区绿色建筑和自然天成的西部山水建筑意境。

24.2 过程性思维统御西部地域性绿色建筑创作设计

24.2.1 "场—原—境"设计方法探索空间意义变化生长

"在地生长"引导下的建筑创作设计，从理解"场"，探究"原"，到最后实现"境"，建筑的空间意义，亦随之从最初的场地记忆和地域精神，演变为经过设计、施工建设所形成的新建筑的空间内涵，最终又在建筑落成后通过建筑使用者的实践和行动被再定义。在建筑空间意义的不断演化发展过程中，曾经的场地记忆和历史信息，被新建筑空间所接纳和容留，并被赋予新的内涵。场地因新建筑的落成，而具备了新的功能和作用，场地精神因而被创新和发展。建筑从设计、施工建设到落成后运营，其空间意义的变化、成长和涌现，充分体现了建筑的过程属性。"在地生长"理论从生长和演化的视角，积极探讨在多种内外因素互动作用下，建筑空间及

其意义的不断生成和发展，并将其视为设计和运营的题中应有之义。

24.2.2 "前策划—后评估"设计思路推进设计理念演化优化

"在地生长"理论通过此次西部地域性绿色建筑创作设计实践，建立起"前策划"与"后评估"相呼应的设计工作新思路。"前策划－后评估"理论与方法由庄惟敏院士首倡。庄惟敏院士长期从事建筑设计及相关理论研究，率先在我国提出建筑策划与后评估理论方法体系，研发了"前策划－后评估"操作流程、原理方法和决策平台。

前策划和后评估是相辅相成、不可分割的系统组成部分，两者构成完整闭环。前策划依据发展理念和设计思想，制定项目的设计定位、目标和策略，以及具体的技术路径和方法，项目的设计工作随即展开。项目建成投入使用后，通过现场勘测、深度访谈等方式，采集建筑运行过程中的各类信息和数据，将绿色建筑研究从单纯技术层面上升至涵盖技术、心理、文化等多维度的综合研究。后评估通过将数据和研究成果反馈于策划阶段，为策划方案的制定提供样板和证据支撑，同时亦为策划工作的修正和优化提供依据，以至推动策划和设计所依据的理念、思想和方法的不断优化、完善。

示范工程在设计起步阶段，即引入以"文绿一体"为目标、以建筑竣工建成后的运营和使用为导向的策划。通过充分的场地考察和地域研究，为策划和设计提供坚实的依据，并借由现代建筑科技手段，建立对场地和方案的预模拟和预测评，以助力设计师在设计过程中理性、灵活地调整设计方案，并使设计方案最后在项目建成后，与测评目标相呼应，并充分满足建筑后续的运营和使用。测评的结果和运营及使用的情况，最终反馈于设计理念和手法，

使理念和方法得以进一步优化，从而助推设计理念和方法的改善和推广。"前策划—后评估"相贯穿的设计思路，使设计理念和方法在建筑设计和设计后续过程中通过反馈机制，不断发生发展、演化优化，体现了设计理念本身的过程性和开放性。

在南宁园博园园林艺术馆、西宁市民中心、重庆南川区大观园乡村旅游综合服务示范区、雅安市芦山县飞仙关镇三桥广场、重庆两江协同创新区三期房建等示范工程项目中，研究设计团队立足西部地区独特气候特征、地形地貌和文化传统，以应对自然条件、传承地方文化和经济地实现建筑功能与意义为目标，通过调研考察广西、青海等地地方传统民居，提取西部地区地域性传统营造智慧，结合现代科技，通过现代转译，提出当代西部地区地域性绿色建筑设计理念和方法，以及针对项目的具体设计策略和手法，并将设计理念、方法、策略和手法有效运用于示范工程，成功实践了基于"文绿一体"的"在地生长"设计理念。示范工程引入"前策划－后评估"设计工作思路，使项目在设计阶段即统筹全局，考虑建成后的评估和运营。项目在建成后通过测评积极反馈，不断优化设计理念和方法。"在地生长"设计理论的探讨和有关工程项目的实践，为"文绿一体"目标下的西部地区典型地域特征绿色建筑设计提供了意义深远的示范。

图表来源

第 1 章

表 1-2（2）. 李洋. 日本武士服对现代服饰设计的影响 [D]. 哈尔滨：哈尔滨师范大学硕士学位论文，2013.

表 1-2（3）. India TV Entertainment Desk.From London in 2000 to Indore in 2020， IIFA has come a long way[N/OL]. https：//www.indiatvnews.com/entertainment/bollywood/iifa-award-event-india-bhopal-indore-585489.

表 1-2（5）. 尤艺. 槙文彦集群形态理论及其发展研究 [D]. 南京：东南大学硕士学位论文，2016.

表 1-2（6）. 谷梦. 基于可持续性的西南多元文化地区体育建筑设计研究 [D]. 哈尔滨：哈尔滨工业大学硕士学位论文，2019.

表 1-2（7）. 张春雨. 西北地区体育建筑地域性创作研究 [D]. 哈尔滨：哈尔滨工业大学硕士学位论文，2018.

表 1-2（10）. 刘晖. 现代大跨木结构建造技艺与美学表达研究 [D]. 西安：西安建筑科技大学硕士学位论文，2019.

表 1-2（11）. 钱辰伟. 南非约翰内斯堡足球城体育场 [J]. 城市建筑，2010（11）：39-43.

表 1-2（12）. 加加林·弗拉基米尔·根纳季耶维奇，舒斌·伊戈尔·鲁比莫维奇，周志波.2014 年索契冬奥会的建设特点与赛后发展模式 [J]. 建筑学报，2019（01）：19-23.

表 1-4（3）. 赵晓梅. 黔东南六洞地区侗寨乡土聚落建筑空间文化表达研究 [D]. 北京：清华大学博士学位论文，2012.

表 1-4（6）. 伍垠钢. 体育场馆地域性设计策略研究 [D]. 重庆：重庆大学硕士学位论文，2013.

表 1-4（7）. 旭日娜. 内蒙古地区蒙古族马鞍装饰纹样的研究 [D]. 北京：中央民族大学硕士学位论文，2013.

表 1-4（8）. 维基百科. 雪莲 [Z/OL].https：//zh.wikipedia.org/wiki/%E9%9B%AA%E8%8E%B2.

表 1-4（10）. 景泉，徐苏宁，徐元卿. 鄂尔多斯市体育中心——城市视角下基于伦理审美的思考 [J]. 城市建筑，2016（28）：54.

第 3 章

图 3-1（左）. 中华人民共和国国家民族事务委员会. 牛角"环抱"贵阳奥林匹克体育中心主体育场 [N/OL].https：//www.neac.gov.cn/seac/c100721/201108/1094042.shtml.

图 3-2. 景泉，徐苏宁，徐元卿. 鄂尔多斯市体育中心——

城市视角下基于伦理审美的思考 [J]. 城市建筑，2016（28）：54.

图 3-5. 伍垠钢. 体育场馆地域性设计策略研究 [D]. 重庆：重庆大学硕士学位论文，2013.

第 6 章

图 6-1. 黄梓珊. 川西民居、邛笼建筑与岭南建筑 [J]. 环境教育，2013（07）：23-25.

图 6-2. 吴樱. 巴蜀传统建筑地域特色研究 [D]. 重庆：重庆大学硕士学位论文，2007.

图 6-4. 冯晨阳. 生态美学下陕北窑洞民居形态特色研究 [D]. 长春：东北师范大学硕士学位论文，2020.

图 6-7（左）. 喀什市人民政府网站. 耿恭祠九龙泉景区 [Z/OL].http：//www.xjks.gov.cn/2020/09/20/lyjd/3001.html.

图 6-7（右）. 宋辉，王小东. 新疆喀什高台民居地域营造法则 [J]. 住区研究，2020（04）：79-83.

表 6-1（左 4）. 冯晨阳. 生态美学下陕北窑洞民居形态特色研究 [D]. 长春：东北师范大学硕士学位论文，2020.

表 6-1（右 1）. 李晋. 体育馆的自然通风设计方法研究 [J]. 昆明理工大学学报（理工版），2008（02）：43-48.

表 6-1（右 2）. 北京三磊建筑设计有限公司. 银川韩美林艺术馆 [J]. 城市建筑，2017（04）：62-69.

表 6-1（右 3）. 王沐. 云南师范大学呈贡校区一期主体育馆设计 [J]. 城市建筑，2012（14）：106-111.

第 7 章

图 7-1~ 图 7-2. 熊伟. 广西传统乡土建筑文化研究 [D]. 广州：华南理工大学博士学位论文，2012.

图 7-5. 赵冶，熊伟，谢小英. 广西壮族人居建筑文化分区 [J]. 华中建筑，2012（5）：146-152.

图 7-6. 熊伟，谢小英，赵冶. 广西传统汉族民居分类及区划初探 [J]. 华中建筑，2011，29（12）：179-185.

图 7-10. 图为改绘. 申扶民等. 广西西江流域生态文化研究 [M]. 北京：中国社会科学出版社，2015.

第 8 章

图 8-6. 图片改绘自广西地形及山脉结构图. 廖文新，赵思林. 广西自然地理知识 [M]. 南宁：广西人民出版社，1978.

图 8-7. 图片改绘自广西岩溶分布图. 廖文新，赵思林. 广

西自然地理知识 [M]. 南宁：广西人民出版社，1978.

图 8-9. 图片改绘自广西壮族自治区土壤分布图 . 周清湘等 . 广西土壤 [M]. 南宁：广西科学技术出版社，1994.

图 8-10. 图片由课题组拍摄自"土生土长 – 生土建筑实践京港双城展" . 土生土长 – 生土建筑实践京港双城展 [Z]. 北京：北京建筑大学，2017-09-16~2017-11-06.

图 8-11~ 图 8-14，图 8-17~ 图 8-20（图 8-11~ 图 8-14，图 8-17~ 图 8-20 出自同书）. 图为改绘 . 广西壮族自治区气候中心 . 广西气候 [M]. 北京：气象出版社，2007.

图 8-15~ 图 8-16. 图为改绘 . 农业气候区划协作组 . 广西农业气候资源分析与利用 [M]. 北京：气象出版社，1988.

图 8-21. 图为改绘 . 周惠文，陈冰廉，苏兆达等 . 广西台风灾害性大风的气候特征 [J]. 灾害学，2007，22（1）：14.

图 8-25. 广西桂林灌阳县人民政府门户网站 . 探访桂北古民居，走进灌阳文市镇 [Z/OL].http：//www.guanyang.gov.cn/xwzx/gyyw/201904/t20190421_1110399.html.

图 8-27. 谷歌地球 . 卫星地图 [DB/CD].https：//www.google.com/earth.

图 8-28（3）. 中国传统村落数字博物馆 . 六坪村传统建筑 [Z/OL].http：//main.dmctv.com.cn/villages/45042320101/Buildings.html.

图 8-28（4）. 广西村落文化资源库 . 村落全景图 [Z/OL].http：//cunluo.meiligx.com/#!/home/picList/2966/1/20.

图 8-29. 谷歌地球 . 卫星地图 [DB/CD].https：//www.google.com/earth.

图 8-30（3）. 广西文化和旅游厅 . 城事 – 遇见"七块田"，复得返自然 [Z/OL].http：//mp.weixin.qq.com/s/mxVC2d2p4nv9rLk3xpOirQ.

图 8-31. 谷歌地球 . 卫星地图 [DB/CD].https：//www.google.com/earth.

第 9 章

图 9-3. 风玫瑰来自富川瑶族自治县县城总体规划（2016-2030）. 广西贺州市富川瑶族自治县人民政府门户网站 . 富川瑶族自治县县城总体规划（2016-2030）[EB/OL].http：//www.gxfc.gov.cn/zwgk/jbxxgk/ghjh/t2177575.html.

图 9-2. 谷歌地球 . 卫星地图 [DB/CD].https：//www.google.com/earth.

图 9-4. 风玫瑰来自钟山县城控制性详细规划（城东新区一期、二期）. 广西贺州市钟山县人民政府门户网站 . 关于《钟山县城控制性详细规划（城东新区一期、二期）》的公告 [EB/OL].http：//www.gxzs.gov.cn/xxgk/zfxxgk/jcxxgk/ghjh/zcqgh/

t5096301.shtml.

图 9-5. 谷歌地球 . 卫星地图 [DB/CD].https：//www.google.com/earth.

第 10 章

图 10-3. 谷歌地球 . 卫星地图 [DB/CD].https：//www.google.com/earth.

图 10-6（4）. 贺州新闻网 . 贺州发现：白竹新寨 [Z/OL].http：//www.gxhzxw.com/html/1384/2019-05-05/content-44468.html.

图 10-27. 陈理，苍铭 . 黄姚古镇 [M]. 北京：民族出版社，2007.

第 11 章

图 11-4~ 图 11-6. 谷歌地球 . 卫星地图 [DB/CD].https：//www.google.com/earth.

图 11-7（3）. 左江日报 . 龙州县上金乡两个"中国少数民族特色村寨"揭牌 [N/OL].https：//mp.weixin.qq.com/s/nNiFZ0Dsuf1XhzhUGEgFFw.

图 11-10. 谷歌地球 . 卫星地图 [DB/CD].https：//www.google.com/earth.

第 13 章

图 13-20. 谷歌地球 . 卫星地图 [DB/CD].https：//www.google.com/earth.

第 14 章

图 14-2. 张广源拍摄 .
图 14-15. 李季拍摄 .
图 14-25~ 图 14-27. 张广源拍摄 .

第 15 章

图 15-1. 李季拍摄 .

第 16 章

图 16-26.Ernst Boerschmann.Baukunst und Landschaft in China[M].Berlin：Wasmuth，1926.

除以上图片外，本书其他图片均由课题组成员拍摄或绘制。

参考文献

一、专著

[1] Ernst Boerschmann.Baukunst und Landschaft in China[M].Berlin：Wasmuth，1926.

[2] Hensen Jan L M， Lamberts Roberto.Building performance simulation for design and operation[M].London： Spon Press，2011.

[3] Liane Lefaivre, Alexander Tzonis.Critical Regionalism——Architecture and Identity in a Globalized World （Architecture in Focus）[M].New York：Prestel，2003.

[4] Public Technology Inc.US Green Building Council. 绿色建筑技术手册 [M]. 王长庆等，译，北京：中国建筑工业出版社， 1999：82.

[5] Rod Sheard.Stadium： Architecture for the New Global Culture[M].North Clarendon：Tuttle Pub，2005.

[6] 阿摩司·拉普卜特 [美]. 宅形与文化（1969）[M]. 北京：中国建筑工业出版，2007.

[7] 伯纳德·鲁道夫司基 [美]. 没有建筑师的建筑（1964）[M]. 天津：天津大学出版社，2011.

[8] 陈理，苍铭 . 黄姚古镇 [M]. 北京：民族出版社，2007.

[9] 陈志华 . 楠溪江中游古村落 [M]. 北京：三联书店，1999.

[10] 崔世昌 . 现代建筑与民族文化 [M]. 天津：天津大学出版社，2000：23.

[11] 地方志编纂委员会 . 广西通志·地理志 [M]. 南宁：广西人民出版社，1996.

[12] 丁圣彦 . 生态学——面向人类生存环境的科学价值观 [M]. 北京：科学出版社，2006.

[13] 费孝通 . 乡土中国（1947）[M]. 北京：人民出版社，2008.

[14] 傅熹年 . 中国古代建筑史·第二卷 [M]. 北京：中国建筑工业出版社，2009.

[15] 广西壮族自治区气候中心广西气候 [M]. 北京：气象出版社，2007.

[16] 杭维光 . 隆林各族自治县民族志 [M]. 南宁：广西人民出版社，1989.

[17] 杰里·本特利，赫伯特·齐格勒 [美]. 新全球史，公元 1000 年之前（第五版）（2007）[M]. 魏凤莲，译 . 北京：北京大学 出版社，2014.

[18] 金其铭 . 农村聚落地理 [M]. 北京：科学出版社，1988.

[19] 雷翔 . 广西民居 [M]. 北京：中国建筑工业出版社，2009.

[20] 雷翔 . 广西民居 [M]. 南宁：广西民族出版社，2005.

[21] 李晓峰 . 乡土建筑——跨学科研究理论与方法 [M]. 北京：中国建筑工业出版社，2005.

[22] 李长杰 . 桂北民间建筑 [M]. 北京：中国建筑工业出版社，1990.

[23] 廖文新，赵思林 . 广西自然地理知识 [M]. 南宁：广西人民出版社，1978.

[24] 林波荣等 . 绿色建筑性能模拟优化方法 [M]. 北京：中国建筑工业出版社，2016.

[25] 刘敦桢 . 中国住宅概说 [M]. 北京：建筑工程出版社，1957.

[26] 卢鼎鹏 . 八步镇志 [M]. 南宁：广西人民出版社，1990.

[27] 陆德宁 . 南宁地区志 [M]. 南宁：广西人民出版社，2009.

[28] 陆奎贤 . 珠江水系渔业资源 [M]. 广州：广东科技出版社，1990.

[29] 南宁市江南区地方志编纂委员会 . 南宁市江南区志 [M]. 南宁：广西人民出版社，2008.

[30] 农业气候区划协作组 . 广西农业气候资源分析与利用 [M]. 北京：气象出版社，1988.

[31] 潘谷西 . 风水探源 [M]. 南京：东南大学出版社，1990.

[32] 盘承和 . 富川瑶族自治县志 [M]. 南宁：广西人民出版社，1993.

[33] 浅见泰司 . 居住环境评价方法与理论 [M]. 高晓路，张文忠等，译 . 北京：清华大学出版社，2006.

[34] 萨拉·加文塔 . 材料的魅力 [M]. 尹纤，译 . 北京：中国水利水电出版社，2004.

[35] 申扶民等 . 广西西江流域生态文化研究 [M]. 北京：中国社会科学出版社，2015.

[36] 申远华 . 昭平县志 [M]. 南宁：广西人民出版社，1992.

[37] 书名委员会 . 广西民族传统建筑实录 [M]. 南宁：广西科学技术出版社，1991.

[38] 孙大章 . 中国民居研究 [M]. 北京：中国建筑工业出版社，2004.

[39] 覃彩銮 . 广西居住文化 [M]. 南宁：广西人民出版社，1996.

[40] 谭乃昌 . 壮族稻作农业史 [M]. 南宁：广西民族出版社，1997.

[41] 汤国华 . 岭南湿热气候与传统建筑 [M]. 北京：中国建筑工业出版社，2005.

[42] 唐择扶 . 贺州市志（上）[M]. 南宁：广西人民出版社，2001.

[43] 藤井明 [日本]. 聚落探访（2000）[M]. 北京：中国建筑工业出版社，2003.

[44] 王军 . 西北民居 [M]. 北京：中国建筑工业出版社，2009：272.

[45] 王其亨 . 风水理论研究 [M]. 天津：天津大学出版社，1992.

[46] 韦宏宇 . 钟山县志 [M]. 南宁：广西人民出版社，1995.

[47] 维特鲁威 [古罗马]，高履泰译 . 建筑十书 [M]. 北京：知识产权出版社，2001.

[48] 吴良镛 . 人居环境科学导论 [M]. 北京：中国建筑工业出版社，2001.

[49] 闫艺 . 西北少数民族传统体育变迁与发展趋势研究 [M]. 厦门：厦门大学出版社，2013：7-18.

[50] 游修龄等 . 中国稻作文化史 [M]. 上海：上海人民出版社，2010.

[51] 余晋良 . 龙州县志 [M]. 南宁：广西人民出版社，1993.

[52] 余英 . 中国东南系建筑区系类型研究 [M]. 北京：中国建筑工业出版社，2001.

[53] 原广司 [日本]. 世界聚落的教示 100（1997）[M]. 北京：中国建筑工业出版社，2003.

[54] 张欣 . 苗族吊脚楼传统营造技艺 [M]. 合肥：安徽科学技术出版社，2013.

[55] 赵瑞卿等 . 广西气候区划 [M]. 广州：中国科学院华南热带生物资源综合考察队，1963.

[56] 中华人民共和国地图 [M]. 北京：中国地图出版社，1980.

[57] 周清湘等 . 广西土壤 [M]. 南宁：广西科学技术出版社，1994.

[58] 周若祁 . 绿色建筑体系与黄土高原基本聚居模式 [M]. 北京：中国建筑工业出版社，2007.

二、期刊论文

[1] Alborz&Berardi.A post occupancy evaluation framework for LEED certified U.S. higher education residence halls[J]. energy procedia, 2015.

[2] Annet Kempenaar, Adri van den Brink.Regional designing：A strategic design approach in landscape architecture[J]. Design Studies, 2018：54.

[3] Chen GQ, Chen H, Chen ZM, et al.Low-carbon building assessment and multi-scale input-output analysis[J]. Communications in Nonlinear Science and Numerical Simulation, 2011, 16（1）：583-595.

[4] Kansara&Ridley.Post Occupancy Evaluation of buildings in a Zero Carbon City[J].Sustainable Cities and Society, 2012.

[5] Mechri H, Capozzoli A, Corrado V.Use of the ANOVA Approach for Sensitive Building Energy Design [J].Applied Energy, 2010, 87（10）：3073-3083.

[6] Mi Jeong Kima, Myoung Won Oha, Jeong Tai Kimb.A method for evaluating the performance of green buildings with a focus on user experience[J]. Energy and Buildings, 2013.

[7] Pelken PM, Zhang J, Chen Y, et al.Virtual Design Studio—Part 1：Interdisciplinary Design Processes[J].Building

Simulation, 2013, 6（3）：235-251.

[8] Thormark C.A low energy building in a life cycle-its embodied energy, energy need for operation and recycling potential[J].Building and Environment, 2002,（37）：429.

[9] 安军. 新西部主义建筑创作探索 [J]. 城市建筑, 2009（6）：54.

[10] 北京三磊建筑设计有限公司. 银川韩美林艺术馆 [J]. 城市建筑, 2017（04）：62-69.

[11] 曾坚. 多元拓展与互融共生——"广义地域性建筑"的创新手法探析 [J]. 建筑学报, 2003（6）：11.

[12] 陈柳钦. 从人文视角深化对绿色建筑的理解 [J]. 建筑节能, 2010（11）.

[13] 陈志华. 乡土建筑的价值和保护 [J]. 建筑师, 1997（78）：56.

[14] 陈作雄. 论广西土壤的垂直地带性分布规律 [J]. 广西师范学院学报（自然科学版）, 2003, 20（1）：66-72.

[15] 崔海东, 文亮, 解然. 河湟建构与绿色示范——西宁市民中心设计 [J]. 建筑技艺, 2019（01）：56-61.

[16] 崔愷, 景泉, 崔海东. 统一而多样——地域特色现代转译的本土理论实践 [J]. 建筑技艺, 2020（7）：7-13.

[17] 达娃扎西, 黄凌江. 西藏传统平顶民居建筑气候适应策略及其文化转意 [J]. 华中建筑, 2012（4）：171-174.

[18] 单军. 批判的地域主义批判及其他 [J]. 建筑学报, 2000（11）：22-25.

[19] 韩冬青, 顾震弘, 吴国栋. 以空间形态为核心的公共建筑气候适应性设计方法研究 [J]. 建筑学报, 2019（4）：78-84.

[20] 郝石盟, 宋晔皓, 李珺杰. 苏南民居室内物理环境实测研究 [J]. 动感：生态城市与绿色建筑, 2016（1）：97-104.

[21] 郝石盟, 宋晔皓. 湿热气候下民居天井空间的气候适应机制研究 [J]. 动感：生态城市与绿色建筑, 2016（4）：22-29.

[22] 何安益等. 广西资源县晓锦新石器时代遗址发掘简报 [J]. 考古, 2004（3）：7-30.

[23] 何仁伟等. 中国乡村聚落地理研究进展及趋向 [J]. 地理科学进展, 2012, 31（8）：1155-1162.

[24] 黄红辉等. 龙州近30年气候特征及变化分析 [J]. 企业科技与发展, 2011（18）：134-136.

[25] 黄剑华. 中国稻作文化的起源探析 [J]. 地方文化研究, 2016（4）：40-57.

[26] 黄中雄. 广西南宁市农业气候资源分析与合理利用对策 [J]. 安徽农业科学, 2010, 38（3）：1309-1312.

[27] 黄梓珊. 川西民居、邛笼建筑与岭南建筑 [J]. 环境教育, 2013（07）：23-25.

[28] 吉国华. 参数化图解与性能化设计 [J]. 时代建筑, 2016（5）：44-47.

[29] 加加林·弗拉基米尔·根纳季耶维奇, 舒斌·伊戈尔·鲁比莫维奇, 周志波.2014年索契冬奥会的建设特点与赛后发展模式 [J]. 建筑学报, 2019（01）：19-23.

[30] 景泉, 徐苏宁, 徐元卿. 鄂尔多斯市体育中心——城市视角下基于伦理审美的思考 [J]. 城市建筑, 2016（28）：54.

[31] 景泉, 朱文睿, 徐松月. 西南多民族地域特色的绿色建筑——2018年第十二届中国（南宁）国际园林博览会园林艺术馆设计 [J]. 建筑技艺, 2019（01）：44-49.

[32] 况雪源, 苏志, 涂方旭. 广西气候区划 [J]. 广西科学, 2007, 3（14）：278-283.

[33] 李伯华, 刘沛林. 乡村人居环境：人居环境科学研究的新领域. 资源开发与市场 [J], 2010, 26（6）：524-527.

[34] 李伯华, 刘沛林等. 中国传统村落人居环境转型发展及其研究进展 [J]. 地理研究, 2017（10）：1886-1900.

[35] 李晋. 体育馆的自然通风设计方法研究 [J]. 昆明理工大学学报（理工版）, 2008（02）：43-48.

[36] 李宁, 李翔宇, 景泉, 李林. 基于性能模拟和数据分析的遮阳形体设计模式研究——以广西西江流域民居为例 [J]. 建筑学报, 2018（S1）：149-152.

[37] 李秋实, 陈琛, 胡哲铭. 我国西北地区建筑防沙尘及通风策略研究 [J]. 住区, 2014（1）：125.

[38] 李涛, 雷振东. 喀什老城民居的气候适应措施调查分析 [J]. 干旱区资源与环境, 2019（10）：85-90.

[39] 李天雪, 付振中. 传统村庙在西江流域族群关系构建中的作用——以广西富川瑶族自治县福溪村为例 [J]. 贺州学院学报, 2016, 32（2）：1-6.

[40] 李紫微, 李翔宇, 李宁, 景泉, 李存东. 基于节能和室内环境品质提升的夏热冬暖地区建筑设计策略研究——以南宁园博会园艺馆为例 [J]. 建筑学报, 2020（S2）：95-99.

[41] 刘大龙, 杨竞立, 贾晓伟, 杨林祥. 西部地区居住建筑太阳能采暖利用辐射分区 [J]. 太阳能学报, 2019（5）：1316-1323.

[42] 刘海柱, 丁洪涛, 李童瑶等. 我国民用建筑能耗现状及发展趋势研究 [J]. 建设科技, 2018（8）.

[43] 刘民科，张学景.谐波反应法在计算自保温墙体负荷时的分析与评价 [J]. 砖瓦，2011（7）：9-12.

[44] 刘倩君，程晓喜，宋修教，连璐，赵建平.气候适应视角下的绿色公共建筑数据库研究及其定量分析框架构建 [J]. 建筑技术，2019（9）：92-124.

[45] 陆琦，赵冶.广西壮族传统干栏民居差异性研究 [J]. 古建园林技术，2012（1）：37-40，49，70.

[46] 梅洪元，王飞，张玉良.低能耗目标下的寒地建筑形态适寒设计研究 [J]. 建筑学报，2013（11）：88-93.

[47] 牛盛楠，赵炳蔺，杨现国.风能与建筑一体化设计 [J]. 建筑技艺，2009，（6）：98.

[48] 钱辰伟.南非约翰内斯堡足球城体育场 [J]. 城市建筑，2010（11）：39-43.

[49] 钱云等.国外乡土聚落形态研究进展及对中国的启示 [J]. 住区，2012（2）：38-44.

[50] 石克辉，胡雪松.乡土精神与人类社会的持续发展 [J]. 华中建筑，2000（2）：10-11.

[51] 宋辉，王小东.新疆喀什高台民居地域营造法则 [J]. 住区研究，2020（4）：79-83.

[52] 宋凌，酒淼，李宏军.针对办公和商店建筑的绿色建筑后评估指标体系研究 [J]. 建筑科学，2016，32（12）：37-46.

[53] 孙澄，韩昀松.光热性能考虑下的严寒地区办公建筑形态节能设计研究 [J]. 建筑学报，2016（2）：38-42.

[54] 孙澄，韩昀松.绿色性能导向下的建筑数字化节能设计理论研究 [J]. 建筑学报，2016（11）：89-93.

[55] 唐学玉，黄丽莉.南京市生态住宅环境质量模糊综合评价研究——基于住户的视角 [J]. 生态经济，2011（5）：178-182+191.

[56] 王洪艳.浅析绿色建筑的地域特色 [J]. 华中建筑，2011（9）.

[57] 王沐.云南师范大学呈贡校区一期主体育馆设计 [J]. 城市建筑，2012（14）：106-111.

[58] 王宁.代表性还是典型性？——个案的属性与个案研究方法的逻辑基础 [J]. 社会学研究，2002（5）：123-125.

[59] 王颂.西部建筑探索 [J]. 建筑创作，2005（9）：173.

[60] 王竹，范理杨，陈宗炎.新乡村"生态人居"模式研究——以中国江南地区乡村为例 [J]. 建筑学报，2011（4）：22-26.

[61] 王竹，范理杨，王玲."后传统"视野下的地域营建体系 [J]. 时代建筑，2008（2）：28.

[62] 吴良镛.人居环境科学的探索 [J]. 规划师，2001，17（6）：5-8.

[63] 熊伟，谢小英，赵冶.广西传统汉族民居分类及区划初探 [J]. 华中建筑，2011，29（12）：179-185.

[64] 熊伟，张继均.广西传统客家民居类型及特点研究 [J]. 南方建筑，2013（1）：78-82.

[65] 闫海燕，王亚敏，刘辉，陈静.豫北山地传统民居的地域气候适应特征及价值分析 [J]. 北方园艺，2017（18）：114-120.

[66] 杨荣柳."四节一环保"下的绿色建筑工程监理 [J]. 绿色环保建材，2018（10）.

[67] 杨艳红，李亚灵，马宇婧，等.日光温室北侧墙体内部冬春季的温度日较差变化分析 [J]. 山西农业大学学报：自然科学版，2017，37（8）：594-599.

[68] 姚洪文.夏热冬冷地区建筑节能设计策略 [J]. 城市建设，2010（1）.

[69] 喻梦哲，张学伟.天水传统民居斜梁做法初探 [J]. 古建园林技术，2021（2）：34-41.

[70] 袁媛等.乡村旅游开发视角下的福溪村保护与更新 [J]. 规划师，2016，32（11）：134-141.

[71] 湛东升，孟斌，张文忠.北京市居民居住满意度感知与行为意向研究 [J]. 地理研究，2014，33（2）：336-348.

[72] 张鹏，徐宁，李鑫宇.被动式绿色技术策略夏季应用效果的测试实践研究——以南宁园博会园林艺术馆为例 [J]. 建筑科学，2018，34（S2）：178-192.

[73] 张文忠等.人居环境演变研究进展 [J]. 地理科学进展，2013，32（5）：710-721.

[74] 张玉萍.基于居民期望与感知的城市居住景观差异分析——以大连市南关岭街道为例 [J]. 现代城市研究，2008（9）：60-64.

[75] 张正康.风土、民情与西部建筑——谈谈对西部建筑的初步认识和创作实践 [J]. 西北建筑工程学报，1990（3，4）：9.

[76] 赵秀玲，刘少瑜，王轩轩.基于气候适应与舒适性的零能耗建筑被动式设计——以新加坡国立大学零能耗教学楼为例 [J]. 时代建筑，2019（4）：112-119.

[77] 赵亚敏.建筑适应气候的适宜技术——以福建建筑为例 [J]. 南方建筑，2019（3）：54-59.

[78] 赵冶，熊伟，谢小英.广西壮族人居建筑文化分区 [J]. 华中建筑，2012（5）：146-152.

[79] 支文军，朱金良.中国新乡土建筑的当代策略 [J]. 新建筑，2006（6）：82-86.

[80] 周惠文，陈冰廉，苏兆达等．广西台风灾害性大风的气候特征 [J]. 灾害学，2007，22（1）：13-17.

[81] 朱炜，郭丹丹，周益琳，陈健．绿色办公建筑使用满意度调研及分析 [J]. 建筑科学，2016，32（8）：143-146.

三、学位论文

[1]　包卓灵．大地之居：黄姚古镇栖居模式述论 [D]. 南宁：广西民族大学硕士学位论文，2009.

[2]　邓孟仁．岭南超高层建筑生态设计策略研究 [D]. 广州：华南理工大学博士学位论文，2017.

[3]　杜文艺．基于文化地理学的南宁地区传统村落及民居研究 [D]. 广州：华南理工大学硕士学位论文，2016.

[4]　冯晨阳．生态美学下陕北窑洞民居形态特色研究 [D]. 长春：东北师范大学硕士学位论文，2020.

[5]　甘玉凤．建筑节能示范工程后评估研究 [D]. 重庆：重庆大学硕士学位论文，2011.

[6]　谷梦．基于可持续性的西南多元文化地区体育建筑设计研究 [D]. 哈尔滨：哈尔滨工业大学硕士学位论文，2019.

[7]　郭谦．湘赣民系民居建筑与文化研究 [D]. 广州：华南理工大学博士学位论文，2002.

[8]　蒋江生．漓江流域古村落研究 [D]. 杭州：浙江工业大学硕士学位论文，2013.

[9]　蒋灵斌．广西富川县福溪古村的保护与发展初探 [D]. 北京：中央民族大学硕士学位论文，2011.

[10]　李晓峰．多维视野中的中国乡土建筑研究 [D]. 南京：东南大学博士学位论文，2004.

[11]　李洋．日本武士服对现代服饰设计的影响 [D]. 哈尔滨：哈尔滨师范大学硕士学位论文，2013：11.

[12]　林涛．桂北民居的生态技术经验及室内物理环境控制技术研究 [D]. 西安：西安建筑科技大学硕士学位论文，2004.

[13]　林志森．基于社区结构的传统聚落形态研究 [D]. 天津：天津大学博士学位论文，2009.

[14]　刘晖．现代大跨木结构建造技艺与美学表达研究 [D]. 西安：西安建筑科技大学硕士学位论文，2019.

[15]　毛国辉．侗族传统干栏式民居气候适应与功能整合研究 [D]. 长沙：湖南大学硕士学位论文，2012.

[16]　邱广泉．雷州半岛传统民居气候适应性研究 [D]. 广州：华南理工大学硕士学位论文，2017.

[17]　饶永．徽州古建聚落民居室内物理环境改善技术研究 [D]. 南京：东南大学博士学位论文，2017.

[18]　谭乐乐．基于文化地理学的桂林地区传统村落及民居研究 [D]. 广州：华南理工大学硕士学位论文，2016.

[19]　汤莉．我国湿热地区传统聚落气候设计策略数值模拟研究 [D]. 长沙：中南大学博士学位论文，2013.

[20]　王雪锦．新型墙体传热特性研究 [D]. 北京：北京建筑工程学院硕士学位论文，2006.

[21]　王朕．黄河中下游地区民居的气候适应性研究 [D]. 西安：西安建筑科技大学硕士学位论文，2014.

[22]　吴樱．巴蜀传统建筑地域特色研究 [D]. 重庆：重庆大学硕士学位论文，2007.

[23]　伍垠钢．体育场馆地域性设计策略研究 [D]. 重庆：重庆大学硕士学位论文，2013.

[24]　肖娟．绿色公共建筑运行性能后评估研究 [D]. 北京：清华大学硕士学位论文，2013.

[25]　熊伟．广西传统乡土建筑文化研究 [D]. 广州：华南理工大学博士学位论文，2012.

[26]　旭日纳．内蒙古地区蒙古族马鞍装饰纹样的研究 [D]. 北京：中央民族大学硕士学位论文，2013.

[27]　闫树睿．闽南大厝湿热气候适应原型及现代应用 [D]. 厦门：厦门大学硕士学位论文，2018.

[28]　尤艺．槙文彦集群形态理论及其发展研究 [D]. 南京：东南大学硕士学位论文，2016.

[29]　张春雨．西北地区体育建筑地域性创作研究 [D]. 哈尔滨：哈尔滨工业大学硕士学位论文，2018.

[30]　赵晓梅．黔东南六洞地区侗寨乡土聚落建筑空间文化表达研究 [D]. 北京：清华大学博士学位论文，2012.

[31]　赵冶．广西壮族传统聚落及民居研究 [D]. 广州：华南理工大学博士学位论文，2012.

[32]　郑善善．广西黄姚古镇空间形态解析 [D]. 沈阳：沈阳建筑大学硕士学位论文，2011.

[33]　周杰．原生态视野下的广西黑衣壮传统民居研究 [D]. 上海：上海交通大学硕士学位论文，2009.

四、网络资源

[1]　India TV Entertainment Desk.From London in 2000 to Indore in 2020, IIFA has come a long way[N/OL].https：//www.indiatvnews.com/entertainment/bollywood/iifa-award-event-india-bhopal-indore-585489, 2020-02-03/2020-11-16.

[2]　Wikipedia.Lawrence Joseph Henderson[DB/OL]. https：//en.wikipedia.org/wiki/Lawrence_Joseph_Henderson, 2021-

03-13/2021-05-28.

[3] 第 26 届世界建筑师大会 .KeyNote Speech （Culture）[Z/OL].http：//www.uia2017seoul.org，韩国首尔：2017-09-05/2019-10-15.

[4] 谷歌地球 .卫星地图 [DB/CD].https：//www.google.com/earth，2019-10-15.

[5] 广西村落文化资源库 .村落全景图 [Z/OL].http：//cunluo.meiligx.com/#!/home/picList/2966/1/20，2019-10-15.

[6] 广西地情网 .广西最大的水系——西江水系 [DB/OL].http：//www.gxdfz.org.cn/flbg/gxzhizui/zr/201612/t20161227_35351.html，2009-03-20/2019-10-15.

[7] 广西桂林灌阳县人民政府门户网站 .探访桂北古民居，走进灌阳文市镇 [Z/OL].http：//www.guanyang.gov.cn/xwzx/gyyw/201904/t20190421_1110399.html，2017-07-12/2019-10-15.

[8] 广西贺州市富川瑶族自治县人民政府门户网站 .富川瑶族自治县县城总体规划（2016-2030）[EB/OL].http：//www.gxfc.gov.cn/zwgk/jbxxgk/ghjh/t2177575.html，2017-08-02/2019-10-15.

[9] 广西贺州市钟山县人民政府门户网站 .关于《钟山县城控制性详细规划（城东新区一期、二期）》的公告 [EB/OL].http：//www.gxzs.gov.cn/xxgk/zfxxgk/jcxxgk/ghjh/zcqgh/t5096301.shtml，2014-09-16/2019-10-15.

[10] 广西文化和旅游厅 .城事 - 遇见"七块田"，复得返自然 [Z/OL].http：//mp.weixin.qq.com/s/mxVC2d2p4nv9rLk3xpOirQ，2018-01-25/2019-10-15.

[11] 贺州新闻网 .贺州发现：白竹新寨 [Z/OL].http：//www.gxhzxw.com/html/1384/2019-05-05/content-44468.html，2019-05-05/2019-10-15.

[12] 喀什市人民政府网站 .耿恭祠九龙泉景区 [Z/OL].http：//www.xjks.gov.cn/2020/09/20/lyjd/3001.html，2020-09-20/2021-06-21.

[13] 雷沛鸿 [民国] .僚人家园网转载 .广西地方文化的研究一得（节选）——华中大学演讲 [Z/OL].http：//bbs.rauz.net.cn/rauz-30383-1-1.html，2008-09-24/2019-10-15.

[14] 维基百科 .雪莲 [Z/OL].https：//zh.wikipedia.org/wiki/%E9%9B%AA%E8%8E%B2，2019-10-13/2020-11-16.

[15] 昭平在线网 .走进昭平：自然条件 [Z/OL].http：//www.zpol.cn/zjzp/content_27027，2009-12-09/2019-10-15.

[16] 中国传统村落数字博物馆 .六坪村传统建筑 [Z/OL].http：//main.dmctv.com.cn/villages/45042320101/Buildings.html，2019-10-15.

[17] 中国建设科技网 .盘点索契冬季奥运会 11 大场馆 [Z/OL].http：//www.buildingstructure.cn/Item/10233.aspx，2014-02-13/2020-11-16.

[18] 中华人民共和国国家民族事务委员会 .牛角"环抱"贵阳奥林匹克体育中心主体育场 [N/OL].https：//www.neac.gov.cn/seac/c100721/201108/1094042.shtml，2011-08-04/2021-01-18.

[19] 中华人民共和国住房城乡建设部 .住房城乡建设部、文化部、国家文物局、财政部关于开展传统村落调查的通知 [EB/OL].http：//www.gov.cn/zwgk/2012-04/24/content_2121340.htm，2012-04-24/2021-05-28.

[20] 钟山信息网 .走进钟山 [Z/OL].http：//www.gxzs.gov.cn/zjzs，2018-07-19/2019-10-15.

[21] 左江日报 .龙州县上金乡两个"中国少数民族特色村寨"揭牌 [N/OL].https：//mp.weixin.qq.com/s/nNiFZ0Dsuf1XhzhUGEgFFw，2020-04-15/2021-06-24.

五、其他

[1] 国际古迹遗址理事会 .关于乡土建筑遗产的宪章 [Z]. 第十二届全体大会，墨西哥墨西哥城：1999-10-17~24.

[2] 李昆声 .亚洲稻作文化的起源 [A]. 云南考古学论文集 [C]. 昆明：云南人民出版社，1998.

[3] 林波荣 .建筑环境模拟与辅助设计讲义资料 [Z]. （未发表）北京：清华大学建筑学院 2015 年秋季学期（未发表）.

[4] 弭翯 .光伏构件与建筑遮阳一体化设计研究 [A]. 2018 国际绿色建筑与建筑节能大会论文集 [C]：21-26，珠海：2018-04-02.

[5] 盛励，李宁 .能耗性能导向的阳台设计模式研究——以南宁为例 [A]. 数字技术·建筑全生命周期——2018 年全国建筑院系建筑数字技术教学与研究学术研讨会论文集 [C]：402-407，西安：2018-09-15.

[6] 土生土长——生土建筑实践京港双城展 [Z]. 北京：北京建筑大学，2017-09-16~2017-11-06.